U0323482

“十二五”国家重点出版规划项目
雷达与探测前沿技术丛书

双基合成孔径雷达

Bistatic Synthetic Aperture Radar

杨建宇　著

国防工业出版社
·北京·

内 容 简 介

双基合成孔径雷达收发分置、配置灵活，具有隐蔽性好、抗干扰性能力强、获取目标信息丰富等优势，还能够实现前视成像，是合成孔径雷达(Synthetic Aperture Radar，SAR)技术新的发展方向，在民用、军用领域均具有重要的应用价值。

本书以作者研究团队在双基SAR技术领域10多年的研究实践和已发表的论文为主体，辅以其它优秀成果，较为全面地介绍了双基SAR的专业技术知识和国际最新研究成果。全书共分7章，包括概述、理论、成像、估计、补偿、同步、验证等方面，涉及双基SAR的移变和移不变等成像模式以及前视和侧视等不同成像区域成像的共同和特殊问题。

本书思想新颖、技术丰富、内容实用，在物理概念的阐述上深入浅出、易于理解，在数学推导上简明严谨，理论性、实践性、系统性和可读性俱佳，可供从事雷达探测、对地观测、微波遥感等技术工作的科研人员以及高校教师、研究生学习参考。

图书在版编目(CIP)数据

双基合成孔径雷达 / 杨建宇著. —北京：国防工业出版社，2017.12
(雷达与探测前沿技术丛书)
ISBN 978-7-118-11525-3

Ⅰ. ①双… Ⅱ. ①杨… Ⅲ. ①合成孔径雷达-研究
Ⅳ. ①TN958

中国版本图书馆CIP数据核字(2018)第007792号

※

国防工业出版社出版发行
(北京市海淀区紫竹院南路23号　邮政编码100048)
天津嘉恒印务有限公司印刷
新华书店经售

*

开本 710×1000　1/16　**印张** 15½　**字数** 284千字
2017年12月第1版第1次印刷　**印数** 1—3000册　**定价** 68.00元

国防书店：(010)88540777　　发行邮购：(010)88540776
发行传真：(010)88540755　　发行业务：(010)88540717

“雷达与探测前沿技术丛书”
编审委员会

编辑委员会

总　序

雷达在第二次世界大战中初露头角。战后，美国麻省理工学院辐射实验室集合各方面的专家，总结战争期间的经验，于1950年前后出版了一套雷达丛书，共28个分册，对雷达技术做了全面总结，几乎成为当时雷达设计者的必备读物。我国的雷达研制也从那时开始，经过几十年的发展，到21世纪初，我国雷达技术在很多方面已进入国际先进行列。为总结这一时期的经验，中国电子科技集团公司曾经组织老一代专家撰著了“雷达技术丛书”，全面总结他们的工作经验，给雷达领域的工程技术人员留下了宝贵的知识财富。

电子技术的迅猛发展，促使雷达在内涵、技术和形态上快速更新，应用不断扩展。为了探索雷达领域前沿技术，我们又组织编写了本套“雷达与探测前沿技术丛书”。与以往雷达相关丛书显著不同的是，本套丛书并不完全是作者成熟的经验总结，大部分是专家根据国内外技术发展，对雷达前沿技术的探索性研究。内容主要依托雷达与探测一线专业技术人员的最新研究成果、发明专利、学术论文等，对现代雷达与探测技术的国内外进展、相关理论、工程应用等进行了广泛深入研究和总结，展示近十年来我国在雷达前沿技术方面的研制成果。本套丛书的出版力求能促进从事雷达与探测相关领域研究的科研人员及相关产品的使用人员更好地进行学术探索和创新实践。

本套丛书保持了每一个分册的相对独立性和完整性，重点是对前沿技术的介绍，读者可选择感兴趣的分册阅读。丛书共41个分册，内容包括频率扩展、协同探测、新技术体制、合成孔径雷达、新雷达应用、目标与环境、数字技术、微电子技术八个方面。

（一） 雷达频率迅速扩展是近年来表现出的明显趋势，新频段的开发、带宽的剧增使雷达的应用更加广泛。本套丛书遴选的频率扩展内容的著作共4个分册：

（1）《毫米波辐射无源探测技术》分册中没有讨论传统的毫米波雷达技术，而是着重介绍毫米波热辐射效应的无源成像技术。该书特别采用了平方千米阵的技术概念，这一概念在用干涉式阵列基线的测量结果来获得等效大口径阵列效果的孔径综合技术方面具有重要的意义。

(2)《太赫兹雷达》分册是一本较全面介绍太赫兹雷达的著作,主要包括太赫兹雷达系统的基本组成和技术特点、太赫兹雷达目标检测以及微动目标检测技术,同时也讨论了太赫兹雷达成像处理。

(3)《机载远程红外预警雷达系统》分册考虑到红外成像和告警是红外探测的传统应用,但是能否作为全空域远距离的搜索监视雷达,尚有诸多争议。该书主要讨论用监视雷达的概念如何解决红外极窄波束、全空域、远距离和数据率的矛盾,并介绍组成红外监视雷达的工程问题。

(4)《多脉冲激光雷达》分册从实际工程应用角度出发,较详细地阐述了多脉冲激光测距及单光子测距两种体制下的系统组成、工作原理、测距方程、激光目标信号模型、回波信号处理技术及目标探测算法等关键技术,通过对两种远程激光目标探测体制的探讨,力争让读者对基于脉冲测距的激光雷达探测有直观的认识和理解。

(二) 传输带宽的急剧提高,赋予雷达协同探测新的使命。协同探测会导致雷达形态和应用发生巨大的变化,是当前雷达研究的热点。本套丛书遴选出协同探测内容的著作共10个分册:

(1)《雷达组网技术》分册从雷达组网使用的效能出发,重点讨论点迹融合、资源管控、预案设计、闭环控制、参数调整、建模仿真、试验评估等雷达组网新技术的工程化,是把多传感器统一为系统的开始。

(2)《多传感器分布式信号检测理论与方法》分册主要介绍检测级、位置级(点迹和航迹)、属性级、态势评估与威胁估计五个层次中的检测级融合技术,是雷达组网的基础。该书主要给出各类分布式信号检测的最优化理论和算法,介绍考虑到网络和通信质量时的联合分布式信号检测准则和方法,并研究多输入多输出雷达目标检测的若干优化问题。

(3)《分布孔径雷达》分册所描述的雷达实现了多个单元孔径的射频相参合成,获得等效于大孔径天线雷达的探测性能。该书在概述分布孔径雷达基本原理的基础上,分别从系统设计、波形设计与处理、合成参数估计与控制、稀疏孔径布阵与测角、时频相同步等方面做了较为系统和全面的论述。

(4)《MIMO雷达》分册所介绍的雷达相对于相控阵雷达,可以同时获得波形分集和空域分集,有更加灵活的信号形式,单元间距不受$\lambda/2$的限制,间距拉开后,可组成各类分布式雷达。该书比较系统地描述多输入多输出(MIMO)雷达。详细分析了波形设计、积累补偿、目标检测、参数估计等关键技术。

(5)《MIMO 雷达参数估计技术》分册更加侧重讨论各类 MIMO 雷达的算法。从 MIMO 雷达的基本知识出发,介绍均匀线阵,非圆信号,快速估计,相干目标,分布式目标,基于高阶累计量的、基于张量的、基于阵列误差的、特殊阵列结构的 MIMO 雷达目标参数估计的算法。

(6)《机载分布式相参射频探测系统》分册介绍的是 MIMO 技术的一种工程应用。该书针对分布式孔径采用正交信号接收相参的体制,分析和描述系统处理架构及性能、运动目标回波信号建模技术,并更加深入地分析和描述实现分布式相参雷达杂波抑制、能量积累、布阵等关键技术的解决方法。

(7)《机会阵雷达》分册介绍的是分布式雷达体制在移动平台上的典型应用。机会阵雷达强调根据平台的外形,天线单元共形随遇而布。该书详尽地描述系统设计、天线波束形成方法和算法、传输同步与单元定位等关键技术,分析了美国海军提出的用于弹道导弹防御和反隐身的机会阵雷达的工程应用问题。

(8)《无源探测定位技术》分册探讨的技术是基于现代雷达对抗的需求应运而生,并在实战应用需求越来越大的背景下快速拓展。随着知识层面上认知能力的提升以及技术层面上带宽和传输能力的增加,无源侦察已从单一的测向技术逐步转向多维定位。该书通过充分利用时间、空间、频移、相移等多维度信息,寻求无源定位的解,对雷达向无源发展有着重要的参考价值。

(9)《多波束凝视雷达》分册介绍的是通过多波束技术提高雷达发射信号能量利用效率以及在空、时、频域中减小处理损失,提高雷达探测性能;同时,运用相位中心凝视方法改进杂波中目标检测概率。分册还涉及短基线雷达如何利用多阵面提高发射信号能量利用效率的方法;针对长基线,阐述了多站雷达发射信号可形成凝视探测网格,提高雷达发射信号能量的使用效率;而合成孔径雷达(SAR)系统应用多波束凝视可降低发射功率,缓解宽幅成像与高分辨之间的矛盾。

(10)《外辐射源雷达》分册重点讨论以电视和广播信号为辐射源的无源雷达。详细描述调频广播模拟电视和各种数字电视的信号,减弱直达波的对消和滤波的技术;同时介绍了利用 GPS(全球定位系统)卫星信号和 GSM/CDMA(两种手机制式)移动电话作为辐射源的探测方法。各种外辐射源雷达,要得到定位参数和形成所需的空域,必须多站协同。

(三) 以新技术为牵引,产生出新的雷达系统概念,这对雷达的发展具有里程碑的意义。本套丛书遴选了涉及新技术体制雷达内容的6个分册:

(1)《宽带雷达》分册介绍的雷达打破了经典雷达5MHz带宽的极限,同时雷达分辨力的提高带来了高识别率和低杂波的优点。该书详尽地讨论宽带信号的设计、产生和检测方法。特别是对极窄脉冲检测进行有益的探索,为雷达的进一步发展提供了良好的开端。

(2)《数字阵列雷达》分册介绍的雷达是用数字处理的方法来控制空间波束,并能形成同时多波束,比用移相器灵活多变,已得到了广泛应用。该书全面系统地描述数字阵列雷达的系统和各分系统的组成。对总体设计、波束校准和补偿、收/发模块、信号处理等关键技术都进行了详细描述,是一本工程性较强的著作。

(3)《雷达数字波束形成技术》分册更加深入地描述数字阵列雷达中的波束形成技术,给出数字波束形成的理论基础、方法和实现技术。对灵巧干扰抑制、非均匀杂波抑制、波束保形等进行了深入的讨论,是一本理论性较强的专著。

(4)《电磁矢量传感器阵列信号处理》分册讨论在同一空间位置具有三个磁场和三个电场分量的电磁矢量传感器,比传统只用一个分量的标量阵列处理能获得更多的信息,六分量可完备地表征电磁波的极化特性。该书从几何代数、张量等数学基础到阵列分析、综合、参数估计、波束形成、布阵和校正等问题进行详细讨论,为进一步应用奠定了基础。

(5)《认知雷达导论》分册介绍的雷达可根据环境、目标和任务的感知,选择最优化的参数和处理方法。它使得雷达数据处理及反馈从粗犷到精细,彰显了新体制雷达的智能化。

(6)《量子雷达》分册的作者团队搜集了大量的国外资料,经探索和研究,介绍从基本理论到传输、散射、检测、发射、接收的完整内容。量子雷达探测具有极高的灵敏度,更高的信息维度,在反隐身和抗干扰方面优势明显。经典和非经典的量子雷达,很可能走在各种量子技术应用的前列。

(四) 合成孔径雷达(SAR)技术发展较快,已有大量的著作。本套丛书遴选了有一定特点和前景的5个分册:

(1)《数字阵列合成孔径雷达》分册系统阐述数字阵列技术在SAR中的应用,由于数字阵列天线具有灵活性并能在空间产生同时多波束,雷达采集的同一组回波数据,可处理出不同模式的成像结果,比常规SAR具备更多的新能力。该书着重研究基于数字阵列SAR的高分辨力宽测绘带SAR成像、极化层析 SAR 三维成像和前视 SAR 成像技术三种新能力。

(2)《双基合成孔径雷达》分册介绍的雷达配置灵活,具有隐蔽性好、抗干扰能力强、能够实现前视成像等优点,是 SAR 技术的热点之一。该书较为系统地描述了双基 SAR 理论方法、回波模型、成像算法、运动补偿、同步技术、试验验证等诸多方面,形成了实现技术和试验验证的研究成果。

(3)《三维合成孔径雷达》分册描述曲线合成孔径雷达、层析合成孔径雷达和线阵合成孔径雷达等三维成像技术。重点讨论各种三维成像处理算法,包括距离多普勒、变尺度、后向投影成像、线阵成像、自聚焦成像等算法。最后介绍三维 MIMO-SAR 系统。

(4)《雷达图像解译技术》分册介绍的技术是指从大量的 SAR 图像中提取与挖掘有用的目标信息,实现图像的自动解译。该书描述高分辨 SAR 和极化 SAR 的成像机理及相应的相干斑抑制、噪声抑制、地物分割与分类等技术,并介绍舰船、飞机等目标的 SAR 图像检测方法。

(5)《极化合成孔径雷达图像解译技术》分册对极化合成孔径雷达图像统计建模和参数估计方法及其在目标检测中的应用进行了深入研究。该书研究内容为统计建模和参数估计及其国防科技应用三大部分。

(五) 雷达的应用也在扩展和变化,不同的领域对雷达有不同的要求,本套丛书在雷达前沿应用方面遴选了 6 个分册:

(1)《天基预警雷达》分册介绍的雷达不同于星载 SAR,它主要观测陆海空天中的各种运动目标,获取这些目标的位置信息和运动趋势,是难度更大、更为复杂的天基雷达。该书介绍天基预警雷达的星星、星空、MIMO、卫星编队等双/多基地体制。重点描述了轨道覆盖、杂波与目标特性、系统设计、天线设计、接收处理、信号处理技术。

(2)《战略预警雷达信号处理新技术》分册系统地阐述相关信号处理技术的理论和算法,并有仿真和试验数据验证。主要包括反导和飞机目标的分类识别、低截获波形、高速高机动和低速慢机动小目标检测、检测识别一体化、机动目标成像、反投影成像、分布式和多波段雷达的联合检测等新技术。

(3)《空间目标监视和测量雷达技术》分册论述雷达探测空间轨道目标的特色技术。首先涉及空间编目批量目标监视探测技术,包括空间目标监视相控阵雷达技术及空间目标监视伪码连续波雷达信号处理技术。其次涉及空间目标精密测量、增程信号处理和成像技术,包括空间目标雷达精密测量技术、中高轨目标雷达探测技术、空间目标雷达成像技术等。

(4)《平流层预警探测飞艇》分册讲述在海拔约20km的平流层，由于相对风速低、风向稳定，从而适合大型飞艇的长期驻空，定点飞行，并进行空中预警探测，可对半径500km区域内的地面目标进行长时间凝视观察。该书主要介绍预警飞艇的空间环境、总体设计、空气动力、飞行载荷、载荷强度、动力推进、能源与配电以及飞艇雷达等技术，特别介绍了几种飞艇结构载荷一体化的形式。

(5)《现代气象雷达》分册分析了非均匀大气对电磁波的折射、散射、吸收和衰减等气象雷达的基础，重点介绍了常规天气雷达、多普勒天气雷达、双偏振全相参多普勒天气雷达、高空气象探测雷达、风廓线雷达等现代气象雷达，同时还介绍了气象雷达新技术、相控阵天气雷达、双/多基地天气雷达、声波雷达、中频探测雷达、毫米波测云雷达、激光测风雷达。

(6)《空管监视技术》分册阐述了一次雷达、二次雷达、应答机编码分配、S模式、多雷达监视的原理。重点讨论广播式自动相关监视(ADS-B)数据链技术、飞机通信寻址报告系统(ACARS)、多点定位技术(MLAT)、先进场面监视设备(A-SMGCS)、空管多源协同监视技术、低空空域监视技术、空管技术。介绍空管监视技术的发展趋势和民航大国的前瞻性规划。

(六) 目标和环境特性，是雷达设计的基础。该方向的研究对雷达匹配目标和环境的智能设计有重要的参考价值。本套丛书对此专题遴选了4个分册：

(1)《雷达目标散射特性测量与处理新技术》分册全面介绍有关雷达散射截面积(RCS)测量的各个方面，包括RCS的基本概念、测试场地与雷达、低散射目标支架、目标RCS定标、背景提取与抵消、高分辨力RCS诊断成像与图像理解、极化测量与校准、RCS数据的处理等技术，对其他微波测量也具有参考价值。

(2)《雷达地海杂波测量与建模》分册首先介绍国内外地海面环境的分类和特征，给出地海杂波的基本理论，然后介绍测量、定标和建库的方法。该书用较大的篇幅，重点阐述地海杂波特性与建模。杂波是雷达的重要环境，随着地形、地貌、海况、风力等条件而不同。雷达的杂波抑制，正根据实时的变化，从粗犷走向精细的匹配，该书是现代雷达设计师的重要参考文献。

(3)《雷达目标识别理论》分册是一本理论性较强的专著。以特征、规律及知识的识别认知为指引，奠定该书的知识体系。首先介绍雷达目标识别的物理与数学基础，较为详细地阐述雷达目标特征提取与分类识别、知识辅助的雷达目标识别、基于压缩感知的目标识别等技术。

(4)《雷达目标识别原理与实验技术》分册是一本工程性较强的专著。该书主要针对目标特征提取与分类识别的模式,从工程上阐述了目标识别的方法。重点讨论特征提取技术、空中目标识别技术、地面目标识别技术、舰船目标识别及弹道导弹识别技术。

(七) 数字技术的发展,使雷达的设计和评估更加方便,该技术涉及雷达系统设计和使用等。本套丛书遴选了3个分册:

(1)《雷达系统建模与仿真》分册所介绍的是现代雷达设计不可缺少的工具和方法。随着雷达的复杂度增加,用数字仿真的方法来检验设计的效果,可收到事半功倍的效果。该书首先介绍最基本的随机数的产生、统计实验、抽样技术等与雷达仿真有关的基本概念和方法,然后给出雷达目标与杂波模型、雷达系统仿真模型和仿真对系统的性能评价。

(2)《雷达标校技术》分册所介绍的内容是实现雷达精度指标的基础。该书重点介绍常规标校、微光电视角度标校、球载BD/GPS(BD为北斗导航简称)标校、射电星角度标校、基于民航机的雷达精度标校、卫星标校、三角交会标校、雷达自动化标校等技术。

(3)《雷达电子战系统建模与仿真》分册以工程实践为取材背景,介绍雷达电子战系统建模的主要方法、仿真模型设计、仿真系统设计和典型仿真应用实例。该书从雷达电子战系统数学建模和仿真系统设计的实用性出发,着重论述雷达电子战系统基于信号/数据流处理的细粒度建模仿真的核心思想和技术实现途径。

(八) 微电子的发展使得现代雷达的接收、发射和处理都发生了巨大的变化。本套丛书遴选出涉及微电子技术与雷达关联最紧密的3个分册:

(1)《雷达信号处理芯片技术》分册主要讲述一款自主架构的数字信号处理(DSP)器件,详细介绍该款雷达信号处理器的架构、存储器、寄存器、指令系统、I/O资源以及相应的开发工具、硬件设计,给雷达设计师使用该处理器提供有益的参考。

(2)《雷达收发组件芯片技术》分册以雷达收发组件用芯片套片的形式,系统介绍发射芯片、接收芯片、幅相控制芯片、波速控制驱动器芯片、电源管理芯片的设计和测试技术及与之相关的平台技术、实验技术和应用技术。

(3)《宽禁带半导体高频及微波功率器件与电路》分册的背景是,宽禁带材料可使微波毫米波功率器件的功率密度比Si和GaAs等同类产品高10倍,可产生开关频率更高、关断电压更高的新一代电力电子器件,将对雷达产生更新换代的影响。分册首先介绍第三代半导体的应用和基本知识,然后详细介绍两大类各种器件的原理、类别特征、进展和应用：SiC 器件有功率二极管、MOSFET、JFET、BJT、IBJT、GTO 等；GaN 器件有 HEMT、MMIC、E 模 HEMT、N 极化 HEMT、功率开关器件与微功率变换等。最后展望固态太赫兹、金刚石等新兴材料器件。

本套丛书是国内众多相关研究领域的大专院校、科研院所专家集体智慧的结晶。具体参与单位包括中国电子科技集团公司、中国航天科工集团公司、中国电子科学研究院、南京电子技术研究所、华东电子工程研究所、北京无线电测量研究所、电子科技大学、西安电子科技大学、国防科技大学、北京理工大学、北京航空航天大学、哈尔滨工业大学、西北工业大学等近 30 家。在此对参与编写及审校工作的各单位专家和领导的大力支持表示衷心感谢。

王小谟

2017 年 9 月

前　言

合成孔径雷达(SAR)具有全天时、全天候和高分辨成像的能力,是一种不可或缺的对地观测手段。自从1951年Carl Wiley提出SAR概念起至今,SAR已得到了极大的发展和广泛的应用。近些年来,随着技术的发展、需求的牵引,SAR的成像技术和系统体制也在不断地完善和演变,其中双基SAR就是最引人注目的新体制雷达之一。

与传统单基SAR相比,双基SAR收发分置、配置灵活,具有隐蔽性好、抗干扰能力强、获取目标信息丰富等优势,还能够实现前视成像,在民用、军用领域均具有重要的应用价值。然而,由于收发装置分离、平台独立运动、回波规律呈现新的特点,双基SAR也面临复杂的同步、成像、补偿等新问题,这些问题近年来成为国际上的研究热点。

电子科技大学杨建宇教授团队在双基SAR研究领域开展了长期和大量的研究工作,涉及分辨理论、回波模型、成像算法、运动补偿、同步技术、试验验证等诸多方面,形成了较为系统深入的有关双基SAR理论方法、实现技术和试验验证的研究成果。研究团队于2007年首次通过双机飞行试验,得到了国内第一幅机载双基侧视SAR图像;2012年又通过双机飞行试验,在国际上首次实现了机载双基前视成像的试验验证;自2007年以来,所发表的学术论文数,在国际上一直高居该领域学术论文SCI检索排行的榜首。

为了全面地呈现双基SAR成像所涉及的相关理论、方法和技术,推动我国双基SAR技术的发展与应用,本书以团队发表的论文为主体,辅以当前国际上的优秀成果,力求撰写一部具有系统性、专业性和可读性的有关双基SAR理论与技术的学术专著,较全面地阐述双基SAR的专业知识和最新成果。全书共分7章,包括概述、理论、成像、估计、补偿、同步、验证等方面,内容涉及双基SAR的移变和移不变成像模式以及前视和侧视等不同成像区域成像的共同和特殊问题。

本书力求做到思想新颖、新技术含量丰富、内容精练实用,较好地体现作者的学术见解和研究成果;在物理概念的阐述上深入浅出、易于理解;在数学推导中简明严谨,使本书尽可能理论性、实践性、系统性和可读性俱佳。本书可供从事雷达探测、对地观测、微波遥感等技术工作的科研人员以及高校教师、研究生学习参考。

本书由电子科技大学杨建宇教授构思、统筹、撰改和审定，黄钰林教授、武俊杰副教授、李文超副研究员和蒲巍博士等分别参与了部分章节初稿撰写。

双基SAR作为一种正在研究试验中的SAR新体制，除本书已涉及的内容仍有待深入研究、改进和完善外，也还有不少内容尚需进行研究。此外，受认识水平限制，书中难免存在缺点和错误，敬请读者不吝指正。

著 者

2017年8月

目 录

第1章 双基 SAR 概述

合成孔径雷达(Synthetic Aperture Radar,SAR),利用承载于运动平台的微波发射和接收装置,从不同的观测视角获取地物散射回波,并通过信号处理装置进行回波数据处理,获得地物微波散射率分布函数的估计值,从而实现对地成像。

SAR 系统能够利用回波信号的强度大小,区分散射率相异的各类地物,实现辐射分辨;利用宽带信号的脉冲压缩,形成等效窄脉冲,实现距离分辨;利用运动产生的观测视角变化,合成大的天线孔径,实现方位分辨;利用多通道回波相位干涉,反演出通道间波程差,实现高程测量;利用地物散射率的频率和极化响应差异,提取地物特征,实现材质分辨;利用雷达发射机的有源微波辐射,照亮被观测地物,实现昼夜工作;利用微波频段电磁波传播特性,穿透烟云雨雾和叶簇地层,实现透视观测。因此,SAR 系统能够获得地物的平面、黑白甚至立体和彩色图像和视频,具有全天时、全天候、高分辨、多维度的对地观测成像能力,在民用和军用领域均得到了广泛应用,是一种不可或缺的对地观测手段。

双基 SAR 系统的发射和接收装置承载于不同的平台,系统配置灵活多样,接收装置适装性强,电磁隐蔽性好,不仅能实现对地侧视成像,获得不同于单基 SAR 的观测信息,而且能够实现前视、下视和后视成像,拓展成像雷达的观测方向。因此,双基 SAR 已成为 SAR 技术新的发展方向。由于双基 SAR 在几何构型、工作模式、分辨特性和应用领域等方面与传统单基 SAR 存在明显差异,因此,双基 SAR 在成像理论、系统组成、收发同步、参数估计、运动补偿、成像处理和试验验证等方面,也存在一系列新的理论、方法和技术问题。

本章着重从空间关系和物理概念角度,论述双基 SAR 成像原理、系统分类、系统组成、性能参数、研究现状和发展趋势,简要分析双基 SAR 与单基 SAR 的异同,提出需要关注的理论和技术问题,更详细的论述将在后续章节中展开。

1.1 成像原理

利用承载于运动平台的微波频段雷达系统,周期性地发射宽带脉冲信号,接收记录地面散射回波，加工处理回波数据，从而得到地物微波图像的过程，称为对地雷达成像，所得到的微波图像称为雷达图像。微波图像代表地物散射率空间分布函数的测量值或估计值，而散射率则反映不同材质和粗糙度的地物对入射电磁波的散射比率大小。散射率随地表延伸和起伏而变化，就构成了散射率三维分布函数。

雷达二维图像是指地表散射率三维分布函数鸟瞰图的估计值，即该分布函数沿接近高度维的方向朝其垂直平面（称成像面）的投影。要实现高质量的二维成像，雷达系统需要同时具备较高的辐射分辨能力和二维空间分辨能力。高的辐射分辨力使 SAR 系统能够有效区分那些散射率相近的散射点回波幅度差异，准确地反映不同散射点散射率的相对强弱关系，利于在图像中用不同明暗的灰度值来反映这种强弱关系。高的二维空间分辨能力，使 SAR 系统能够在地面上两个正交的方向上，很好地分离和聚焦不同散射点的回波信号能量，有效区分那些空间位置靠近的散射点回波，准确地反映散射点之间的相对位置关系，从而在图像中正确的位置上表征各散射点的散射率。要获得较高的辐射分辨力和空间分辨力，雷达系统必须具有适当的系统资源、几何构型和处理方法。

双基 SAR 的发射与接收装置分别承载于不同的平台，发射、接收与成像地域之间，构成特定的三角关系，不同于单基 SAR 中发射接收站与成像地域的简单连线关系。在双基 SAR 中，影响空间分辨力的两个关键要素，即地物回波的时间延迟和多普勒频移，分别由发射站－地面和地面－接收站的两部分距离之和以及两部分相对运动关系共同决定，具有不同于单基 SAR 的特点。所以，双基 SAR 在系统构型、系统组成、回波模型和成像处理上，均存在不同于单基 SAR 的特殊问题，而且也更加复杂。

1.1.1 基本原理

双基 SAR 的成像过程，在一定条件下，与单基 SAR 十分接近。因此，可以从最简单的正侧视单基 SAR 的回波获取与处理过程着手，来说明 SAR 的系统构型，进而结合单基、双基 SAR 的差异性，来说明双基 SAR 实现二维空间分辨的原理。

在正侧视单基 SAR 中，工作波长为 λ 的雷达发射和接收装置，承载于同一个飞行平台上。平台距离地面高度为 H，以速度 v 匀速直线水平运动。在垂直于航线的俯仰方向，下视角为 α 的雷达天线波束，覆盖地面上宽度为 W 的地域，如图 1.1(a)所示；在平行于航线方位方向，雷达天线真实孔径为 D，形成波束宽度为 λ/D 的方位波束，沿垂直于航线方向，照射正侧面地域，如图 1.1(b)所示。

成像过程中，雷达以相等的脉冲重复间隔 T_r，发射信号带宽为 B_r 的宽带相参脉冲串信号，并接收地面散射回波。根据雷达信号检测理论，可以通过对散射点各脉冲回波信号的匹配滤波处理，使地面散射点的各脉冲回波转换成宽度为 $1/B_r$ 的窄脉冲，从而实现散射点各脉冲回波的能量聚焦，同时保留各散射点回波的时延差异，从而可以利用 $1/B_r$ 的时延差异分辨能力实现 $c/(2B_r)$ 的斜距分辨力（详见 1.1.5 节）。例如，要获得 1m 的斜距分辨力，理论上需要发射带宽为 150MHz 的脉冲信号。在 SAR 成像中，实现回波匹配滤波的处理过程称为斜距压缩。

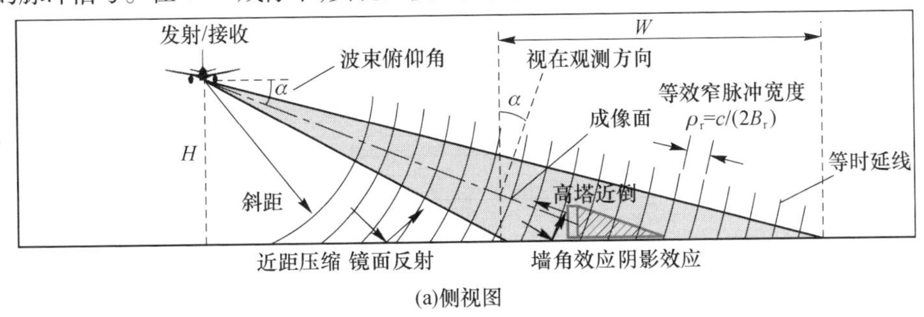

(a)侧视图

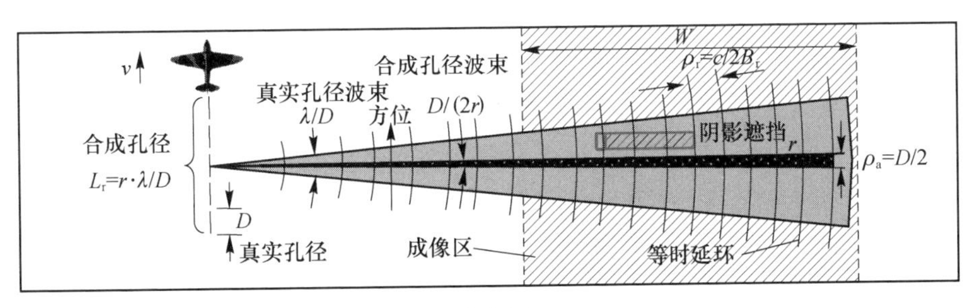

(b)俯视图

图 1.1 单基 SAR 的几何构型

随着承载平台运动，雷达收发天线将相继出现在航线上等间隔的不同位置，对观测区内地面散射点形成 λ/D 的观测视角变化，并获得反映地面散射点各脉冲回波之间相位变化的方位回波。根据阵列天线理论，通过对方位回波的信号处理，可以合成远大于天线真实孔径 D 且正比于散射点斜距 r 和观测视角变化 λ/D 的天线孔径长度 L_r，如图 1.1(b) 所示，实现散射点方位回波的能量聚焦，同时保留各散射点方位回波的时间差异，从而可以利用 $D/(2r)$ 的角度差异分辨能力，在平行于航线且距离为 r 的直线上获得 $D/2$ 的方位（垂直于平台观察者视线方向）分辨力（详见 1.1.4 节），即 SAR 成像的方位分辨力在一定条件下与斜距无关。例如，对于 3m 波长的 X 波段雷达来说，要获得 1m 的方位分辨力，真实天线孔径尺度 D 为 2m，相应的方位波束宽度为 0.86°。在 SAR 成像中，实现合成孔径的处理过程称为方位压缩。

从以上原理来看，上述两个压缩处理过程均为线性过程，保留了各散射点回波的幅度差异，因此，能够为实现高的辐射分辨力提供基础条件。另一方面，可以看出,正侧视单基 SAR 的二维空间分辨能力分别来自于宽带脉冲回波匹配滤波形成的窄脉冲时延分辨力以及观测视角变化合成孔径形成的窄波束角度分辨力。这两种分辨力的方向分别与斜距方向和方位方向完全重合,而且时延分辨力对应的地面间距分辨力与角度分辨力对应的地面间距分辨力在方向上刚好正交,因此这二维的高分辨就正好构成了二维成像所需的必备条件。但是,在其他类型的 SAR 系统构型中,例如在斜视单基 SAR 和双基 SAR 的多数系统构型中,这两类分辨力的方向未必分别与平台观察者视线方向和其正交的方向重合,因此有必要将时延分辨力与距离分辨力、角度分辨力与方位分辨力作为不同概念,在名词术语上加以区分。而且,时延分辨方向与角度分辨力方向对应的地距分辨力方向通常也是非正交的,所以还必须考虑二维分辨力的综合度量问题和成像几何失真的校正问题。

双基平飞正侧视 SAR 的发射、接收装置分别承载于各自的飞行平台,分别用发射波束和接收波束照射待成像地域,如图 1.2 所示。

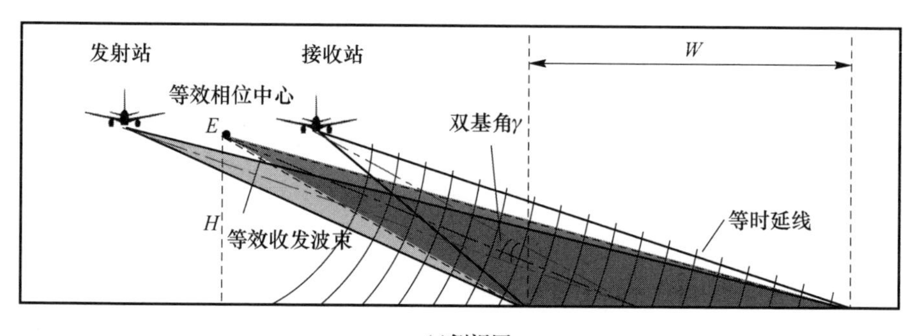

(a)侧视图

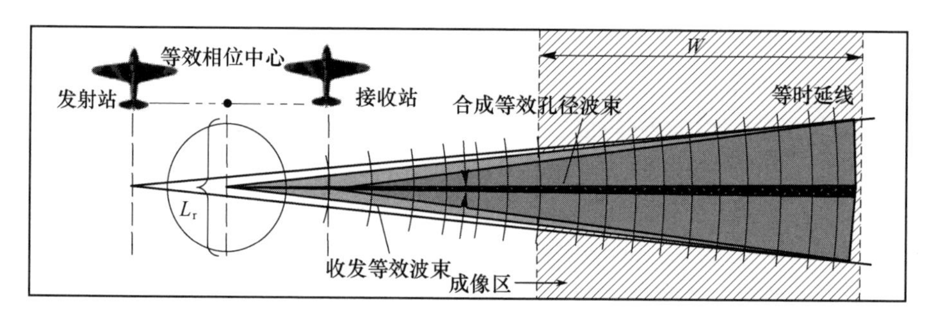

(b)俯视图

图 1.2 双基 SAR 的几何构型

当成像地域与发射、接收平台的距离远大于发射与接收平台之间的距离时,从成像地域观察到的发射、接收平台的视线夹角 γ(即双基角)很小,双基 SAR 成像几何关系与单基 SAR 十分接近,可等效为发射和接收天线的等效相位中心

(Equivalent Phase Center,EPC)构成的单基 SAR 成像构型。从地表反射特性和回波时延两方面考虑,该等效相位中心位于双基角平分线上,而且与成像地域中心的斜距等于发射和接收天线相位中心到成像地域中心的斜距均值。这时,双基 SAR 的成像原理可以从 EPC、等效收发波束以及相应的时延分辨力和孔径合成来定性解释和理解。

对于双基角较大的情况,双基 SAR 的地物回波时间延迟和相位变化的形成过程,虽然与单基 SAR 存在较大的差异,但成像的基本原理仍是相似的。因此,在物理概念上仍可采用等效单基 SAR 的观点来理解双基 SAR,即可利用宽带脉冲回波匹配滤波形成的窄脉冲时延分辨力以及等效相位中心相对于目标的观测视角变化合成孔径形成的窄波束角度分辨力来解释二维空间分辨的原理。

1.1.2　处理过程

单基正侧视 SAR 和双基正侧视 SAR 通过平台运动,获得预定成像区的多个脉冲回波,然后通过斜距压缩和方位压缩等环节,对回波数据进行处理,从而实现对地物的二维成像。

雷达发射的宽带脉冲信号被地面散射,形成脉冲回波并被雷达接收机捕获,经过下变频、正交检波和采样过程,得到复数形式的基带回波数据,然后被记录为二维数组中的一行,行方向称快时间方向。随着平台运动,雷达收发天线将出现在航线上的不同位置,得到后续的多个脉冲回波数据,这些数据被按照接收顺序沿列方向依次排列在一起,并将列方向称为慢时间方向,从而得到由多个脉冲回波形成的二维格式的回波数据(称原始数据),其幅度如图 1.3(a)所示。

在成像处理过程中,首先对原始数据的各行进行针对发射脉冲基带信号的匹配滤波处理,实现斜距压缩,使地面每个散射点的回波均被转化为窄脉冲,聚焦各散射点的单次脉冲回波能量,同时保留它们之间的相对幅度和时延差异关系,从而实现斜距维或距离和的分辨力,其分辨力由光速和发射信号带宽的倒数决定(详见 1.1.5 节),得到如图 1.3(b)所示的斜距压缩数据(称中间数据)。

然后,对斜距压缩数据的各列进行针对方位回波的合成孔径处理,实现方位压缩,聚焦各散射点多次脉冲回波能量,同时保留它们的相对幅度和方位位置关系,实现方位维分辨力,其分辨力由平台速度和多普勒信号带宽倒数决定(详见 1.1.6 节),从而得到如图 1.3(c)所示的斜距 - 方位二维高分辨力数据(称图像数据)。至此,完成了成像信号处理过程,得到了在斜距 - 方位平面中反映地面散射率变化关系的二维数组,实现了由二维回波数据向二维图像数据的转化。

当然,实际的处理过程,比如图 1.3 所示的过程更为复杂,主要源自三个方面的原因。

第一是回波规律的复杂性。由于雷达天线随平台运动,地面散射点相对于

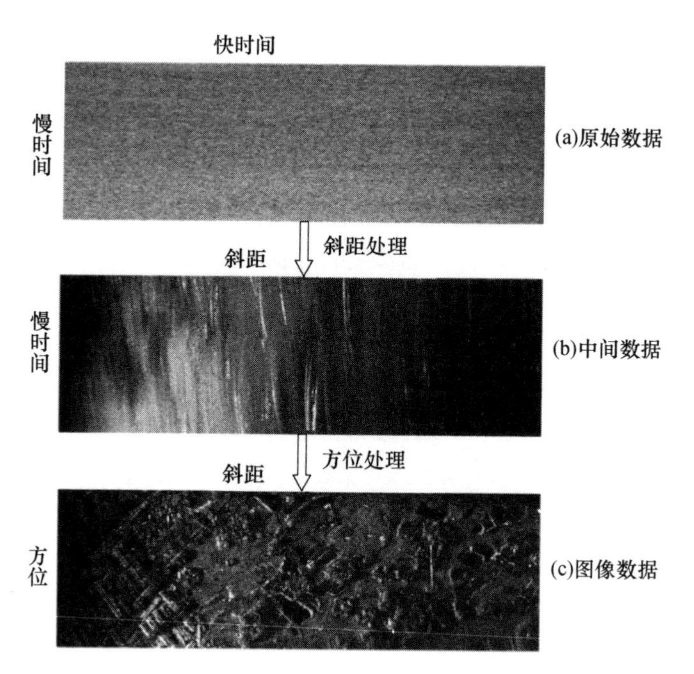

图 1.3 SAR 基带回波的记录方式与处理成像过程(电子科技大学 2007 年,机载侧视双基 SAR 数据,距离多普勒(Range Doppler,RD)算法处理过程)

雷达收发天线相位中心的斜距将发生变化,因此,在快-慢时间平面上,散射点多次脉冲回波形成的轨迹并不约束在列方向,而会有不同程度的弯曲和倾斜,不同位置散射点的回波轨迹形状也存在差异和相互交叉;同时,不同位置散射点的方位回波相位变化历程也存在相互间差异。这两方面原因导致处理过程需要进行逐个像素的二维运算,计算量过大,难以达到应用要求的实时性,在高效成像处理过程中,需要增加相应的处理环节来应对这些因素的不利影响。在 SAR 成像技术中,这类问题属于回波建模和成像算法问题。

第二是平台实际运动的未知性。方位匹配滤波处理需要准确的回波信号参数作为处理的依据,但这些参数是未知的,因此需要利用运动测量装置,对收发天线的空间位置、运动速度和波束指向等参数进行测量;而且要求在成像过程中,利用回波数据的规律性和变换域的聚集性,对相关参数进行更为精确的估算。在 SAR 技术中,这类问题属于运动测量和参数估计问题。

第三是平台实际运动的随机性。这种随机性会导致回波规律偏离平台规则运动和恒定姿态的假设条件。所以,必须利用运动测量装置,实时测量天线空间位置、运动速度和波束指向的实际状态,并利用波束指向稳定和脉冲重频调整装置,减小非规则运动和姿态变化对回波的影响。同时,需要在处理过程中,增加相应处理环节,更精准地估计和补偿剩余的非规则运动和姿态变化引起的回波误差，使回波规律重新回到规则运动和恒定姿态对应的状态。在 SAR 技术中，这类问题属于运动误差控制和运动误差补偿问题。

双基 SAR 成像处理过程虽与单基 SAR 相似，但它的几何关系、回波模型、成像算法、参数估计和运动补偿等问题更加复杂多样，相应的处理过程也更加复杂和多样[1]。

1.1.3　成像特点

SAR 的几何构型、工作原理和工作频段，与光学成像设备有较大的不同，因此它获得的微波图像具有许多不同于光学图像的鲜明特征。

根据如图 1.1(a)所示的单基 SAR 的几何构型可以看出，由于地物回波沿等时延线（以收发天线相位中心为中心的圆）方向投影，SAR 获得的二维图像是地面散射率三维分布函数沿等时延线方向朝成像面的投影，这个成像平面为波束中心线沿航线方向运动形成的平面。因此，虽然雷达是在远离成像地域的一定高度进行观测，但得到的二维微波图像却具有等效鸟瞰的效果，等效观测点在成像面法线方向，该方向偏离高度方向的角度等于天线波束下视角 α。所以，SAR 得到的微波图像，有类似“俯瞰斜阳照大地”的成像效果，这里的“俯瞰”实际上以角度 α 偏离了高度维方向，而这个“斜阳”则是雷达发射机，SAR 图像中的阴影延伸的反方向，必然指向雷达发射机。图 1.4 中给出了不同类型地域和目标的单基 SAR 成像结果，在这些由国内外相关研究机构公布的 SAR 图像中，阴影均向右侧延伸，这说明在成像过程中，发射站均位于成像地域的左侧。

虽然图 1.1 中的单基 SAR 系统通过侧面观测获得了等效鸟瞰成像效果，但所得到的二维图像与真正的鸟瞰下视成像仍有差别。由于工作频段、成像原理和如图 1.1 所示的几何构型等方面的原因，单基 SAR 系统所获得的微波图像存在墙角效应（即角反射器效应）、镜面效应、坡面效应，也会出现地物阴影、近距压缩、高塔近倒、塔顶散焦、影好像差、物虚影实和树浊影清等现象，造成辐射失真和几何失真，如图 1.4 所示。这些图像特征大多会以相近的形态反映在双基 SAR 系统获得的微波图像中（例如阴影效应等）。只是在双基 SAR 中，由于收发分置于不同平台，发射、接收存在空间位置差异，这些图像特征会产生一些变化（例如墙角效应等），而这些不同于单基 SAR 的图像特征，可以提供有关地物的新的信息，使得双基 SAR 与单基 SAR 在应用中存在互补性，它们相结合，可以提高对地观测的图像维度，获得更加丰富的地物信息。

下面从散射特性、明暗关系、阴影现象和相干斑等几个方面，简要阐述双基 SAR 与单基 SAR 成像的异同。

1. 散射特性

散射率分布函数本来就是具有方向性的，即与入射方向和观测方向有关。

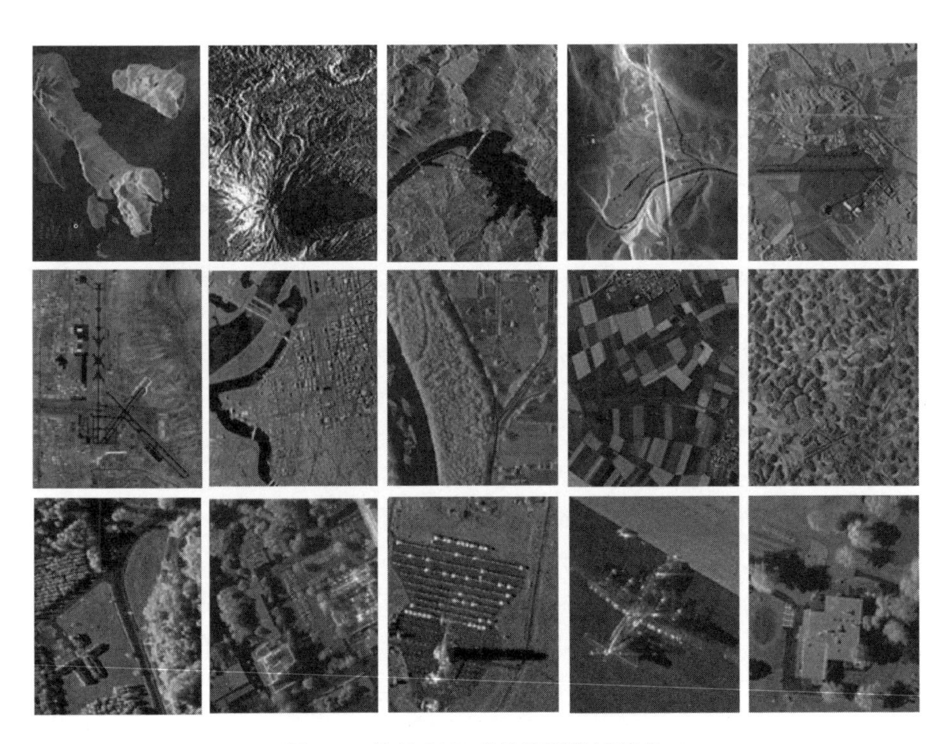

图 1.4　单基 SAR 成像的图像域特点

单基 SAR 观测到的是后向散射率分布函数,即观测方向与入射方向重合;而双基 SAR 观测到的是侧向散射率分布函数,其观测方向一般不与入射方向重合,如图 1.5 所示。

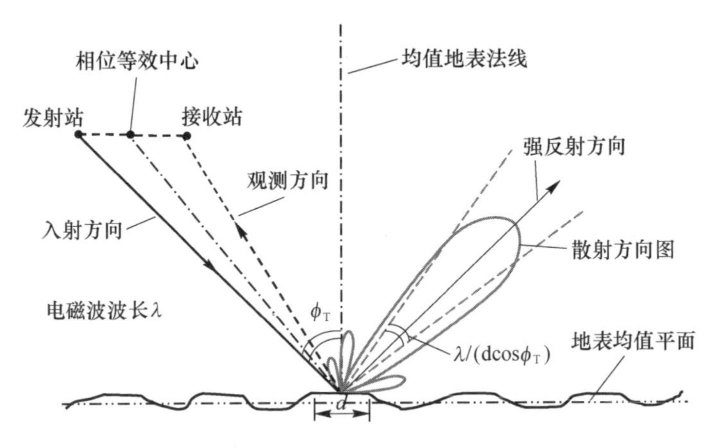

图 1.5　粗糙地表及其双基地散射特性

所以,即使与单基 SAR 具有相同的发射站位置、接收站位置或等效相位中心位置,双基 SAR 观测到的也是具有不同方向属性的散射率分布函数。这使得双基 SAR 可以获得不同于单基 SAR 的地物散射特征,也有利于发现采用了后向散射隐身措施的地面隐身目标。基于同样的原因,在单基 SAR 中会产生强烈回波的角反射器,在双基 SAR 中通带并不是强反射目标,因为角反射器的绝大部分能量已被反射到入射方向,即发射站方向,而在双基 SAR 接收站中,则几乎接收不到其散射能量,所以角反射器伪装或干扰对双基 SAR 基本是失效的。图 1.6 和图 1.7 显示了单基 SAR 和双基 SAR 对同一地域的成像结果,可以看到它们之间的明显差异性。

(a)单基SAR图像

(b)双基SAR图像

图 1.6　单、双基 SAR 图像明显差异(Sandia 实验室[2])

(a)单基SAR图像　(b)双基SAR图像　(c)光学图像

图 1.7　单、双基 SAR 图像与光学图像的明显差异[3]

2. 明暗关系

SAR 图像中的明暗关系与多种因素有关,除了入射和观测角度导致的散射特性差异外，还与地物电磁参数、地表粗糙度和地表坡度等因素有关。地物的电磁参数，会明显影响到地物对入射电磁波的吸收率和散射率，是影响 SAR 图像中景物明暗关系的重要因素。此外，地表粗糙度对 SAR 图像明暗关系也有重要影响。从电磁散射理论角度看，尺度为 d 的光滑平面，对于入射角为 ϕ_T、信号波长为 λ 的电磁波，会产生不同方向、不同强度的散射，若 d 在 10λ 以上时，会形成具有明显方向性的散射方向图，其散射波束宽度为 $\lambda/(d\cos\phi_T)$，波束中心线位于该平面法向另侧的对称方向上，如图 1.5 所示，当观测方向偏离该波束中心线的角度超过该波束宽度时，接收站收到的是散射方向图的旁瓣散射能量，与该波束的中心线方向相比，已十分微弱。所以，只有那些法线指向雷达收发等效相位中心的平面，能够在雷达接收站形成较强回波；一旦平面法线偏离等效相位中心方向，被接收站捕获的散射能量将明显下降，而且平面尺度越大，下降就越快。

地表面无论光滑与否，在一定的观测尺度上，均存在不同程度的起伏，具有不同的粗糙度。地表面可以看成由许多不同坡度的小尺度（一般应在 10λ 以上）剖分面连接而成，如图 1.5 所示。对于给定成像分辨单元（即地面上的一个四边形区域，其两个边长分别等于两类地距分辨力），这些剖分面的法线指向各异，与起伏地表均值平面的法线方向存在不同程度的偏离。而接收站捕获的散射能量，主要来自于那些法线指向收发等效相位中心的剖分面的贡献。从这个意义上讲，若双基 SAR 和单基 SAR 具有相同的 EPC 位置和变化历程，就会得到明暗关系相近的成像结果。

从统计意义上讲，在同一成像分辨单元内，全体剖分面的法线指向呈概率分布形态，如图 1.8 所示，其峰值位置通常出现在均值地表的法线方向，两侧呈下降趋势，下降得快慢与地表粗糙或光滑程度有关。水面、道路、跑道等相对平整光滑的地表，概率密度函数下降较快，方差较小；而农田、草地、树林等相对粗糙的地表，概率密度函数下降较慢，方差较大。

随着均值地表坡度按图 1.9 所示由左向右变化，地表均值法线方向偏离 EPC 的角度依次增加，其剖分面概率密度函数的峰值位置在图 1.8 中将逐次右移，地表剖分面法线指向 EPC 方向的概率将相应减小，导致 SAR 接收到的散射能量随之减少，图像中对应的分辨单元亮度下降。因此，均值地表法线指向 EPC 方向的光滑地表具有最为强烈的回波，回波强度依次递减的顺序为法线指向 EPC 方向的光滑地表、法线指向 EPC 的粗糙地表、粗糙迎坡面、粗糙水平面、粗糙背坡面以及光滑迎坡面、光滑水平面和光滑背坡面。这种强弱关系也会反映在图像域中相应地域的明暗关系上，如图 1.4 第 1 行第 2 ~ 4 幅图像所示，迎坡面较亮，水平面和背坡面较暗，而水面为黑色。

由于地表坡度起伏的影响，SAR 图像所获得的地表散射率分布估计值，在不同坡度的地域，对应了不同的方向属性，造成坡面起伏辐射失真。所以，SAR

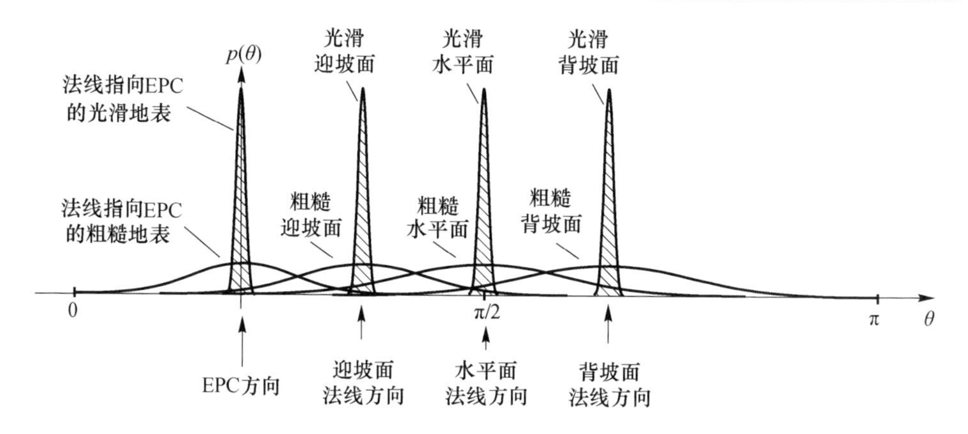

图 1.8　不同坡度剖分面法线方向分布概率函数

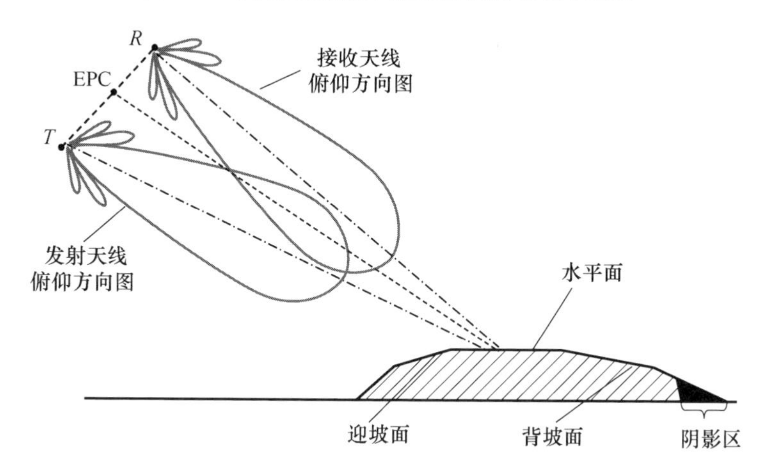

图 1.9　波束调制效应与坡面照射失真

不能获得具有一致方向属性的散射率分布函数估计。此外,SAR 图像中的明暗关系,除了以上所述地物电磁参数和地表粗糙度、地表坡度的影响外,还包含了波束调制和传播衰减的影响。

由于雷达天线俯仰方向图对地面的非均匀照射和接收,将形成波束调制效应,导致俯仰方向的辐射失真,如图 1.4 中第 1 行第 4 幅图像所示,由于俯仰波束调制效应,成像区中间明亮,两侧逐渐暗淡。同时,由于电磁波空间传播的衰减效应,地面的入射功率密度和接收功率密度也会呈现近强远弱的现象,造成斜距方向的辐射失真。

3. 阴影现象

从图 1.9 中还可以看出,如果背坡面坡度过大,还会造成阴影现象。这些区域不能被发射波束照射,即使被接收波束覆盖,也没有散射能量返回到接收机,从而在图像中形成黑色阴影区。在图 1.4 的单基 SAR 图像中,可以普遍观测到起伏地表形成的阴影现象，例如图 1.4 中第 1 行第 2 幅图中火山锥的阴影。在双基 SAR 图像中，能够接收到回波的地域是发射和接收站视线能够同时达到的区域，因此，当双基角 γ 较大时，如果双基 SAR 图像聚焦良好且地表有塔状起伏，就可观测到不同于单基 SAR 图像的双影现象，其中一个阴影延伸的反方向指向发射站，另一个阴影延伸的反方向指向接收站。

在高分辨力 SAR 图像中，表面大部光滑的地物（例如，坦克、建筑、飞机等人造物）的阴影，常常比其受照面能够更好地勾画出地物形状，如图 1.4 第 3 行第 4 幅图所示，其中受照面的运输机雷达图像只能反映局部凸起、凹陷和接缝等，在表现物体轮廓方面，远不如其阴影，形成“影好像差”的现象。

在地面有风的情况下，单基 SAR 图像会出现树冠模糊、树影清晰的“树浊影清”现象，如图 1.4 第 3 行第 2 幅图和第 5 幅图所示。其原因是，树枝树叶随风摇曳，产生与波长可以比拟的随机飘动，会在多次回波间产生显著不同于静止地物的风致附加相位变化，从而显著影响到 SAR 系统对树冠的孔径合成，造成图像散焦。另一方面，树冠相对于分辨力尺度的位移不大，树影形状在图像中变化很小，而树影周边地表植被浅矮，风所导致的相位变化远小于树冠，仍可正常合成孔径，所以仍能够形成清晰的树影边缘。地面动目标在单基 SAR 图像中也会产生类似的“物虚影实”现象，也是源自相近的机理。从双基 SAR 图像中可以观察到与单基 SAR 图像相似的这类现象。

与阴影现象相伴随的是产生阴影的地面显著凸起物，在 SAR 图像中，会倒向收发天线相位中心一侧，形成“高塔近倒”的现象，其形成的机理如图 1.1(a)所示。与此同时，塔顶与相同斜距上的地面散射点回波规律并不相同，针对平地回波规律进行的成像处理，虽然可以得到聚焦良好的 SAR 图像，但塔顶等地面凸起物则不能被完全聚焦，形成“塔顶散焦”现象，如图 1.4 第 3 行第 3 幅图所示。

4. 相干斑

由于地面各分辨单元回波，由如图 1.5 所示的大量法向随机的剖分面产生的回波相干叠加形成，它们之间的入射和反射路径存在波程差，相干叠加时就会使整个分辨单元的回波幅度具有随机性。所以，在 SAR 图像中，可以观察到草地、戈壁、田野等分布式地物的 SAR 图像呈现出特定的纹理，其形成机理正是由于同类地表的不同分辨单元之间，像素灰度明暗随空间位置变化而出现随机起伏所致，这种纹理在 SAR 图像中称为相干斑。双基 SAR 的相干斑形成机理虽然与单基 SAR 类似，但由于收发分置，所观测的散射特性不同于单基 SAR，因此在相干斑纹理上，会呈现出一些不同于单基 SAR 的特点，如图 1.6 和图 1.7 所示。

5. 穿透现象

SAR 的工作波长远大于光学成像设备的波长，一些对于光学不透明的地物，在 SAR 中会呈现出透明的性状，因此 SAR 可以透过某些地物，观测到被其掩盖的其他地物。例如,利用 SAR 能够穿透撒哈拉沙漠的沙层,观测到被掩埋的古河道。SAR 的这种穿透性,随地物类别和雷达工作波长变化,一般地说:较大的工作波长,穿透性较好;非金属材质和低含水量地表,更易于穿透。SAR 的这种穿透性能,使它可以用于隐蔽目标侦测,这方面已有很多的实例。这种穿透现象源自于电磁波传播特性,对单基和双基 SAR 是相似的,其差异性尚待深入研究。

1.1.4　孔径合成

在单基正侧视 SAR 和双基平飞正侧视 SAR 中,方位分辨力和斜距分辨力均可以用大时带积线性调频信号的匹配滤波所产生的脉冲压缩效应来进行准确解释。但从直观的物理概念上,方位分辨力也可以用收发天线运动合成的大孔径天线阵列来解释,这也是合成孔径雷达名称的由来。

如图 1.10(a)所示,单基 SAR 将信号波长为 λ 的发射和接收装置,承载于同一飞行平台上。平台以速度 v 进行匀速直线运动,脉冲重复孔径尺度为 D,天线波束宽度为 $\theta=\lambda/D$ 的收发天线,沿垂直航线的方向照射地面,雷达发射机以一定的脉冲重复间隔 T_r,周期性地发射宽带脉冲信号,同时由接收机接收和记录地面的回波。随着承载平台运动,雷达收发天线及其相位中心,将相继出现在航线等间隔的不同位置。根据阵列天线理论,利用这些不同位置接收到的回波,通过信号处理,可以合成大孔径的阵列天线,而位于航线上不同位置的收发天线,则是其阵元。对于地面上特定的散射点来说,它对应的合成阵列天线阵元必须处在能够照射和接收它的回波的位置上。根据这个原理,地面上平行于航线的两条直线上的 A 点和 B 点将分别形成对应孔径尺度为 $L_A=r_A\cdot\lambda/D$ 和 $L_B=r_B\cdot\lambda/D$ 的阵列天线。

与收发天线真实孔径 D 不同,这种大尺度的阵列天线孔径 L_A 和 L_B,是通过对收发波束照射期间 A 点和 B 点产生的回波进行信号处理之后合成的虚拟孔径,所以称为合成孔径。而形成这个合成孔径的过程称为孔径合成,对应的照射时间称为合成孔径时间。这种合成孔径尺度 L_A 和 L_B,会远大于它的阵元长度,即收发天线真实孔径尺度 D,因而具有窄得多的波束宽度 $Q_A=\lambda/(2L_A)=D/(2r_A)$,$\theta_B=\lambda/(2L_B)=D/(2r_B)$。其中的 1/2,来源于阵列天线波束宽度计算时,考虑的是收发双程传播,其波束宽度是单程方向图的 1/2。

由于发射接收天线波束具有一定的角度覆盖范围,图 1.10 中不同斜距的 A、B 两个地面散射点,被收发波束照射时间的起止点和持续长度不同,合成的阵列天线位置、尺度及合成波束宽度也不同。而合成波束宽度的这种差异,与目标斜距远近的影响,正好相互抵消,使得位于不同距离的 A、B 两个点,具有相同的方位分辨力 $\rho_a=r_A\cdot\theta_A=r_B\cdot\theta_B=D/2$,即正好等于收发天线真实孔径尺度 D 的

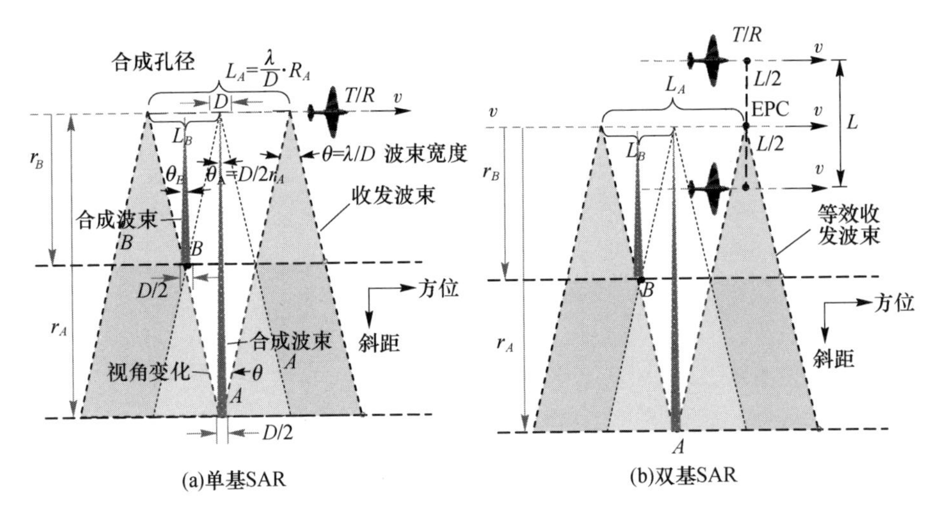

图 1.10　孔径合成原理

1/2,形成“远近同分辨”的现象。

事实上,虽然 A、B 两点与航迹的距离不同,但雷达采用的是同一波束照射地面,所以在能够接收到 A、B 两点回波的相应持续时间内,对它们形成相同的观测视角变化 $\theta=\lambda/D$ 和相同的方位分辨力$\rho_a=D/2=\lambda/(2\theta)$。所以,“远近同分辨”的物理实质是合成孔径雷达的方位分辨力,实际上取决于雷达的工作波长和观测视角变化,而与距离无关。这个结论与微波全息理论的解释也是一致的。

对于图 1.10(b)中的双基 SAR 的情形,虽然发射天线相位中心、接收天线相位中心以及收发 EPC 已经分离开,但其孔径合成的原理,仍与单基 SAR 相似。即随着平台运动,其 EPC 仍会形成相对于目标的观测视角变化。所以,依然可以利用信号处理方法,对平台处于不同位置的回波信号进行处理,实现孔径合成,从而可以利用合成窄波束的角度分辨能力来实现方位分辨。但与单基 SAR 不同的是,双基 SAR 收发天线分置,具有各自独立的运动方向和天线波束,其合成孔径和方位分辨力的定量表达式与单基 SAR 存在差异,也更为复杂,尤其是双基角较大的情况。关于这方面更为详细的讨论,将在第 2 章中进行。

1.1.5　地距分辨

在单基正侧视和双基平飞正侧视 SAR 中,二维成像是通过方位高分辨和斜距高分辨来共同实现的。方位高分辨是通过平台运动孔径合成效应形成的窄波束来实现的,而斜距高分辨则是利用宽带信号脉冲压缩效应形成的窄脉冲来实现的。

1. 线性调频信号

根据雷达信号理论,雷达的时延分辨力等于发射信号带宽 B_r 的倒数 $1/B_r$。即发射信号带宽 B_r 越大,则时延分辨力越高。对于单载频脉冲信号而言,脉冲

时度 T 与发射信号带宽 B_r 乘积为 1，即 $B_rT=1$。由于时宽和带宽存在紧耦合关系，要增加发射信号带宽 B_r，提高时延分辨力，就必须减小发射信号脉冲时宽 T。但从回波信噪比和作用距离考虑，又必须增大发射信号脉冲时宽 T。为克服这一对矛盾，可以利用脉冲持续期内的相位调制来形成大时宽带宽信号，使得 $B_rT>1$，从而解除时宽 T 与带宽 B_r 的紧耦合关系。这类信号有线性调频、脉冲编码信号等，其中最常用的是线性调频脉冲信号。例如时宽 100μs、带宽 150MHz 的线性调频脉冲信号，对应的时带积为 1.5×10^4。大时带积信号可以分别用时宽和带宽去满足探测距离和时延分辨力的要求。

线性调频脉冲信号 $s(t)$ 的基带时域表达式为

$$\begin{cases} s(t)=\mathrm{rect}\left(\dfrac{t}{T}\right)\exp(\mathrm{j}\pi\mu t^2) \\ S(f)\approx\mathrm{rect}\left(\dfrac{f}{B_r}\right)\exp\left(-\mathrm{j}\pi\dfrac{f^2}{\mu}\right) \end{cases} \tag{1.1}$$

式中：rect(·)代表幅度为 1、宽度为 1 的方波函数。根据驻定相位原理，可以得到其频域表达式，如式(1.1)所示，其中略去了常量幅度因子和 $-\pi/4$ 的常量相位因子。

图 1.11 的左、右分别给出了该信号的时域和频域波形。从上到下分别是瞬时频率、实部、虚部、包络和相位。可以看出，线性调频脉冲信号在时域与频域具有高度相似的函数形态，其区别主要表现在，时域为矩形包络时，频域包络虽然十分接近矩形，但带有菲涅尔波纹，当时带积 $B_rT\gg1$ 时，这种波纹可以忽略。

2. 脉冲压缩与时延分辨

基带脉冲信号 $s(t)$ 在发射机中由波形产生器生成，经上变频至理想载波频率 $f_0=c/\lambda$ 后，由天线发射并照射地物。地面上 C、D 两个散射点产生的回波，到达接收天线和接收机后，被下变频至基带，得到复数形式的基带脉冲回波 $s_C(t)$ 和 $s_D(t)$，如图 1.12 所示，它们都具有与 $s(t)$ 相同的波形，但在幅度、时延和初相上存在相互差异。这两个幅度时延相异、时间上部分重叠的信号，经过 $s(t)$ 的匹配滤波器后，输出脉冲被压缩为宽度 $1/B_r$ 的窄脉冲，实现了脉冲压缩，压缩比为 $T/(1/B_r)=B_rT\gg1$，其主峰在时域被分辨开，从而获得了与输出脉宽相当的时延分辨力 $\rho_\tau=1/B_r$，同时，处理过程保留了原有的时延和幅度差异，这为还原散射点位置关系和实现辐射分辨提供了重要基础条件。

对照最佳检测与估计理论可知，对脉冲回波进行脉冲压缩和实现时延分辨的过程，也是在接收机高斯白噪声中，对散射点脉冲回波进行最佳检测处理的过程以及对散射点回波时延进行最佳估计处理的过程。

3. 斜距分辨与地距分辨

在单基正侧视 SAR 中，时延分辨力 ρ_τ 是斜距(平台观察者视线方向的距

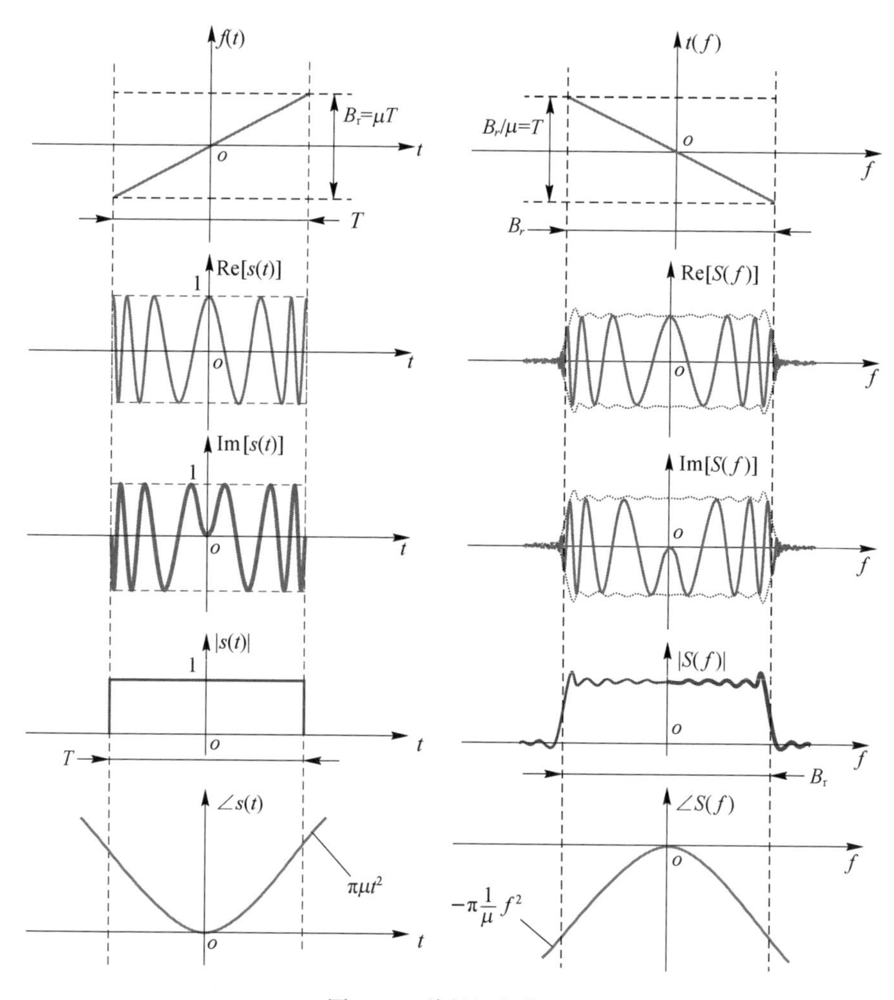

图 1. 11　线性调频信号

离）分辨力ρ_{r} 和地距（对应的地面间距）分辨力ρ_{g} 的基础，如图 1. 13(a)所示。

在图 1. 13(a)的单基 SAR 中：等时延环是以收发天线相位中心为圆心的同心圆；成像投影面与等时延线正交并与代表平台观察者视线方向的斜距方向相重合。根据光速 c 和往返双程传播路径关系可知，斜距分辨力为$\rho_{\mathrm{r}} = c\,\rho_{\tau}/2 = c/(2B_{\mathrm{r}})$，对应的地距分辨力为$\rho_{\mathrm{g}} = \rho_{\mathrm{r}}/\cos\alpha = c/(2B_{\mathrm{r}}\cos\alpha)$。所以，斜距方向的地距分辨力$\rho_{\mathrm{g}}$ 是由回波时延分辨力ρ_{τ} 来间接实现的，并由发射信号带宽 B_{r} 和天线波束下视角 α 共同决定。由于不同地域天线波束下视角 α 变化的影响，地距分辨力ρ_{g} 呈现非线性变化的特性。随着成像区斜距变近，传播路径天线波束下视角 α 增大，地距分辨率ρ_{g} 增大，导致地距分辨能力下降，形成前述的"近距压缩"现象和 SAR 图像几何失真。

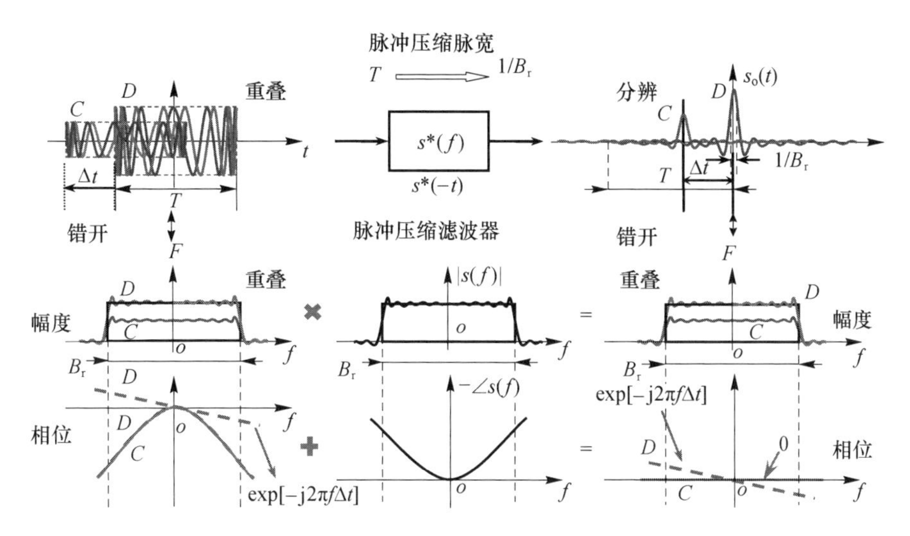

图 1.12　线性调频信号的脉冲压缩

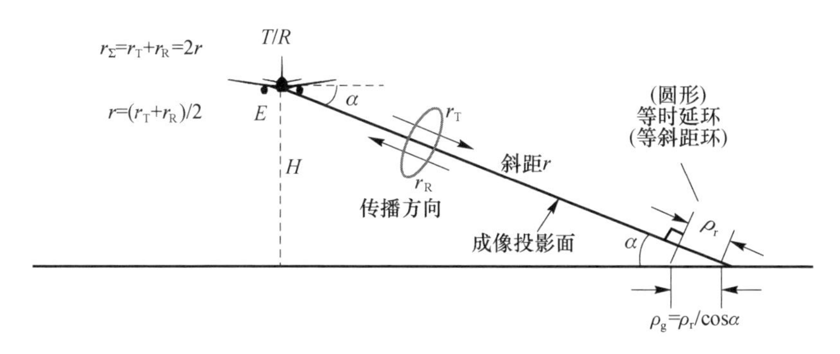

(a)单基SAR

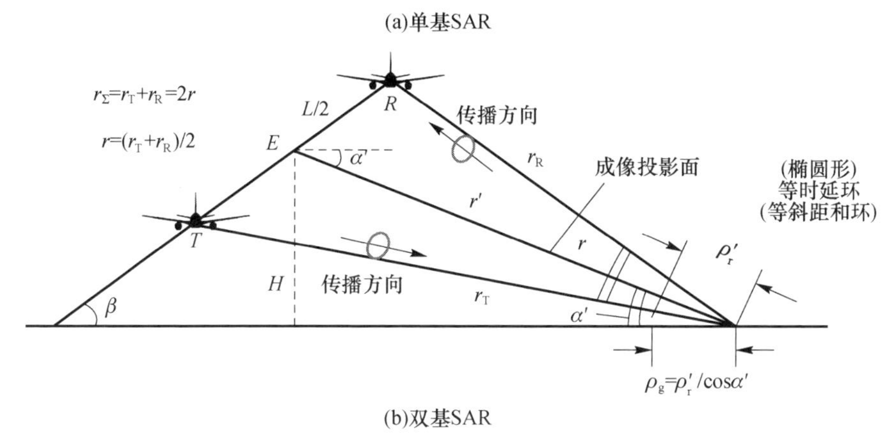

(b)双基SAR

图 1.13　斜距分辨与地距分辨

而在如图 1.13(b)所示的双基 SAR 中,等时延环已变成以 T、R 两点为焦点,E 点为中心的椭圆环,成像投影面已转化为由等效相位中心观察视线变化构成的平面,并与地面形成夹角 α',但其延伸方向已不再与接收平台观测视线方向重合。距离和 $r_\Sigma = r_T + r_R$ 的分辨力为$\rho_{r\Sigma} = c\,\rho_\tau = c/B_r$,收发斜距均值 $r = (r_T + r_R)/2$ 的分辨力为$\rho_r = c/(2B_r)$,而成像投影面分辨力$\rho_r = k\,\rho_r$,所以对应的地距分辨力为$\rho_g = \rho_r'/\cos\alpha' = kc/(2B_r\cos\alpha')$,其中的参数 k 和 α' 由收发平台基线高度 H、收发平台基线长度 L、收发站基线倾角 β 及其与成像地域的几何位置关系共同决定。

当双基角 γ 逐渐减小为 0 时,等时延椭圆环退化为以 E 点为圆心的同心圆,发射路径与接收路径逐渐重合,从而使得成像投影面分辨力ρ_r'和地距分辨力 ρ_g 的关系退化为与单基相同的情况。

1.1.6 方位分辨

在 1.1.4 节中,用天线理论从合成孔径的角度解释了单基正侧视 SAR 和双基平飞正侧视 SAR 方位分辨的原理。实际上,从方位回波的脉冲压缩过程,能够更精确地解释方位分辨的原理,更贴近成像信号处理的实际过程。这里首先以较为简单的单基正侧视 SAR 为例,说明其原理,然后推广到双基平飞正侧视 SAR 的情况。

1. 方位回波的形成过程

平台运动过程中,地面上的散射点与雷达收发天线相位中心的斜距及其在天线方向图中所处的角度,都是随时间连续变化的物理量。这种时变性将直接引起散射点的各脉冲回波之间产生幅度、时延和初相的时变性。若以 $A(t)$ 和 $\phi(t)$分别代表图 1.14 中散射点 A 的各脉冲回波的幅度和初相变化历程,则 $s_A(t) = A(t)\cos\phi(t)$就代表散射点 A 的方位回波。由于相位 $\phi(t)$ 的一阶导数 $\phi'(t)/(2\pi)$代表散射点回波瞬时多普勒频率函数 $f_d(t)$,因此常将方位回波称为多普勒信号。

在单基 SAR 正侧视成像过程中,方位回波的形成过程可由图 1.14(a) ~ (d)来表示,为简化叙述和图示方便,图中所示的天线波束明显宽于实际波束宽度,等距离线也画作了直线而不是实际的圆弧线,因为在较小波束宽度的情况下,这种圆弧也可近似为直线段。收发天线承载于速度为 v 的匀速直线运动平台上,雷达通过方位向孔径度为 D、波束宽度为 λ/D 的波束,照射运动方向正侧面的地域。如图 1.14(d)所示,从平台观察视角看,地面上的散射点 A 在平行于航线的直线上,以速度 v 做匀速直线运动,由于 A 点与平台间的相对运动,脉冲回波初相发生变化,而且根据物理学原理,脉冲回波中心频率与发射脉冲信号载频相比,将产生附加的多普勒频移。随着时间推移,A 点相对于平台的径向速度

$v_r = v \cdot \cos\alpha$ 由 $+v$ 变成 $-v$，回波多普勒频率由 $+2v/\lambda$ 变为 $-2v/\lambda$，其间当 A 点位于平台的正侧面时，瞬时多普勒频率为 0，如图 1.14(c)所示。

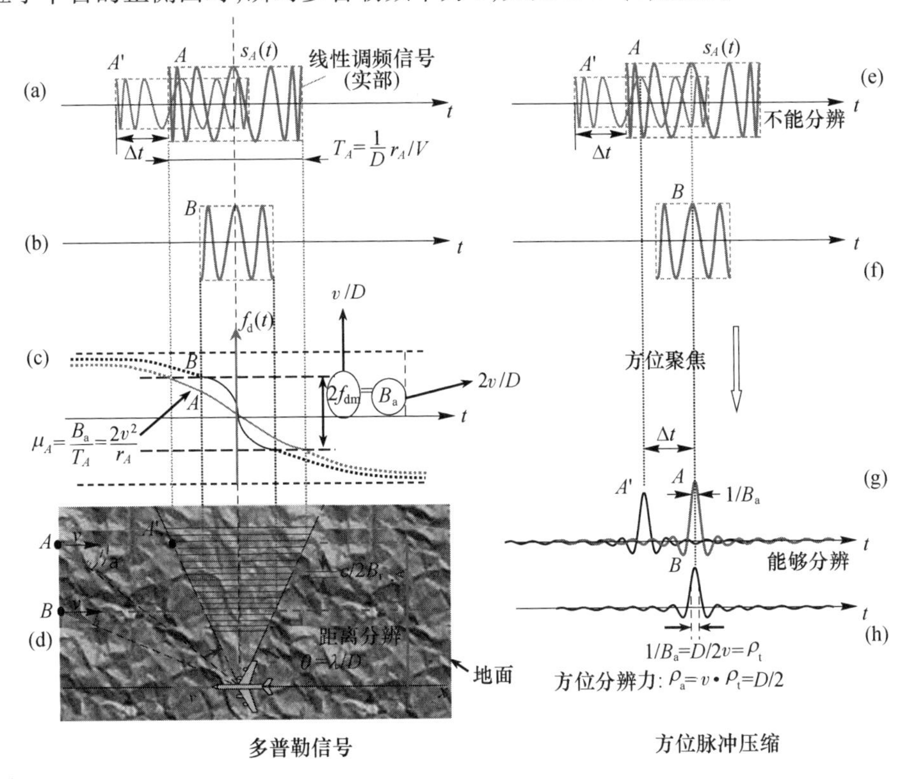

图 1.14　方位多普勒信号的形成及脉冲压缩

由于天线波束照射地面和接收回波的方向选择性，雷达接收机能够照射 A 点和接收到 A 点回波的时间跨度是一个有限宽度 T_A，它是一个与距 r_A 呈正比的量，代表了 A 点方位回波 $s_A(t)$ 的时宽，如图 1.14(a)所示。当天线波束宽度 θ 较小时，T_A 时间范围内的多普勒频率函数 $f_d(t)$ 通常可以近似为线性变化过程，如图 1.14(c)中的实线段所示，即 $s_A(t)$ 可建模为线性调频信号，其变化率 μ_A 是一个与距离 r_A 呈反比的量。$s(t)$ 的多普勒带宽 B_a 可根据 A 点进出天线波束时的多普勒频率差确定，考虑通常 θ 较小，所以，容易得到 $B_a = 2v/D$，这表明 $s_A(t)$ 的多普勒带宽 B_a 是一个与距离 r_A 无关的量。

地面上的 A' 点比 A 点更早进入和退出方位波束，它所形成方位多普勒信号比 A 点更超前，时延差 Δt 与平台速度 v 之积反映它们之间的方位间距，如图 1.14 左列所示。

由于雷达以等间隔 T_r 发射脉冲信号，并接收地面散射点 A 的回波，因此雷达只能够获得 A 点方位回波 $s_A(t)$ 等间隔的取样值，这个间隔即是 T_r。但只要

T_r 足够小,能够满足 Nyquist 采样率所要求的 $1/T_r > 2v/D$ 或 $vT_r < D/2$,即可根据这些采样值,恢复出方位回波 $s_A(t)$。这相当于平台每飞过不大于 1/2 个天线孔径 D 的间距,即应发射 1 个脉冲信号。例如,对于 2m 的天线孔径来说,平台每飞过 1m,就需要发射 1 次宽带脉冲信号,若平台为飞机且速度为200m/s,则发射信号的时间间隔为 5ms,对应的发射脉冲重复频率为 200Hz。

2. 方位脉冲压缩与方位分辨

根据波长 λ、斜距 r_A、收发天线孔径 D、速度 v 等参数,可以计算出 A 点对应的方位回波时宽 T_A 和多普勒带宽 B_a,从而构造出匹配滤波器,利用该滤波器,可对 A 点的方位回波进行脉冲压缩处理。

A 和 A' 两个散射点在地面上位于同一条平行于航线的直线上,它们对应的方位回波具有相同的波形,只是在幅度、初相和时延上存在差异,这种差异主要来源于它们的散射率和方位位置差异。这两个幅度时延相异、时间上部分重叠的信号,经过该匹配滤波器后,输出脉冲均被压缩成宽度为 $1/B_a = D/(2v)$ 的窄脉冲,实现了脉冲压缩,对应的压缩比 $2\lambda r_A/D^2$ 通常远大于 1,例如对波长为 3cm 的 X 波段雷达而言,当天线尺寸为 2m、观测距离为 50km 时,脉冲压缩比为 750。

方位脉冲压缩过程,实现了这两个方位信号的能量聚焦,使它们的输出主峰在时域上被分离开来,从而获得了与输出脉冲宽度相当的时延分辨力 $\rho_\tau = D/(2v)$,同时处理过程保留了原有的时延差异和幅度差异,这为还原 A、A' 的空间位置关系和实现辐射分辨提供了重要基础条件。根据方位回波时延差的形成机理可知,对应的方位分辨力 $\rho_a = \rho_c \cdot v = D/2$,即若需要获得 1m 的方位分辨力,则对应的天线孔径为 2m。

图 1.14 中的斜距 r_B,方位分辨的过程与斜距 r_A 相似,只是匹配滤波器参数不同,也可以得到 $D/2$ 的方位分辨力,即通过方位压缩得到的分辨力与距离无关。

对于不同距离单元散射点产生的方位回波,可以先通过距离压缩实现分离,这样就可以分别对它们进行方位压缩处理,以适应它们对方位压缩匹配滤波器参数的不同要求。

对照最佳检测与估计理论可知,方位脉冲压缩实现方位回波时延分辨的过程,也是对高斯白噪声中散射点方位回波的最佳检测处理过程和方位时延差的最佳估计处理过程。

3. 双基 SAR 的方位分辨

等速平行飞行正侧视双基 SAR 的方位分辨能力,可以参照正侧视单基 SAR 的情况,给出定性的解释。

如图 1.15 所示,雷达发射站 T 和接收站 R 分别承载于速度为 v 的两个等速

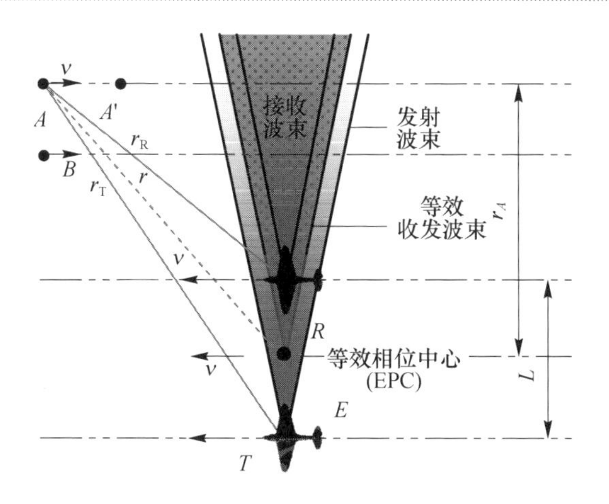

图1.15 等速平飞正侧视双基SAR方位分辨

平行飞的平台上,其等效相位中心 E 以相同的速度矢量运动。发射站仍按脉冲重复间隔 T_r 发射大时带积线性调频信号,由接收站同步接收回波信号,并通过斜距脉冲压缩首先实现距离分辨,从而将分属于不同距离单元的散射点方位回波实施分离,然后通过各距离单元的方位压缩,实现方位分辨,从而实现地物的二维成像。

这是因为,从等效相位中心来观察,地面散射点 A 以 v 的速度沿平行于航迹的直线运动,其回波多普勒频率也会经历由 $+2v/\lambda$ 至 $-2v/\lambda$ 的变化过程。在等效收发波束照射期间,方位多普勒信号同样可以看作线性调频信号。因此,也可以像单基SAR那样,在每个脉冲回波的距离脉冲压缩之后,根据测得的运动参数和几何关系,对每个斜距 r_A 对应的距离分辨单元,构建出相应的方位多普勒信号匹配滤波器,进行方位脉压,从而实现方位分辨。

当然,从更严格的意义上讲,在双基SAR中,A 点的回波多普勒频率,由 A 点相对于 T、R 两点的多普勒频移共同决定,因此其方位分辨的定量表达式与单基SAR存在差异,也更为复杂,尤其是双基角较大的情况。关于这方面的分析详见第2章。

1.2 构型分类

双基SAR发射接收空间分置,双平台独立运动,在反映发射站、接收站及待成像地域空间关系等特性的系统构型方面,比单基SAR更加复杂多样。在一些构型中,相对于接收平台的可成像地域,也由单基SAR的侧视、斜视扩展至前视、下视和后视,可形成不同特点和价值的应用模式。

不同的系统构型也是双基SAR系统分类的重要依据。以下将从收发基线类型、合成孔径方向、基线孔径组合、收发飞行模式、成像区域位置、收发扫描模式及承载平台组合等几个不同角度来描述双基 SAR 的系统构型与主要分类。

1.2.1 收发基线类型

发射站、接收站和待成像地域三者的相对空间位置关系及其时变性，是双基 SAR 系统构型的关键要素之一，对成像空间分辨力和高效成像处理的复杂度有重要影响，是双基 SAR 分类的重要方式。

如图 1.16 所示，发射天线和接收天线相位中心 T、R 之间的连线，称为收发基线，其长度为 L。收发基线与地平面的夹角 β，称为基线倾角。收发基线在地面的投影，称为基线投影。收发基线的中心 E 与地平面的距离，称为基线高度。收发基线两个端点相对于地面散射点 P 形成的张角 γ，称为双基角。T 和 R 到散射点的距离 r_T 和 r_R，分别称为发射斜距和接收斜距，它们之比称为斜距比 $\eta = r_T/r_R$。这些基线参数是双基 SAR 系统构型的关键性参数，也反映双基 SAR 与单基 SAR 的差异程度。例如，大的双基角 γ，可使双基 SAR 获得显著不同于单基 SAR 的地物信息，也是双基 SAR 实现接收站反侦测抗干扰的必要条件，而大的斜距比可显著降低接收天线的增益要求。而其他基线参数则对地面等时延线分布、地距分辨力和成像模糊区等有重要影响。

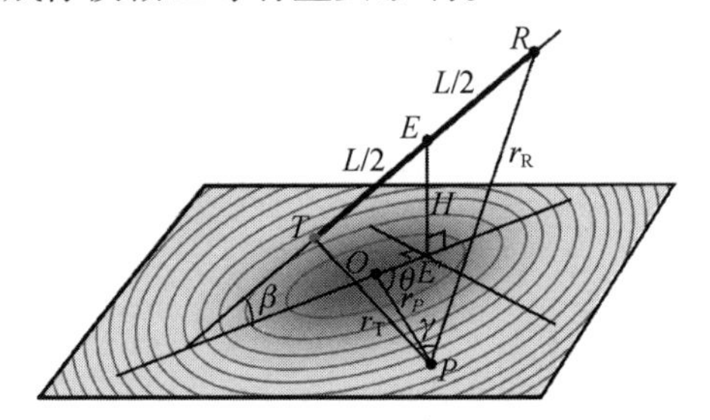

图 1.16 收发基线长度、高度、倾角与等时延线

1. 等时延线

地面上散射点 P 产生的脉冲回波，需要经过由发射天线相位中心 T 到地面散射点 P，再由散射点 P 到接收天线相位中心 R 的两段路经传播，与信号发射时刻相比，将产生时间延迟 τ，其大小由两段距离之和 $r_\Sigma = r_T + r_R$ 与光速 c 之比决定，即 $\tau = (r_T + r_R)/c$。

通常将地面上某一时刻具有相同时延的点组成的集合称为等时延线或时延等值线。在双基 SAR 中，等时延线是以基线端点 T 和 R 为焦点，以基线方向为轴线的旋转椭球面与地平面的交线，通常是一个椭圆。

若以固定的时延增量 $\Delta\tau$，画出地面等时延线，就可以得到一个同心的等时延椭圆簇。其中心点 O 对应地面散射点的最小时延 $\tau_{\min}=\sqrt{L^2\cos^2\beta+4H^2}$，且位于在基线投影上偏向基线下降方向一侧，与基线中心投影点 E' 的距离为 $OE'=L^2\cos\beta\sin\beta/4H$。当收发站基线倾角 $\beta=\pi/4$ 时，OE' 达到最大值 $L^2/(8H)$，由于 $H>\sin\beta\cdot L/2$，OE' 的最大值为 $L/2\sqrt{2}$，所以 O 点与 E' 的距离与基线长度相比，通常较小。

等时延椭圆簇将沿基线投影线两侧对称分布，而且在与 O 点渐远的方向上，等时延线逐渐变得密集，并由椭圆逐渐退化为圆形。在距离中心 O 点极远的地域，等时延环间距达到最小值，并由时延增量 $\Delta\tau$ 直接决定，即 $c\Delta\tau/2$。

2. 时延地距分辨力

当时延增量 $\Delta\tau$ 取定为时延分辨力 ρ_τ 时，地面等时延线间距将代表可分辨的最小地面间距，即地距分辨力 ρ_{g}。因此，地面等时延线的疏密，代表该地域的地距分辨能力大小，等时延线越密集则地距分辨力越高。而地距最佳分辨方向位于等时延线的法线方向，所以，地面等时延线的走向，也决定了该地域的地距最佳分辨方向。

所以，基线的高度、长度和倾角，不仅对地面上等时延线簇的分布形态有重要影响，决定特定地域的等值线的密度和走向，而且在给定时延分辨力条件下，也会直接决定不同地域的地距分辨能力。

从等时延线分布规律可以看出，不同地域的地距分辨力与该地域与等时延环中心 O 的距离 r_P 有关。远离环心的区域，γ 角变小，等时延线更加密集，具有更好的地距分辨力。无限远处，地距分辨力将逼近发射信号带宽决定的距离分辨力，即 $\rho_{\mathrm{g}}=c\rho_\tau/2=c/2B_{\mathrm{r}}$。

此外，时延分辨率 ρ_τ 与地距分辨率 ρ_{g} 之间，存在与单基SAR类似的非线性效应。靠近环心的区域，等时延线间隔非均匀性明显，所获得的微波图像存在前述的“近距压缩”几何失真现象。而远离环心区域，等时延线间隔则趋于均匀，这种现象逐步减弱，直至消失。

3. 成像模糊区

基线的高度、长度和倾角，决定了 O 点的地面位置，也会影响成像模糊区的位置。若成像区在同心环中心区，且包含有完整的等时延环，环上不同位置的回波不能由时延差异来分辨，而且无论怎样设计等效相位中心运动方向，都会在环上出现多普勒频率相等的区域，这两块区域回波也不能通过多普勒频率差异和多普勒历程差异来区分，从而在图像域形成重影，造成模糊现象。所以 O 点附近的区域是不可成像区。

4. 基线类型选择

根据收发基线与地面的关系，可将双基SAR分为垂直基线、倾斜基线和水平基线三大类别，如图 1.17 所示。对于这三种典型的基线类型来说，由等时延环形成的地距分辨力，对不同的地域，并没有十分明显的方向性，对于图 1.16 中的 θ 角呈现出近乎各向同性的特点，对于特定地域的地距分辨性能而言，进行系统构型设计时，基线投影的方向并不产生显著影响。

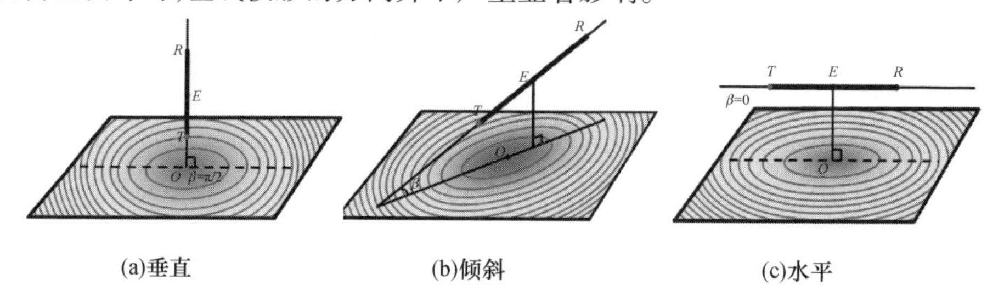

图 1.17　收发基线的三种典型构型

根据收发基线随时间变化的不同情况，又可以将双基 SAR 划分为移不变和移变两大类别，如图 1.18 所示。由于这两种类别的构型对应的高效成像处理过程存在重大差异，因此，它们分属于双基 SAR 的不同类别。

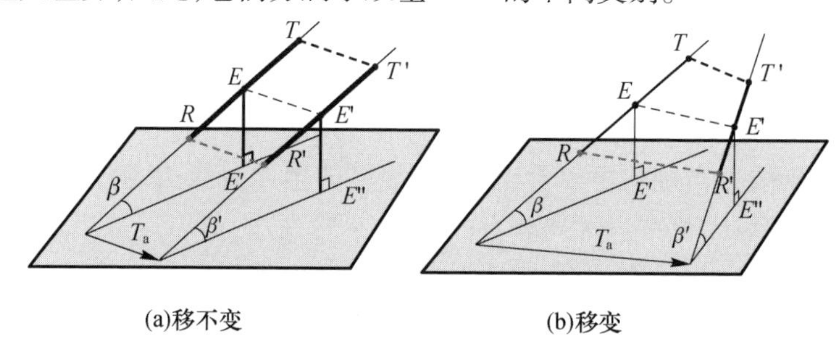

图 1.18　收发基线的时变性

基线的方向和长度在合成孔径时间 T_a 内保持不变的情况，称为移不变成像模式；若基线的方向和长度中的一个或两个在合成孔径时间 T_a 内发生变化，则称为移变模式。而基线中心 E 的空间位置，在合成孔径的过程中，则是必然要变化的，因为只有这样，才能够获得所需的合成孔径。

移不变或移变两类划分的实质，是匀速直线运动的两个平台的位置关系是否随时间变化。移不变模式对应于两个承载平台组成的整个成像系统，在几何上具有虚拟的刚性结构，而移变模式，则对应于柔性结构。

这两种基线构型中，高效成像算法的复杂度有明显区别。在移不变模式中，收发相对位置保持不变，发射平台、接收平台及等效相位中心具有相同的运动速度和平行的航迹。地面上平行于航迹的不同直线上的点目标，具有不同的多普勒变化历程，而地面上平行于航迹的同一条直线上的散射点，则具有相同的多普勒变化历程，只是存在时间上的先后差异。所以，在移不变模式中，地面上点目标的多普勒历程随目标位置不同呈现出一维空变性，高效成像处理的过程与单基 SAR 相似。但在移变模式中，由于收发相对位置随时间变化，造成地面上散射点的多普勒历程随散射点位置不同呈现出明显的二维空变性，导致高效成像处理的过程与单基 SAR 存在明显差异，复杂度显著增加。有关这方面的详细讨论，参见 3.1 节。

1.2.2　合成孔径方向

合成孔径方向，是指双基 SAR 收发天线等效相位中心的运动方向，它是双基 SAR 系统构型的第二个关键要素，对地面最佳成像区域的位置分布有重要影响，也是双基 SAR 分类的重要方式。

双基 SAR 的孔径合成过程，在工程应用中常采用多普勒信号的时差分辨来准确描述。但从物理概念上讲，也可采用收发等效相位中心的概念，将双基 SAR 近似地等效为单基 SAR 系统构型。从而可用等效相位中心运动形成的虚拟合成孔径，来定性和直观地解释双基 SAR 中不同区域的多普勒分辨地距性能，可在工程应用中起到宏观指导作用。

由于是定性分析，根据不同的目的，可将等效相位中心选择性地近似为收发基线的中心，或双基角平分线与收发基线的交点等。本节为方便讨论，将收发基线中心 E 近似为等效相位中心。

如图 1.19 所示，等效相位中心 E 点的初始离地高度为 H，地面投影点为 E'，速度矢量为 $\boldsymbol{v}_E$，其大小计为 v_E；速度延伸方向与地平面的交点为 O，根据速度矢量 $\boldsymbol{v}_E$ 或等效合成孔径的方向与地平面的夹角关系，O 点与 E'点的距离可在 0 到 $+\infty$ 之间取值，分别对应于落体运动，俯冲运动和水平运动。地面上散射点 P 相对于 $\boldsymbol{v}_E$ 的偏离角 φ，对 P 点回波多普勒频率大小及变化历程具有重要影响，而等效相位中心的初始位置高度 H、速度 $\boldsymbol{v}_E$的大小和方向对地面等效多普勒线分布、地距分辨力和成像模糊区等有重要影响。

1. 等多普勒线

如图 1.19 所示，由于等效相位中心 E 点相对于地面运动，地面上散射点 P 的回波将产生多普勒频移 f_{d}，并由其相对径向速度 $v_P = v_E\cos\varphi$ 和工作波长 $\lambda = c/f_0$ 共同决定，且 $f_{\mathrm{d}} = 2v_E\cos\varphi/\lambda$。

在给定时刻，地面上具有相同多普勒频率的点组成的集合，称为等多普勒线或多普勒等值线。在单基 SAR 中，等多普勒线是以 E 点为顶点，速度矢量方向为轴线的圆锥面与地平面的交线，有圆形、椭圆和双曲线三种不同形态，视速度矢量与地面的夹角关系而定；若以固定的多普勒增量 Δf_{d}，画出地面等多普勒线，就可以得到一个以 O 点为中心的等多普勒曲线簇，O 点对应最大多普勒频移 $2v_E/\lambda$，如图 1.19 所示。对双基 SAR 来说，由于多普勒频率由散射点 P 相

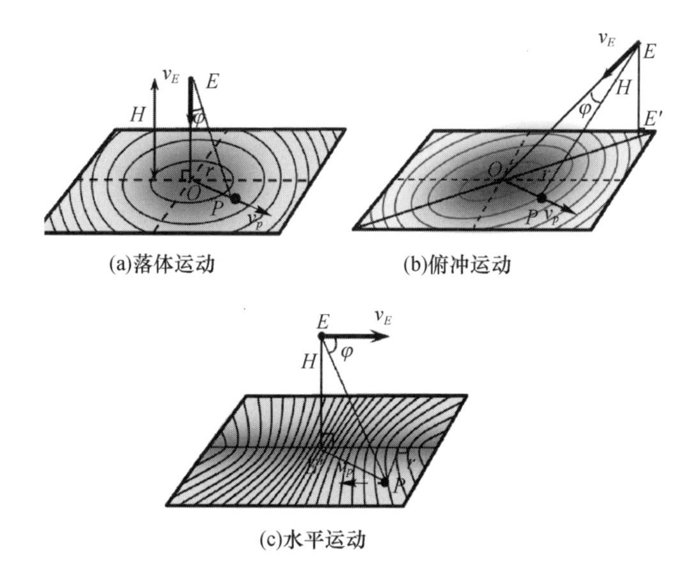

(a)落体运动　(b)俯冲运动

(c)水平运动

图 1.19　等效相位中心的典型运动方式

对于发射站和接收站的两部分运动共同产生，等效相位中心是一个近似的概念，等多普勒线会在单基 SAR 基础上有所变形，但仍可作宏观分析之用。为简化分析过程，便于得到定性和宏观的结论，本章的讨论中将忽略这种变形的影响。

在图 1.19(c)的水平运动方式中，O 点位于速度投影延伸方向无限远处，等多普勒线簇沿速度矢量 $\boldsymbol{v}_E$ 投影线两侧对称分布，而且在逐渐远离 O 点且逐渐接近 E' 的过程中，φ 逐渐增大，等多普勒线渐趋密集。在 E' 点，$\varphi=\pi/2$，等多普勒线间距达到最小值，并由归一化多普勒增量 $\overline{\Delta f_{\mathrm{d}}}$ 和 E 点高度 H 决定，即 $\overline{\Delta f_{\mathrm{d}}}\cdot H$，其中 $\Delta f_{\mathrm{d}}/(2v_E/\lambda)$。

2. 多普勒地距分辨力

由于 E 点运动，地面多普勒等值线簇相对于 O 点产生向心压缩的动态变化。地面上的散射点 P，将沿背离 O 点方向，产生速度为 v_P 的穿越等多普勒线簇的相对运动，从而形成瞬时频率变化的多普勒信号，这正是合成孔径或多普勒信号脉冲压缩的物理基础。

设 P 点相对移动方向的等多普勒线地面间隔为 ΔL，在可接收到 P 点回波的合成孔径时间 T_{a} 内，P 点相对移动量为 $L=v_PT_{\mathrm{a}}$，穿越多普勒等值线数目为 $N=L/\Delta L$，对应的多普勒带宽为 $B_{\mathrm{a}}=N\cdot\Delta f_{\mathrm{d}}$，相应的多普勒信号时差分辨力为 $\rho_\tau=1/B_{\mathrm{a}}$。容易证明，对应的地距分辨力 $\rho_{\mathrm{g}}=v_P\,\rho_\tau=\Delta L/(T_{\mathrm{a}}\Delta f_{\mathrm{d}})$。所以，$P$ 点相对运动方向的地距分辨力 ρ_{g} 与等值线间距 ΔL 成正比关系。

当等值线多普勒增量 Δf_d 设定为 $1/T_a$ 时,等值线间距即代表可分辨的最小地面间距,即地距分辨力 ρ_g。因此,地面等多普勒线的疏密,代表该地域的地距分辨能力大小,等值线越密集则地距分辨力越高。而最佳地距分辨方向位于等多普勒线的法线方向,所以地面等多普勒线的走向,也决定了该地域的地距最佳分辨方向。

因此等效相位中心的初始位置和速度矢量,不仅影响地面上的等多普勒线簇的分布形态,决定特定地域的等值线密度和走向,从而对散射点多普勒信号调频斜率产生直接影响;而且在给定合成孔径时间的条件下,也会直接决定多普勒信号的带宽,从而决定多普勒信号的时延分辨力和对应的地距分辨力。

对于图 1.19(c)中的情况,从等多普勒线分布规律可以看出,不同地域的地距分辨力,与该地域与等效相位中心投影点的距离有关。接近 E 的区域,等值线更加密集,在相同合成孔径时间条件下具有更好的地距分辨力。

此外,由于相邻等多普勒线在绝大部分地域呈非平行状态,沿等值线方向会产生疏密变化,因此通过多普勒信号时延分辨实现地距分辨,也将伴随有几何失真,必须在成像处理后进行校正。

3. 成像模糊区

等效相位中心 E 的位置和速度方向也会影响成像模糊区的位置。在 O 点位置附近,若成像区包含有完整的多普勒等值线环,环上不同位置的散射点具有相同的初始多普勒频率和相近的瞬时多普勒频率变化历程,不能用多普勒频率及多普勒信号时延差来进行分辨。而且,无论怎样选择基线方向及等时延线走向,均会因为等时延线穿越等多普勒环,在环上形成时延相等的两个不同区域,也不能用时延差来区分,从而在图像域上形成重影,造成模糊现象。所以,O 点附近的区域,是不可成像区。

4. 合成孔径方向选择

根据图 1.19(c)中 φ 角的大小,可将等效合成孔径分为侧向合成孔径、斜向合成孔径和顺向合成孔径三大类别,分别对应于 φ 角在 $\pi/2$ 附近的情况、φ 角在 $\pi/4$ 附近以及 φ 角接近于 0 的情况,这是因为,对于 P 点附近地域,这三类合成孔径有着截然不同的多普勒分辨力。例如,当 $\varphi=\pi/2$ 时,P 点相对运动方向与最佳分辨方向接近,而且又具有最大的等值线密度;而在其他地域,等值线变得稀疏,P 点运动方向也与最佳分辨方向存在偏差,不能实现最佳多普勒地距分辨。所以,要获得最佳的多普勒地距分辨能力,在系统构型设计时,若应用条件许可,应合理设置 $\boldsymbol{v}_E$ 或合成孔径方向,使得成像区尽可能位于 $\varphi=\pi/2$ 方向,即应尽可能采用侧向合成孔径,只有在应用条件不允许时,才使用斜向合成孔径和顺向合成孔径。

1.2.3 基线孔径组合

基线与孔径组合是指基线方向、孔径方向之间的几何关系，它是双基 SAR 系统构型的第三个关键要素，对地面可成像区域位置分布及成像性能具有重要影响，也是双基 SAR 分类的重要方式。

如前所述，基线决定了地面等时延线簇的分布和走向；而等效相位中心的位置和速度矢量，决定了地面等多普勒线簇的分布和走向。它们的不同组合，将显著改变地面上可成像地域的分布，也会直接影响特定地域的二维地距分辨力。

1. 二维分辨关系

实现二维成像的基本条件是，成像系统必须在地面两个正交的方向上，具备足够高的一维空间分辨能力。

在合成孔径雷达成像中，这两个一维空间分辨能力，从机理上来源于对回波脉冲信号的时延分辨和多普勒信号的时差分辨，简称时延分辨和多普勒分辨，它们的分辨能力的大小，来源于这两个信号的带宽，它们的最佳地距分辨方向分别与等时延线和等多普勒线垂直。由于两种等值线之间的夹角与系统构型及地域位置密切相关，在地面上通常不是正交的，因此时延分辨和多普勒分辨的最佳地距分辨方向通常也不是正交的。

如前所述，取定等时延线增量 $\Delta\tau$ 为发射信号带宽 B_r 的倒数，以及等多普勒线增量 Δf_d 取定为合成孔径时间 T_a 的倒数时，这两种地面等值线的间距均代表可分辨的最小地面间距，即地距分辨力。所以，要在图像域得到分布均衡和两维均衡的地距分辨能力，就要求合理设计系统构型，使两种等值线在待成像区尽可能形成尺度均衡的近正方形网格分割。

在双基 SAR 中，基线与速度的组合模式，决定了两种等值线簇在不同地域的分布密度、相交夹角和网格形状，影响可成像区域的分布形态，也会影响可成像区域的分辨性能。因此，在应用条件许可的情况下，可以将两种等值线在待成像区形成高密度和近正方形的均匀网格分割，作为基线与速度组合构型设计的基本原则。

2. 基线孔径组合

根据上述原则，容易发现，有的组合模式虽然也会出现不可成像区域，但能够在大的地域范围形成可成像区域；而有的组合模式，在地面上基本不能形成可成像区域。

例如，如图 1.19(a)的落体运动模式，与图 1.17 的三种基线类型进行组合，都不是好的组合模式。因为在这些组合模式下，两种等值线的交越关系在任何地域位置都不能很好地符合上述构型设计原则。因此，等效相位中心 E 的落体运动方式以及大俯冲角运动方式，在 SAR 成像的系统构型中是不被采用的。

为简化讨论，本书中只考虑图 1.19(c)的水平运动方式与图 1.17 的基线类型组合。按照等效相位中心速度矢量与基线投影方向的夹角关系，可将双基SAR 分为沿基线、切基线和斜交基线三种主要类别，如图 1.20 所示。

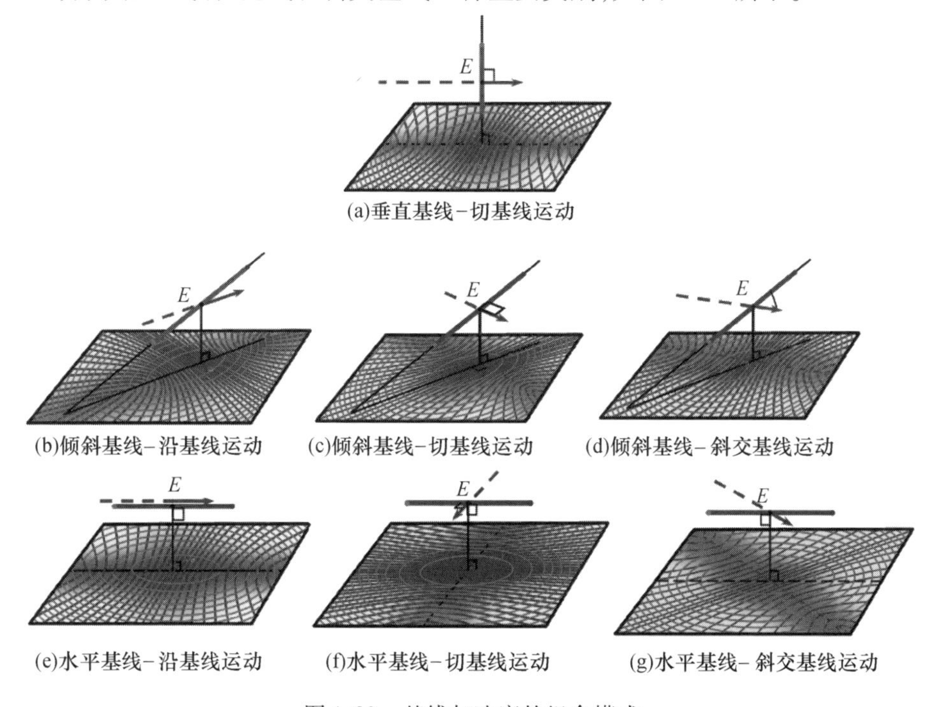

图 1.20　基线与速度的组合模式

这几种基线孔径组合，均能在地面上形成可成像区，能够满足不同应用的需要。

3. 构型设计原则

如前所述，不同的基线构型，在地面形成的等时延线簇，均为同心椭圆簇形态，且其中心 O 均位于基线中心投影点 E' 附近，除等效相位中心 E 的正下视区(即 O 点附近区域)因模糊性属于不可成像区外，其他区域的地距分辨性能大体呈以 O 点为中心的近各向同性态势。

而等效相位中心速度矢量 $\boldsymbol{v}_E$，在地面形成的等多普勒线簇和对应的地距分辨性能，则呈各向异性态势。在过 E' 点且垂直于速度投影方向上，有更密集的等多普勒线分布和更好的多普勒地距分辨性能，并且在各种组合模式下，均能与等时延线形成接近正交的交越关系，因此也能在地面上正交的两个方向上同时获得更好的地距分辨性能。

因此，可成像区域分布主要由等效相位中心位置及其速度矢量方向确定。以等效相位中心 E 点为基准，其速度矢量投影的正侧视方向为最佳成像区，斜侧是次佳成像区;而等效相位中心 E 的后视、前视区,在所有组合模式中,均因两种等值线呈接近平行的态势,只能提供一维地距分辨能力,是不可成像区,若从等效相位中心合成孔径角度理解,这些区域位于合成孔径天线阵的两端,不能获得垂直于孔径方向分辨能力,因此不能获得与时延分辨力正交方向的分辨能力。

图 1.21 显示了某时刻的基线状态,假定系统属于移不变构型,对于在水平基线 - 沿基线运动组合图 1.21(a)和水平基线 - 切基线运动组合图 1.21(b)两种典型情况,可成像区域分布存在明显差异。对于特定的区域 A、C 与 B、D,在两种不同基线孔径组合模式下的成像性能出现了换位情况。

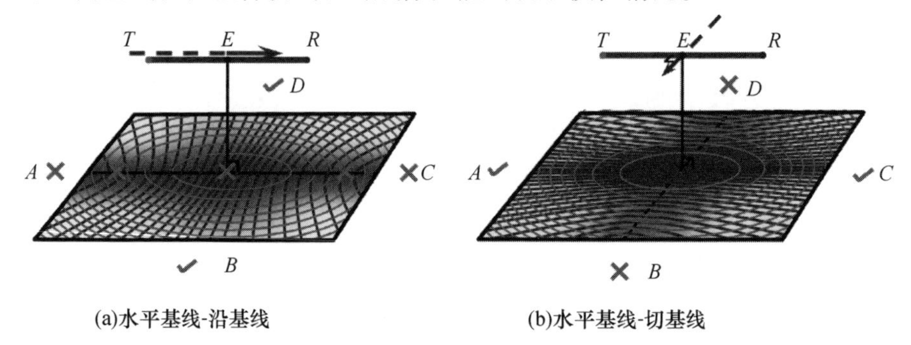

图 1.21 基线与孔径的组合模式对可成像区域的影响

要在待成像区获得高分辨二维成像,需要遵循的两条直观构型设计原则是:①应尽可能采用合成孔径的侧向观测方式,以便使多普勒等值线最密集的方向对准待成像地域,从而获得最佳的多普勒地距分辨能力;②使合成孔径方向与成像地域的等时延线呈平行或接近平行的状态,以便形成等多普勒线与等时延线的正交或准正交。粗略地说,这相当于将等效相位中心运动方向的侧面,对准待成像地域。例如图 1.21 中所示的基线形态,切基线的 B、D 区的高分辨二维成像应沿基线投影方向合成孔径,而对沿基线的 A、C 两区的高分辨二维成像则需要沿切基线方向合成孔径。

1.2.4 收发飞行模式

收发飞行模式是指发射站速度矢量与接收站速度矢量间的关系。它是双基 SAR 系统构型的第四个关键要素,对系统基线时变性以及相对于接收平台的可成像区域位置分布具有重要影响,也是双基 SAR 系统分类的重要方式。

根据两个平台速度矢量的方向关系,可将双基 SAR 构型分为平飞(速度矢量平行)、斜飞(速度矢量方向有非正交夹角)和正交(速度矢量方向正交)三种方式。

同一种收发等效相位中心速度矢量 $\boldsymbol{v}_E$，可以由不同的发射平台速度矢量 $\boldsymbol{v}_\mathrm{T}$ 和接收平台速度矢量 $\boldsymbol{v}_\mathrm{R}$ 组合来实现，从而为实际应用带来更大配置灵活性。例如图 1.22 所示，垂直基线的切基线运动组合模式，可由平飞异速、平飞等速、正交异速、正交等速、固定接收等多种方式来实现。而这几种实现方式的等时延线簇和等多普勒线簇在地面会形成相近的网格分割，并在地面同一区域形成相近的成像空间分辨性能。

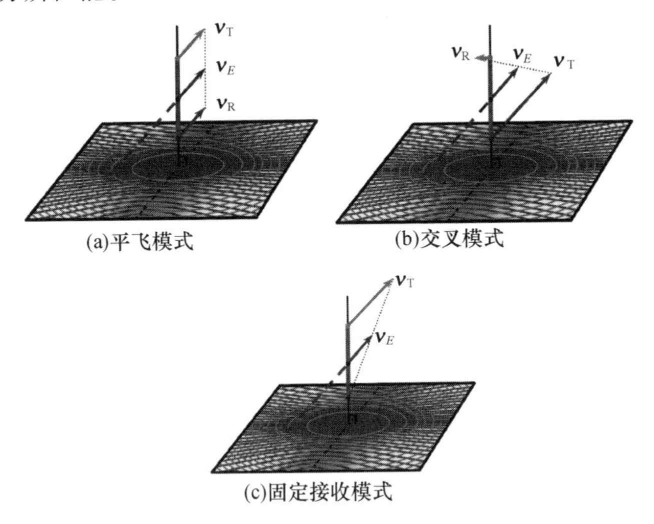

图 1.22　收发飞行模式的不同实现方式(见彩图)

因此，可以在两种等值线交越关系和网格分布形态大体不变的情况下，利用收发飞行模式调整，显著地改变可成像区域相对于接收站平台运动方向的位置关系。

1.2.5　成像区域位置

成像区域位置是指可成像地域与接收站平台运动方向的关系，它是双基 SAR 系统构型的第五个关键要素，对双基 SAR 系统应用功效和高效成像处理的复杂度有重要影响，所以也是双基 SAR 分类的重要方式。

如图 1.23(a)所示，单基 SAR 由于等效相位中心与平台位置重合，只具备飞行器航线双侧(含前侧和后侧)区域的成像能力，而不能成像的区域集中在平台航线地面投影沿线区域，因为该区域时延地距分辨与多普勒地距分辨方向接近平行，只能提供一维地距分辨能力，不能实现二维成像。

如 1.2.4 节所述，双基 SAR 实现了收发相位中心位置与接收平台位置的分离，以及收发相位中心速度矢量与接收平台速度矢量的分离。这两个分离，显著增大了成像构型的自由度，形成了显著不同于单基 SAR 的可成像区域分布，获得了接收平台前所未有的前视、下视和后视成像能力。

在图1.23(b)所示的水平基线－切基线运动组合模式中，双基SAR等效相位中心已从接收平台分离，使得接收站的航线投影方向与不可成像区实现了分离，从而使双基SAR除了可以在大部分区域实现侧视成像外，还使接收站前视、下视和后视区具有了斜交或正交的等时延线和等多普勒线交越关系，从而获得了极为宝贵的后视、下视和前视成像能力。

在1.23(c)所示的垂直基线－切基线运动组合构型中，双基SAR等效相位中心速度矢量与接收站速度矢量的分离，解除了最佳成像区固定在接收站运动方向的侧面的限制，获得了极为宝贵的接收站后视和前视成像能力。

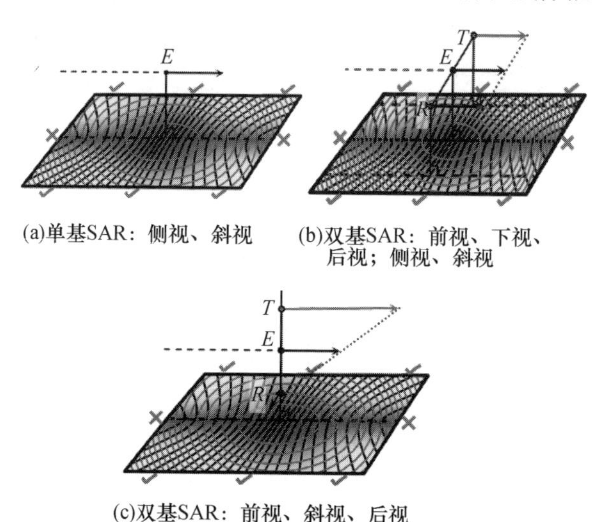

图1.23　单、双基SAR的成像区域差异(见彩图)

值得注意的是，在不同位置的成像区域，两种等值线的交越关系存在明显差异，从而对地面点目标回波规律和高效成像处理复杂度造成重要影响。因此，成像区域相对于接收平台的位置关系，也是双基SAR的分类依据，例如侧视、斜视、前视、后视和下视等。

1.2.6　收发扫描模式

收发扫描模式是指收发波束地面印迹之间的相对运动关系及其与地面的相对运动关系，它是双基SAR构型的第六个关键要素。扫描模式不仅对成像区域的选择有关键作用，而且对多普勒信号起止时间有决定性影响，从而对回波模型和成像处理等产生重要影响，所以，它也是双基SAR分类的重要方式。

为了有效地利用发射机功率和获取预定成像地域的高信噪比回波信号，控制多普勒信号带宽和放宽对脉冲重复间隔 T_r 的约束，降低非成像地域回波对预定成像地域回波的时域和频域混叠影响,需要成像系统采用具有良好空间方向选择性的高增益、低副瓣天线波束,并以特定的收发扫描模式,在一段时间内,持续照射预定成像区。

根据收发波束印迹的相对关系,可以将双基SAR分为随动模式和滑动模式,如图1.24(a)和图1.24(b)所示。而根据收发重叠波束与地面的相对运动关系,可将双基SAR分为随动条带模式、滑动聚束和随动聚束模式,如图1.24(c)~图1.24(e)所示。

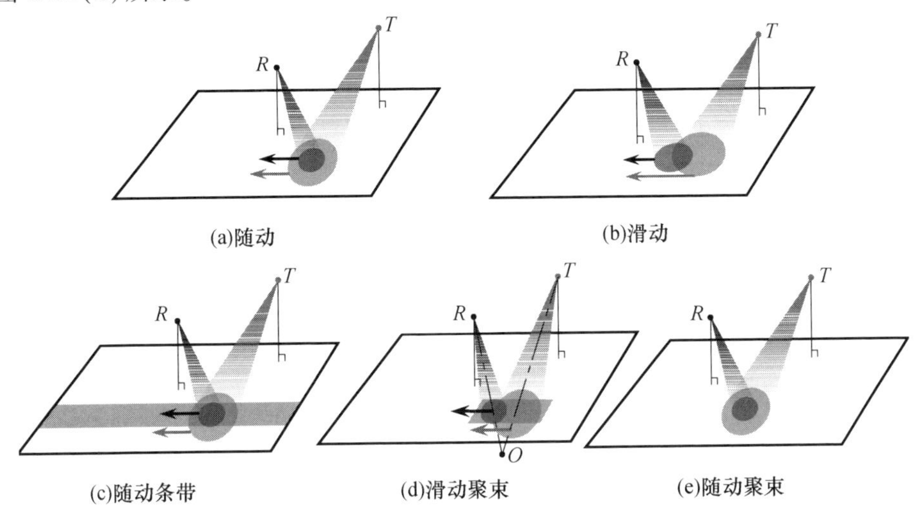

图1.24 双基SAR扫描方式

在图1.24(a)所示的随动模式中,收发波束印迹在地面上相互重叠,以相同的速度相对于地面移动。在图1.24(b)所示的滑动模式中,收发波束印迹在地面上有不同的移动速度,仅在部分时间重叠。

在图1.24(c)所示的随动条带模式中,收发波束重叠印迹,在地面上以一定的速度移动,从而形成条带状成像区域。

在图1.24(d)所示的滑动聚束模式中,收发波束中心线相交于地面下方一定深度的O点。合成孔径时间内,交点O位置保持不变。这种模式的收发波束地面印迹能够在较长的时间内重叠在一起,波束印迹移动速度远低于平台速度,能够获得矩形状的成像区域。这种模式常用于获得比条带模式更高的空间分辨力,因为这种模式具有更长的观测时间、更大的多普勒信号带宽和更高的多普勒信号时延分辨力。

而图1.24(e)所示的聚束模式,收发波束印迹完全重合,相对于地面固定不动。这种模式多用于特定区域的超高分辨力成像,因为这种模式下合成孔径时间最长,可以获得最大的多普勒信号带宽和最高的多普勒信号时延分辨力。

不同的扫描模式中，预定成像区不同位置的散射点被收发重叠波束照射的起止时刻不同，造成散射点的多个脉冲回波在数据平面内可见的轨迹延伸情况不同，多普勒信号的起止时刻和信号带宽也随之不同。因此，不同的收发扫描模式会引起回波信号模型的显著改变，从而导致成像处理过程或成像算法上出现大的差异。

1.2.7 承载平台组合

双基 SAR 的两个承载平台可以是同类型的，也可以是不同类型的。两个平台都可以是运动的，也可以是一个运动，一个静止，这些组合关系，称为承载平台组合。平台组合的不同类型，不仅对应于不同的应用背景，而且会显著改变到两个平台对等效相位中心速度矢量的贡献度差异，还会在收发同步、回波模型、参数估计、运动补偿和成像算法等带来大的差异。因此，承载平台也是双基 SAR 分类的重要方式。

1. 承载平台

距离地面一定高度的运动和静止平台，均可以作为双基 SAR 的承载平台。一般来说，飞行器是双基 SAR 的主要承载平台类型，包括高轨和低轨卫星、临近空间飞行器、飞艇、飞机和导弹等多种类别。山顶、建筑物顶、浮空器等静止平台也可作为双基 SAR 的发射站或接收站承载平台。根据工作高度，承载平台大致可分为天基、临近空间、空基和地基四个层次，如图 1.25 所示。

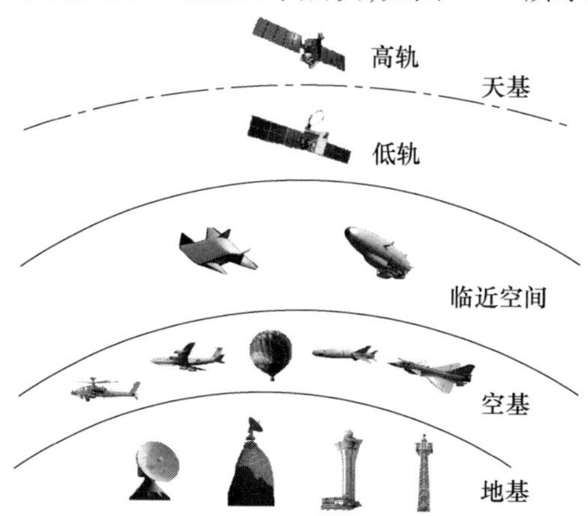

图 1.25 双基 SAR 的收、发承载平台

承载双基 SAR 发射站的平台，需要较大的有效载荷重量和空间，以及较强的供电能力，以提供大功率发射机所需要的体积、载重和功耗等资源，适合采用较大型的飞行平台或静止平台，例如卫星、飞机、飞艇、浮空平台、高塔等。此外，合作和非合作的单基 SAR 系统，在一定的条件下，也可以作为双基 SAR 的发射

站，甚至通信和导航等其他用途的合作和非合作辐射源，在具有较高的落地功率密度和足够的信号带宽等条件下，也可以作为双基 SAR 系统的发射站。

承载双基 SAR 接收站的平台，可以有较小的有效载荷重量和空间，以及较低的供电能力。因为接收站不需发射大功率信号，只需要接收和记录地面回波并进行传输或处理，双基 SAR 系统对接收平台的载荷容积、载重和供电需求，比单基 SAR 系统大幅度降低，平台适装性显著改善，不仅适用于较大的飞行平台，而且适用于微小型卫星、小型无人机、巡航导弹、空地导弹和制导炮弹等微小型平台，所以双基 SAR 可以显著的拓宽 SAR 成像技术的应用领域，从而形成新的 SAR 成像技术产品和装备。

2. 组合模式

双基 SAR 收发平台分置，配置灵活，具有不同于单基 SAR 的应用特点，可根据不同的应用条件和应用目的，选择不同的组合模式。除选择“远发近收”“侧发前收”等同类或近类平台组合模式外，也可采用“一静一动”“一慢一快”等不同类型平台的组合，还可以采用“一发多收”的组合模式。这些不同类型的组合模式，可以满足实际应用对平台安全性、成像性能和探测距离等方面的不同要求。

典型的组合模式有星－星、星－机、星－弹、机－弹、星－地、机－地等。这些不同的组合模式，由于平台高度、速度差异性和平台稳定性等因素的影响，在回波模型、成像处理、参数估计、运动补偿、时频同步、扫描方式等方面，均存在较大的差异。

同类或近类平台组合，通常具有相近的飞行高度和飞行速度，一般属于接近水平的收发基线类型，既可以是移变的，也可以是非移变的。这类组合，在多平台组合编队协同应用中，可以较好地实现收发平台的空时配合，对预定成像区形成较长时间的收发波束共视，从而获得长的合成孔径时间和高的成像分辨力。

低轨卫星作为发射平台，与飞机、导弹、地面等异类接收平台的组合，属于典型的“一快一慢”组合、“一高一低”的垂直基线类型和大移变基线类型。此时，卫星平台速度快，使得等效相位中心速度矢量和合成孔径方向主要由卫星速度矢量决定，从而使接收平台可以灵活地选择飞行方向，以无线电静默的方式，形成相对于接收平台的侧视、下视、后视和前视等隐蔽成像能力。例如图 1.26 所示的星－机 SAR，合成孔径方向主要由卫星速度矢量决定，接收站飞行器可以通过飞行方向的选择，来实现侧视、前视或后视成像。

低轨卫星运动速度快，波束地面驻留时间短，重访周期较长，不易与速度较慢的飞机等平台形成良好的空时配合，除非采用星座接力照射，否则在应用中局限性较大。

高轨卫星作为发射站，低轨卫星星座作为接收站的组合模式，属于“一发多

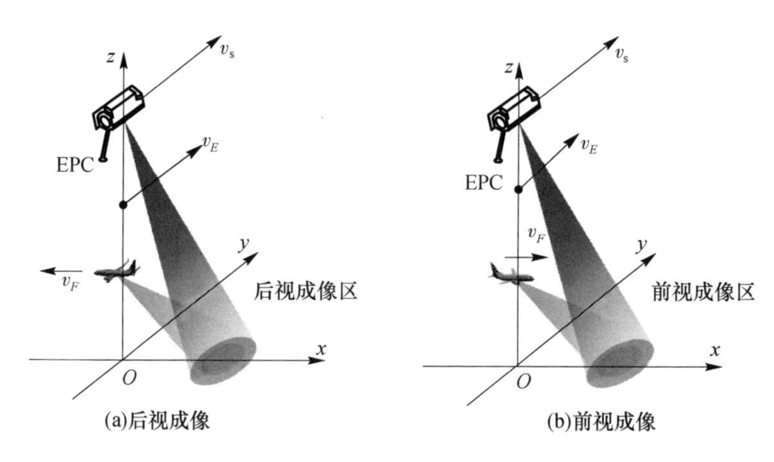

图 1.26　星机 SAR 组合

收”“一高一低”“一快一慢”的异类平台组合,也属于倾斜基线和大移变模式,可实现高重访率、大范围对地成像监视,是一种具有良好应用前景的承载平台组合模式。相比低轨星座组成的多个单基 SAR 系统,这种组合的多个低轨卫星平台可以共享一个或数个高轨卫星的发射信号资源,省去低轨卫星的发射子系统,可以显著降低低轨卫星平台的载荷容量和供电要求,利于选用多个轻小型卫星平台,以星座的方式实现大范围、高重访率的对地监视,从而显著降低整个系统的研制和发射成本。同时,这种组合比单基 SAR 星座具有更好的隐蔽性和抗干扰能力。

高轨卫星作为发射平台,与飞机等空基接收平台的组合,虽然也属于“一高一低”、垂直基线和移变模式的异类平台组合,但由于高轨卫星的星下点移动速度与飞机等平台的机下点移动速度差异相对较小,它们之间能够形成良好的空时配合,具有同类平台组合的一些特征。高轨卫星,特别是地球同步轨道(Geostationary Earth Orbit,GEO)卫星承载的单基 SAR,能够对地面进行大范围的稳定照射,因此基于 GEO 卫星平台作为发射站,飞机等空基平台作为接收站的双基 SAR,是具有十分重要应用前景的双基 SAR 承载平台组合模式。在 GEO 卫星 SAR 投入实际运行后,这种组合会对 SAR 技术的产品装备产生重要的影响,可以形成多种只配备了接收站的对地成像系统;也能够使不具备单基 SAR 安装条件的微小型空基平台具备 SAR 成像能力;还能够使接收站平台具备单基 SAR 不能实现的前视、下视、后视成像能力。

平流层飞艇等平台的地面投影运动速度相对较慢,可以对预定成像区形成较长时间的大范围照射,同时十分适合作为双基 SAR 应用的发射站承载平台,配合各种飞行器作为接收站,以小的有效载荷和系统资源开销,获得接收平台的隐蔽对地成像能力。

1.3　系统组成

双基 SAR 系统的发射、接收装置分置于不同的平台，除需具备常规雷达的发射、接收等功能外，还需要解决发射、接收子系统之间的时间、频率和空间同步问题，因此，双基 SAR 系统一般由发射分机、接收分机、同步分机等部分组成，并按平台划分为发射站子系统和接收站子系统。

1.3.1　发射站子系统

双基 SAR 发射子系统，除具备常规的天伺馈分机、发射分机、信号产生分机以及电源分机外，还包括同步子系统分机，如图 1.27 所示。

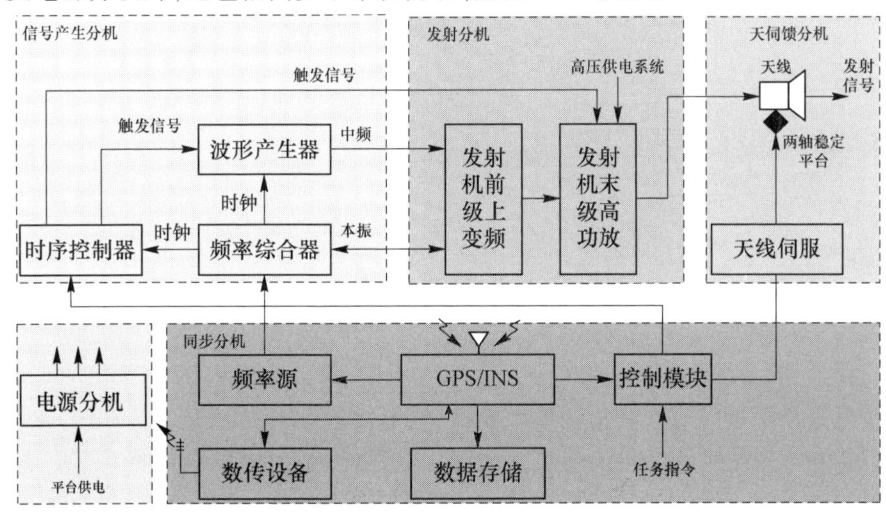

图 1.27　发射站子系统组成框图

同步分机中的全球导航定位终端，利用全球导航定位系统的系统时间和秒脉冲信号与本地铷钟和晶振相结合，为发射站提供与接收站统一的时间基准、同步脉冲和基准频率源，实现收发站间的时间和频率同步。同时，同步分机通过 GPS/INS 等设备获取平台测姿定位信息，然后通过数据链实现这些信息在两个平台之间的共享，根据观测区坐标信息，解算波束指向角，并通过对天线伺服的控制调整，实现收发天线波束地面印迹的重合。

同步分机的频率源为发射站提供与接收站相参的频率基准，通过频率综合器产生本振信号和其他各单元部件需要的时钟信号。整机时序由时序控制器统一控制。波形产生器按规定的重复频率产生宽带线性调频信号，经发射机上变频至射频，并由末级高功率放大器放大后，通过天线向外辐射。高压供电系统主要提供给末级高功率放大器,低压电源用来对发射站其他单元供电。

1.3.2 接收站子系统

如图 1.28 所示,为接收站子系统框图,由同步分机、接收天伺馈分机、接收分机、数据采集和存储分机、信号处理机和数据传输分机和电源分机等。

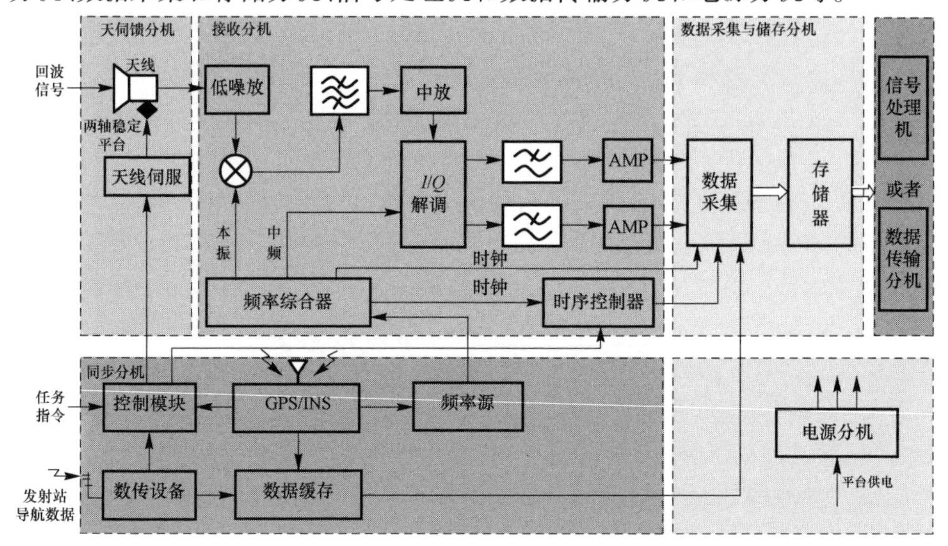

图 1.28 接收站子系统组成框图

其中,同步分机的构成和作用与发射站中的同步分机相同。同步分机的频率源为接收站提供与发射站相参的频率源,并由频率综合器综合产生其他各单元所需的本振及时钟信号。接收站天线接收到的地面回波信号,经低噪声放大后,与本振混频得到中频信号,然后通过滤波、放大和 I/Q 解调得到复数形式的基带信号,再利用数据采集器分别对 I、Q 两路进行采样,得到基带回波信号实部和虚部对应的数字信号,送数据存储器存储,最后送至信号处理机形成雷达图像。当然,信号处理也可在地面完成,这时接收平台需具备数据传输分机,负责将数据传送至地面,然后进行相应处理。

1.4 性能参数

与单基地 SAR 性能参数类似,双基 SAR 的成像性能主要包括空间性能、辐射性能和技术性能三个方面。

1.4.1 空间性能

空间性能,主要涵盖成像区域的大小与位置、成像目标的位置精度以及成像空间分辨力等。主要包括：

（1）观测距离和观测带宽，反映成像地域的位置和面积的大小。

（2）入射角度和反射角度，反映收发站所处的俯仰方向，对观测到的地面散射率和目标特征有重要影响。

（3）定位精度和几何失真，反映成像的绝对位置精度和相位位置精度。

（4）空间分辨力，反映雷达图像能够区分的地面散射点最小间距，是图像质量的关键性能指标。

1.4.2 辐射性能

辐射性能反映雷达图像表征和区分地物散射率的能力，主要包括动态范围、辐射精度和辐射分辨力。

1. 动态范围和等效噪声

动态范围可以分为系统动态范围和图像动态范围两个方面。其中系统动态范围是指能够成像和正确反映其取值的地面散射率范围。图像动态范围是指最终图像中像素电平的变化范围，其下限为最终图像中的附加热噪声电平。图像动态范围与地面场景性质、收发天线俯仰角、成像处理算法等有关。

等效噪声 σ_0 反映了能够成像和正确反映其取值的散射率的下限，其值通常取定为与最终图像中附加热噪声电平对应的地面散射系数。值得注意的是，在双基 SAR 中，散射系数是一个与入射角和反射角均有关联的量。不同地面场景和应用条件一般要求系统动态范围在 50 ~ 90dB 之间，σ_0 的典型值为 -20dB。

2. 辐射精度、模糊度和脉冲响应旁瓣

这几个性能参数从不同侧面表征最终图像反映的地面散射率准确程度。

辐射精度表征图像中像素电平反映的地物散射率准确度，除了受后两个性能参数的影响外，还与 SAR 系统的内外定标性能有关，其典型值为绝对精度小于 2dB、相对精度小于 1dB。

模糊度反映图像中观测区域受非观测模糊区的污染程度，与系统模糊性设计与控制有关，典型值要求模糊度小于 -18dB。

脉冲响应旁瓣反映图像中强目标响应的旁瓣对弱目标的遮蔽程度，与系统的收发天线波束旁瓣、成像处理方法和各种误差有关，其典型值为 -20dB。

模糊度和脉冲响应性能参数较差时，图像对比度低，难以观测到弱目标和地面突起物形成的阴影，甚至在图像中出现假目标或叠加上虚假图像。

3. 辐射分辨力和等效独立视数

辐射分辨力反映最终图像区分散射系数差异的能力，并由最终图像信噪比决定。所谓最终图像是指经过多视图像非相干叠加减小噪声后得到的图像。这些“视”对应于不同的合成孔径时间范围和观测视角，因而具有独立于其他“视”的噪声样本。这里的信号功率是指与分辨单元平均散射强度对应的灰度值，而噪声功率是指接收机热噪声或相干斑噪声对应的灰度起伏。

相干斑噪声起主要作用时，单视情况下辐射分辨力的典型值为 3 ~ 4dB。等效独立视数反应多个单视图像集合中具有独立噪声样本的单视图像个数，其典型值为 3 ~ 4。

1.4.3 技术性能

技术性能参数，主要反映设备技术水平和状态，包括同步精度、工作频率、信号带宽、发射功率、天线增益、波束宽度、频率稳定度、频谱纯度、噪声系数、脉冲宽度、增益及其稳定度等。

1.4.4 几点说明

本节对几个比较重要的参数做以下详细说明。

1. 空间分辨力

描述成像系统空间分辨力的传统方法是等散射率两点临界分辨准则，其中最常用的是 Rayleigh 准则。如图 1.29（a）所示。图像域响应剖面中，两个散射点被认为可以完全分辨；图 1.29（b）所示的情况，在 Rayleigh 准则下，两个散射点被认为可以临界分辨，此时的散射点间距ρ_0 就是 Rayleigh 分辨力。在实际应用中，通常以散射点目标图像域响应主瓣的半功率点（3dB）宽度来确定分辨力，因为这种度量方法得到的分辨力与 Rayleigh 分辨率十分接近。

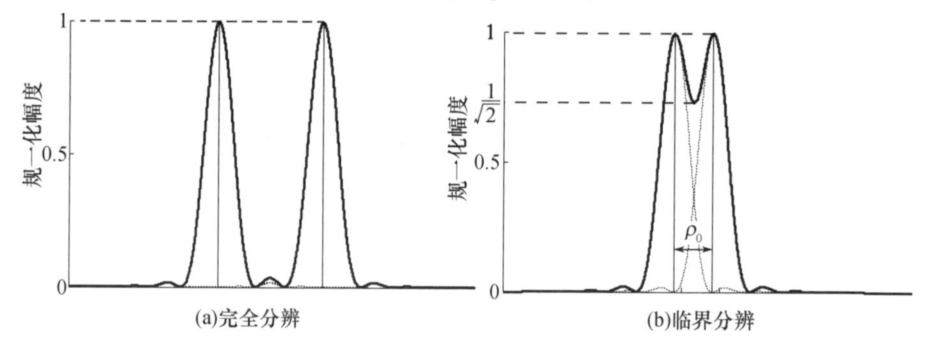

图 1.29 两个散射点的图像域响应一维剖面（垂直线表示散射点位置）

2. 辐射分辨力

辐射分辨力 γ_n 由单视图像信噪比（Signal－to－Noise Ratio，SNR）和等效独立视数 M 共同决定，定义为

$$\gamma_n(\mathrm{dB}) = 10\lg\left[1 + \frac{1}{\sqrt{M}}\left(1 + \frac{1}{\mathrm{SNR}}\right)\right] \tag{1.2}$$

在发射功率大、天线增益高、观测距离近等条件下，单视图像中的相干斑噪声远大于接收机噪声，这时前者是噪声的主要来源，而在相反的情况下，后者是噪声的主要来源。当接收机噪声起主要作用时，式(1.2)中的 SNR 由双基 SAR 信噪比方程决定，与双基 SAR 系统参数、地表双基散射系数等因素有关，详见 2.2.2 节。当相干斑噪声起主要作用时，SNR $=\mu_I/\sigma_I$，其中μ_I 为分辨单元平均散射系数对应的单视图像灰度值。σ_I 为相干斑噪声所致的分辨单元散射系数起伏方差对应的单视图像灰度值，它们由地表材质、粗糙度、入射角和反射角等因素共同决定。

经过多视处理，草地、戈壁、田野等分布式地物的平均散射系数将得以保持，而噪声方差则减小，因此多视处理有利于提高图像的辐射分辨力。如图 1.30 所示，两种分布式地物的单视和多视 SAR 图像显示于上方，下方显示的是图像中的一行，可以看出，经过多视处理后，噪声方差减小，幅度 A 的起伏显著减弱，这对应于幅度概率密度函数 $p(A)$ 的均值不变，但分布范围变窄，因而利于不同地物平均散射系数的区分。基于同样的机理，利用多视处理也可抑制图像中的接收机噪声。

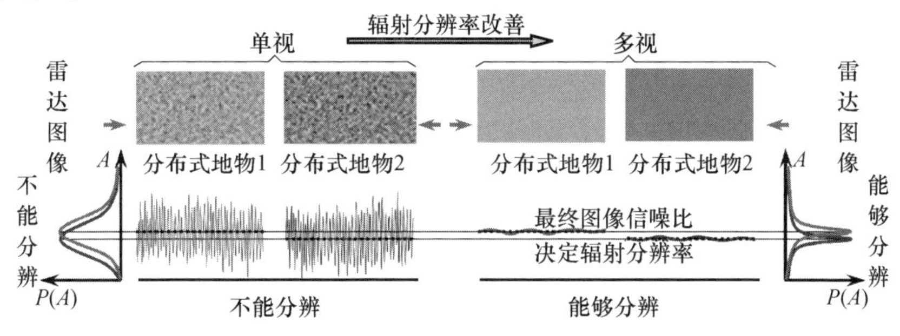

图 1.30　不同辐射分辨率示意图

3. 脉冲响应旁瓣

脉冲响应旁瓣，是指散射点图像域响应的旁瓣。衡量旁瓣特性的指标是积分旁瓣比和峰值旁瓣比。

如图 1.31 所示，积分旁瓣比(Intergation Side Lobe Ratio，ISLR)定义为脉冲响应函数的主瓣之外，通常 10 倍 3dB 主瓣宽度内的旁瓣能量 E_s(黑色区域)与主瓣能量 E_m(灰色区域)之比，用于描述 SAR 系统消除临近分布目标引起的图像灰度失真，可以定量地描述一个局部较暗的区域被来自周围明亮区域的能量泄漏所“淹没”的程度。积分旁瓣比越小，则图像质量越高。通常要求积分旁瓣比小于 -12dB。ISLR 具体表达式为

$$\mathrm{ISLR}=10\lg\frac{E_s}{E_m} \tag{1.3}$$

峰值旁瓣比(Peak Side Lobe Ratio,PSLR)定义为脉冲响应函数最高旁瓣峰值功率 P_s 与主瓣峰值功率 P_m 之比,表征 SAR 系统在强散射点附近观测到弱散射点的能力,这种能力随峰值旁瓣比的增加而增加。通常要求 SAR 图像的峰值旁瓣比小于 -20dB。PSLR 具体表达式为

$$\mathrm{PSLR} = 10\lg \frac{P_s}{P_m} \tag{1.4}$$

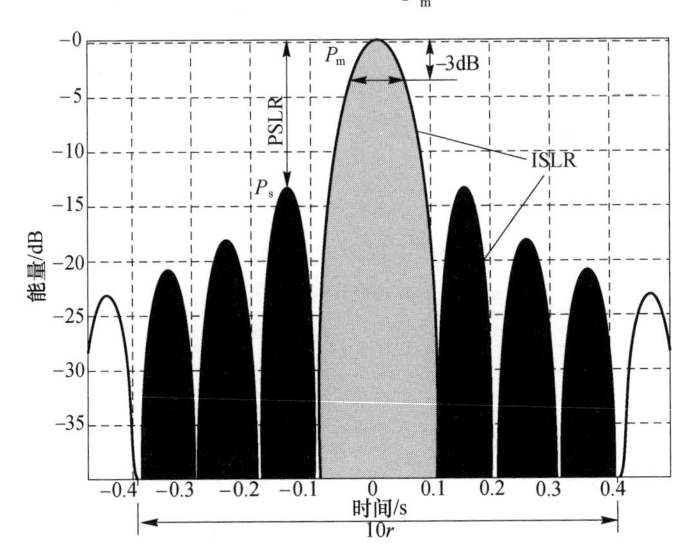

图 1.31　脉冲响应函数峰值旁瓣比/积分旁瓣比

4. 模糊度

雷达天线方向图旁瓣和脉冲工作方式,不可避免地造成远近距离地物的脉冲回波产生时域混叠以及左右方位地物的回波多普勒信号频谱产生混叠,称为距离模糊和方位模糊,造成不同地域对应的图像产生移位和相互重叠,导致图像质量下降,严重时会在图像中叠加上来源不明的“鬼影”,影响 SAR 系统对地物散射率的估计精度和图像可辨识度。

方位模糊的成因主要是由于天线方位波束存在旁瓣,脉冲重复频率 $f_r = 1/T_r$ 过低时,会造成过多的模糊信号频谱在频域折叠到主信号频谱范围内,并叠加在主信号频谱上,如图 1.32 所示。

距离模糊的成因主要是由于天线俯仰波束存在旁瓣,当雷达发射信号的脉冲重复频率 f_r 过高时,会造成过多的模糊信号在时域折叠到主信号出现的时间范围内,并叠加在主信号上。

模糊度是 SAR 图像模糊程度的度量指标,定义为模糊信号与主信号能量强度之比,距离模糊度在时域定义,而方位模糊度在频域表征。高质量的 SAR 图像一般要求距离和方位模糊度不高于 -18dB。

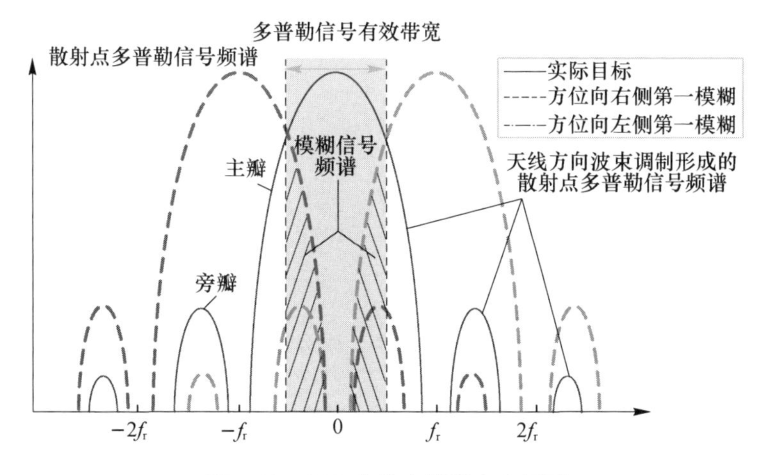

图 1.32 SAR 方位向模糊产生原因

1.5 发展动态

自从 1951 年 Carl Wiley 提出 SAR 成像的概念后,SAR 技术得到了很大的发展,已演化出多种不同的形态,而且这种演化仍在持续,以期获得新的能力,适应不同的应用需求。例如,从合成孔径的形态上看,由最初的直线状孔径演化出曲线状孔径和面状孔径,发展出了圆周 SAR、曲线 SAR、层析 SAR 和阵列 SAR 等新的类别;从发射与接收的空间位置布局关系上看,由最初的收发同址同站的形态,演化出了收发异址或异站的布局形态,发展出干涉 SAR、分布式 SAR 和双(多)基 SAR 等新的类别。

双基 SAR 收发分置、配置灵活,可以获取不同于单基 SAR 的地物信息,还能够使相对于接收平台的成像方向由侧视、斜视扩展到前视、下视和后视,具有重要的应用价值,是 SAR 技术的重要发展方向之一。

1.5.1 研究动态

最早涉及的双基 SAR 研究出现在 20 世纪 70 年代末。1977 年美国 Xonics 公司研究认为双基模式可以实现合成孔径成像,并于 1979 年与 Goodyear 公司合作,在美国空军支持下,实施了“战术双基雷达验证”计划,于 1983 年在试验中获得了双基 SAR 图像。后来,美国的一些专利和论著零星涉及双基地 SAR 成像处理和时空频同步等问题。但截至 20 世纪末,双基 SAR 的研究并未引起广泛的关注。

2004 年 5 月,在德国 Neu-Ulm 召开的 EUSAR 国际会议上,有十余篇论文涉及到双基 SAR 的理论研究和实验进展,展现出双基 SAR 独特的应用特点和性能优势,成为会议讨论的焦点。此后,双基 SAR 相关技术的研究和试验,逐步受到世界各国关注,国际 IEEERadar、IGARSS 及 EUSAR 等会议每年都设有“双基 SAR”专题,取得了一系列有价值的成果,深化了人们对双基 SAR 应用价值和技术问题的认识。

1. 成像理论

双基 SAR 收发分置,配置多样,其几何构型和系统参数等因素对成像性能有重要影响。在实际应用中,无论是给定成像性能条件下的几何构型和雷达系统设计,还是给定几何构型和雷达系统参数条件下的成像性能预测和分析,都需要首先从理论上掌握成像性能指标与几何构型和系统参数之间的定量关系。这些定量关系涉及分辨力模型、模糊性理论和成像距离方程等,但并不涉及具体的实现方法和技术途径,只是力求从理论上定量地反映双基 SAR 的成像性能界限及其影响因素,提供双基 SAR 系统及其几何构型设计所需的数学工具,因此可归属为双基 SAR 成像理论的范畴。

例如,在双基 SAR 空间分辨力分析方面,已有度方法、广义模糊函数法以及频域投影方法三类分析方法。Cardillo 采用等距离等多普勒线的梯度理论研究了双基地 SAR 的空间分辨力[4],然而该方法是基于 SAR 平台的直线运动和速度不变假设下得到的。曾涛等采用二维模糊函数法分析了一般双基地构型下的空间分辨力特性[5],该方法可以用于 SAR 平台的曲线运动和时变速度等情况,具有更高的普适性。Moccia 等人采用梯度方法分析了不同双基收发平台以及空间构型对双基 SAR 空间分辨力的影响,并比较了不同分析方法的适用范围[6]。

总的来说,双基 SAR 的空间分辨力问题,目前已得到较为充分的研究。而关于双基 SAR 的辐射分辨力以及双基 SAR 模糊性等问题的研究,目前还不够深入,特别是针对接收站前视成像模式。

2. 回波模型

成像处理过程的实质是通过对回波数据的处理,归位聚焦数据平面内各散射点回波能量,并正确地反映散射点之间的位置关系和散射强弱关系。要实现这种处理,就必须首先根据运动几何关系、系统工作模式和发射信号波形参数等要素,用定量的数学表达式精确描述每个散射点在数据平面内产生的回波,掌握回波在数据平面内的轨迹和幅相变化规律,以便确定处理方法,设计成像处理流程。

在工程实现上,为了简化处理过程,降低运算复杂度,适应应用中的实时性要求,还必须对回波定量表达式进行适度近似,得到满足成像质量要求的近似表达式。这种近似表达式即成为回波模型,它能够在保证成像质量要求的条件下,用较为简捷和解析的数学形式,反映回波的轨迹和幅相变化规律,利于构造流程简单、运算高效的成像算法。

根据描述回波的变量类别及其组合，回波模型又可分为二维时域模型、时域－频域模型和二维频域模型等几种主要类别，它们可以服务于不同类别成像算法的构造。受现有飞行器和计算设备的架构和能力制约，通常需要高效率成像处理算法，而频域快速成像算法正好能适应这种需求，因此目前研究较多的是二维频域模型。对于双基 SAR，多数几何构型的距离史需要描述为双根式之和的形式，采用驻定相位原理求解精确的二维频域模型较为困难。针对这个问题的研究，现在最具代表性的方法就是 LBF 模型和 MSR 模型。

2004 年，德国 Siegen 大学的 Otmar Loffeld 等人将收发站斜距分别在各自的驻定相位点进行二阶泰勒近似，然后对近似公式求公共驻定相位点，从而推导了双基 SAR 二维频域解析表达式，称为 Loffeld 双基公式（Loffeld's Bistatic Formula，LBF）模型[7]。该模型可分解为准单基项和双基项，易于推导与理解，但精度有限，且并非适用于所有的双基 SAR 构型。后来，考虑到收发双站对多普勒的贡献差异等问题，Loffeld 等人又提出了改进的 LBF 模型。

2007 年，加拿大哥伦比亚大学的 NeoYewLam 等人在慢时间域将距离历史进行泰勒展开，通过序列反转首先得到双基 SAR 方位向驻定相位点，进而得到二维频谱，称为序列反转方法（Method of Series Reversion，MSR）模型[8]。该模型精度取决于泰勒展开保留的阶数，理论上可以达到很高的精度，但由于采用级数展开的形式，表达式的解析性不强，不利于高效算法的构建。

频域回波模型的实质，就是采用不同的近似方法，获得点目标的时域或频域解析表达式，难点是如何在保证足够精度的条件下，同时获得简洁性和适应性。在难以达到这样要求的情况下，还需要不同近似方式和程度的频域回波模型，为不同类型的频域成像算法提供数学上的支撑，促进成像算法的多样化，以适应不同几何构型和不同应用条件，或适应不同应用场合对成像质量和实时性的侧重性要求。

3. 成像算法

现有的 SAR 成像处理方法，实质上就是对地面上各散射点回波的最佳检测处理和对其散射强度的最佳估计处理过程。若直接根据各散射点回波进行二维匹配滤波处理，整个处理过程是一个逐点处理、二维运算和低效相关过程，运算量巨大，远远不能达到工程应用的实时性要求。因此，必须通过适当的数学变换处理，构造出计算效率更高的快速计算方法，从而大幅度减少成像过程的运算量，同时保证足够高的成像质量。这种高效高精度的计算方法，被称为成像算法，它是 SAR 工程实现的核心技术之一，对于成像的高质量和实时性，有着决定性影响。

双基 SAR 具有不同于单基 SAR 的回波规律，而且不同的几何构型、观测角度和扫描模式，对应的回波规律也存在明显差异，因此需要研究相应的高效高精度成像算法。目前的双基 SAR 成像算法可以分为两类，即时域成像算法和频域成像算法。

时域成像算法的代表是后向投影（Back Projection，BP）成像算法结构简单，成像精度高，适用于任意几何构型和机动轨迹的双基 SAR。BP 成像算法首先进行快时间方向脉冲压缩，再进行沿回波轨迹的补偿积分，实现慢时间方向脉冲压缩，虽然计算效率比直接进行二维匹配滤波已有很大的提高，但仍沿用了后者逐像素点计算的算法结构，在像素点较多时（如 10km 幅宽 1m 分辨力的成像），运算量仍然太大，在目前工程应用中主流的非并行计算设备中，通常还远不能够实现实时成像处理。所以，快速 BP 成像算法和频域成像算法是目前国际上研究的主要方向。

频域成像算法虽然精度略低于 BP 算法，但计算效率更高，利于嵌入回波参数估计和平台运动误差补偿，因此得到了普遍的关注，目前主要有三类频域成像算法。

第一类是双基转换为单基的成像算法，即先把双基 SAR 回波数据等效成单基模型下的回波数据，然后采用单基 SAR 成像算法，如基于收发基线中点（接近收发等效相位中心）等效的思路和基于双曲等效的思路等。此外，Rocca 等人将地震信号处理中的倾角时差校正（Dipe Move Out，DMO）方法引入双基 SAR 成像处理中，也是通过预处理将双基 SAR 回波转换成等效单基形式[9]。

第二类是基于回波显式二维频谱模型的成像算法。例如，采用 LBF、MSR 模型，RobertWang、NeoYewLam 等人提出了双基 SAR 的距离多普勒（Range Roppler，RD）和非线性调频变标（Nonlinear Chirp Scaling，NLCS）成像算法[10,11]。

第三类是基于隐式二维频谱的成像算法，即通过数值计算得到精确的隐式二维频谱，然后通过相位分解来构建成像算法。例如 Ender、Giroux 等人提出的成像算法[12,13]。

频域类成像算法，针对不同的情况，采用了不同的思路，得到了不同的计算流程，虽然从形式上看有很大的差异，但从本质上都是一致的，它们都是根据回波模型，通过同域转换和异域变换等数学处理，首先实现去空变归集，为成批处理创造条件，然后实现解耦合降维，将二维处理转化为两个正交和串行的一维匹配滤波处理，最终利用快速傅里叶变换（Fast Fourier Transform，FFT）等快速计算方法，实现成批快算，从而达到显著提高运算效率的目的。这类算法适合采用数字信号处理器（Digital Signal Processor，DSP）+ 现场可编程门阵列（Field Programmable Gate Array，FPGA）等类非并行架构的计算设备来实现实时处理。

BP 等时域成像算法逐像素点计算的特点，虽然使它的串行计算效率远低于频域算法，但却使它适合采用 GPU 等具有多线程并行处理架构的计算设备来实现,再结合已有的快速 BP 成像算法,也可以达到实时处理的目的。当然 BP 成像算法需要利用精确的平台运动数据,所以它在工程应用中主要应用在具有定位定姿系统(Positioning and Orientation System,POS)等高精度测姿定位设备的平台上,在测姿定位设备缺乏或精度不足的情况下,就需要采用自聚焦 BP 成像算法,当然这会增加额外的计算开销,对成像实时性造成一定影响。由于 BP 算法具有高计算精度和强适应性的优势,随着高精度 POS 等测姿定位技术及图形处理器(Graphics Processing Unit,GPU)多线程计算技术的发展和普及,快速自聚焦 BP 算法必将得到更为广泛的应用,成为未来工程应用中的主流成像算法。

4. 运动补偿

运动误差的测量、估计与补偿问题是由平台运动的未知性和随机性引起的,对实际应用中 SAR 图像的质量有重要影响,是 SAR 的核心技术之一。在分析回波模型和构建成像算法时,为简化分析和便于理解,通常假设收、发平台以恒定姿态,按预定方式规则飞行。但在实际应用中,飞行平台受各种因素影响,会产生偏离规则运动和恒定姿态随机变化,使得实际回波幅相变化规律与成像处理所依据的回波模型产生偏差,造成 SAR 图像质量显著下降。

为解决这一问题,一方面必须利用惯性稳定平台,减小姿态误差对天线相位中心的影响。另一方面,必须利用平台上的惯性测量单元(Inertial Measurement Unit,IMU)、惯性导航系统(Inertial Novigation System,INS)、全球定位系统(Global Positioning System,GPS)或 POS 等运动测量装置,记录平台运动参数及误差数据,或在成像处理中利用回波数据,对回波参数和误差进行估计,作为模型参数修正和运动误差补偿的依据。而运动补偿的目的,是抑制或消除平台偏离规定状态的位置误差和姿态误差对回波产生的影响,使得经过运动补偿处理后的回波被修复到已知运动参数的规则运动状态,从而实现高质量成像。而且,为减少重复计算、提高成像处理实时性,通常需要将运动补偿嵌入到成像算法的处理流程中。

双基 SAR 由于收发分置,运动误差来源于两个平台独立运动,其运动误差测量和估计方法,以及相应的运动补偿方法,均存在与单基 SAR 不同的特性,因此需要进行专门的研究。目前,双基 SAR 运动补偿主要分为两大类,即基于运动测量信息的补偿和基于回波数据的运动补偿。

基于运动测量信息的补偿,关键在于如何获得高精度的运动测量数据,然后就是考虑误差空变性的补偿。美国 Raytheon 公司的 John C. Kirk 在 1985 年首次撰文报道了双基 SAR 运动补偿问题研究成果,指出双基 SAR 运动补偿需要收发天线相位中心的精确测量信息,及收发平台测量信息的相互通信[14];德国锡根大学的 Holger Nies 等人利用 GPS 测量精度不依赖时间、INS 短时精度高的特点,研究了基于 GPS/INS 信息融合的双基 SAR 运动补偿方法[15]。由于国外技术的封锁,目前国内成熟产品级的运动测量设备精度,还不能满足运动补偿要求,还需要基于回波数据的运动补偿方法。

基于回波数据的运动补偿,关键在于参数和误差的精确估计,而估计方法目前主要分为两类。

第一类,基于多普勒信号回波规律的方法。该类方法根据不同构型双基SAR多普勒信号规律,将其建模为多项式相位信号,然后采用多项式相位信号参数估计方法,或利用多普勒信号的变换域聚集性,变换到时频域、时间-调频斜率域等变换域,根据变换域聚集峰位置,进行参数估计。

第二类,基于迭代自聚焦的方法。该类方法根据相位梯度或相位差分等,或者不同的图像质量评价标准,如对比度、熵等,采用迭代的方法在获取相应的参数或相位误差的同时,实现高质量成像。

一般情况下,上述方法能够估计得到满足精度需求的参数,但多数方法存在场景依赖性的问题,如需要强点信息或者过高的信噪比等。

由于双基SAR的成像算法与单基地SAR有所差异,如何实现算法与误差补偿的嵌套也是一个值得关注的问题。德国DLR的Moreira等人提出了结合两步运动补偿的扩展CS算法[16];该算法首先进行距离空不变误差补偿,然后进行空变误差补偿,还可以推广到其他成像算法;但该算法无法嵌入到$\omega-k$波数域算法中,因为该算法的徙动校正与慢时间聚焦同时完成。2006年,德国DLR的A. Reigber等人提出了改进的Stolt映射[17],对波数域算法进行了修正,将徙动校正与慢时间聚焦分开进行,实现了两步运动补偿的嵌入。

5. 试验验证

试验验证的目的,是获取真实的地物回波数据和平台运动数据,为研究和验证成像原理、成像理论、回波模型、成像算法、运动补偿和系统性能等提供依据和基础条件。同时,成功的验证试验,往往标志着对双基SAR技术的综合掌握程度。而试验验证的策略和方法,本身也是值得研究的问题。

截至目前,美国、英国、法国、德国和中国均开展了双基SAR成像试验。其中,美国空军在20世纪80年代首次获得了双基SAR图像。随后,在2002—2004年间,英国的防卫研究局(DRA)、法国航空航天研究所(ONERA)、德国宇航中心(DLR)和德国应用自然科学研究学会的高频物理与雷达研究所(FGAN-FHR)等机构相继开展了试验,分别验证了不同模式双基SAR成像的可行性。在国内,电子科技大学在2007年、2012年和2013年也组织开展了多次机载双基侧视和前视SAR试验,获得了国内首幅机载双基SAR侧视图像,并在国际上首次验证了机载双基前视SAR成像的可行性。

目前见诸报道的双基SAR试验中,尤以德国科研机构开展的最多,他们首次验证了一站固定双基SAR、星机后视SAR等双基成像模式的可行性等。

例如,2003 年 11 月,德国 FGAN-FHR 使用 Dornier 228 飞机装载机载 SAR 系统 AER-II 作为发射站,Transall C-160 飞机装载 PAMIR 雷达作为接收站,进行了 X 波段的等速平飞机载双基 SAR 成像试验[18],获得的双基 SAR 图像如图 1.33 所示。

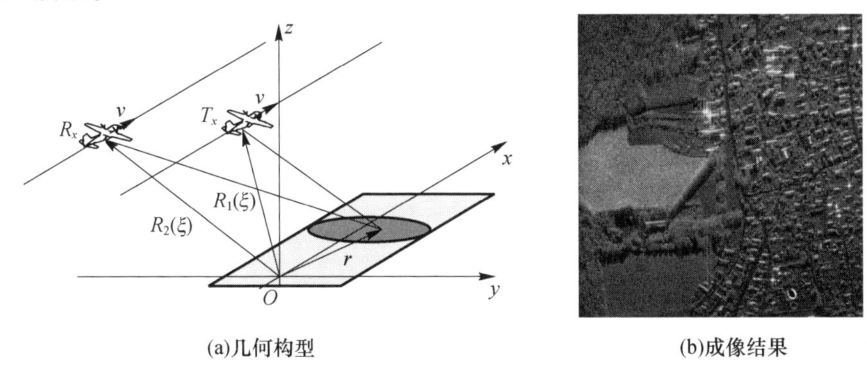

(a)几何构型　　(b)成像结果

图 1.33　德国 FGAN – FHR 机载双基斜视 SAR 飞行试验(BP 成像算法)

2004 年 5 月,德国 FGAN – FHR 进行了接收机固定在地面上的双基地 SAR 成像试验[20],发射站采用安装在 C-160 飞机上的 MEMPHIS 雷达,采用 BP 成像算法进行了成像处理,结果如图 1.34 所示。2007 年 12 月,又利用安装在 C-160 上的 PAMIR 雷达作为接收机,进行了成像试验。

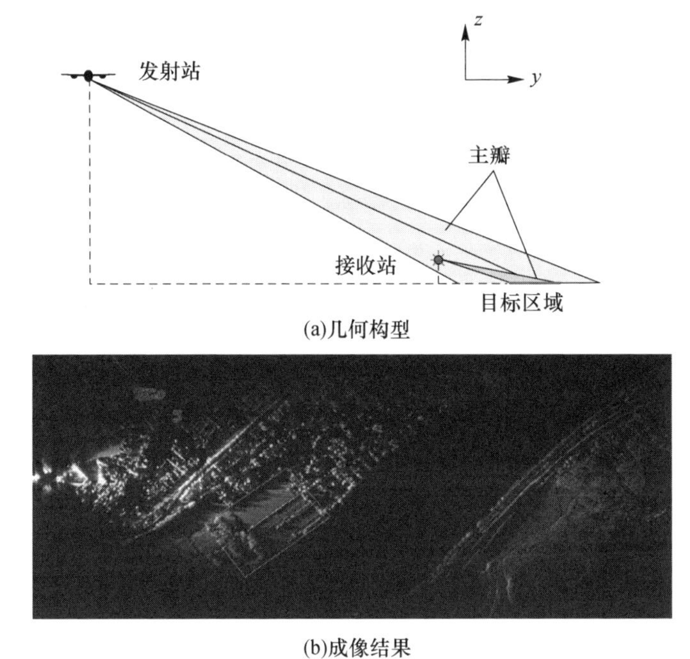

(a)几何构型

(b)成像结果

图 1.34　德国 FGAN – FHR 地机双基侧视 SAR 试验(BP 成像算法)

2007 年 12 月,德国 DLR 采用 F-SAR 作为机载接收站,TerraSAR-X 卫星作为发射平台,完成了星机侧视 SAR 成像试验[3]。其中,为保证高分辨成像所需的合成孔径时间,TerraSAR-X 卫星工作于聚束成像模式,F-SAR 工作于反向滑动聚束式。成像处理采用了 BP 成像算法,成像结果如图 1.35 所示。

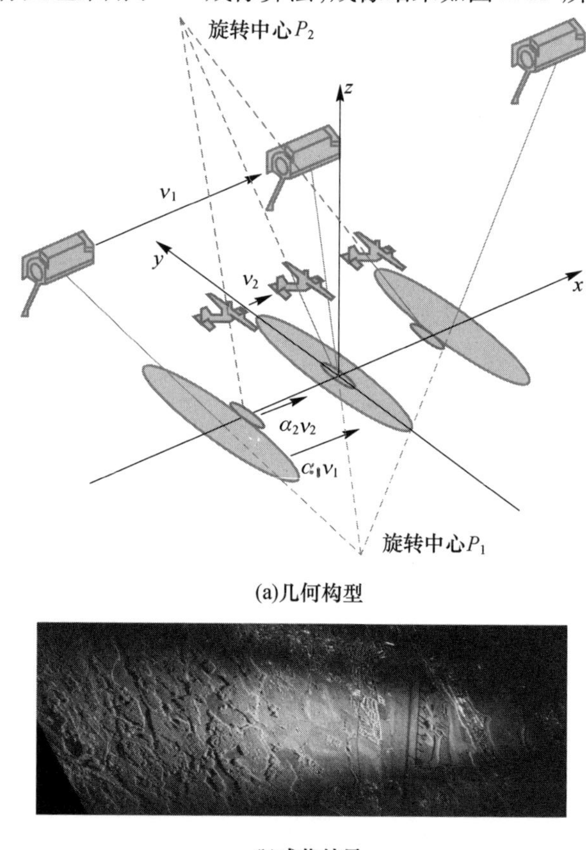

(a)几何构型

(b)成像结果

图 1.35　德国 DLR 星机双基侧视 SAR 试验(BP 成像算法)

2009 年,德国 FGAN-FHR 开展了星机双基地后视 SAR 试验[21],该试验采用 TerraSAR-X 卫星平台作为发射站,安装在 C-160 飞机上的 PAMIR 雷达为接收站,成像结果如图 1.36 所示。

电子科技大学在 2006 年和 2012 年采用两架运五飞机作为收发平台,分别开展了双基侧视 SAR[22] 和双基前视 SAR 成像试验[23],最初的成像结果如图 1.37 和图 1.38 所示。随后还进行了多次双机飞行试验,证实了利用现有机载雷达可以实现双基前视 SAR 高分辨成像。

双基 SAR 的试验验证正在经历由简单构型到复杂构型的转变。随着双基

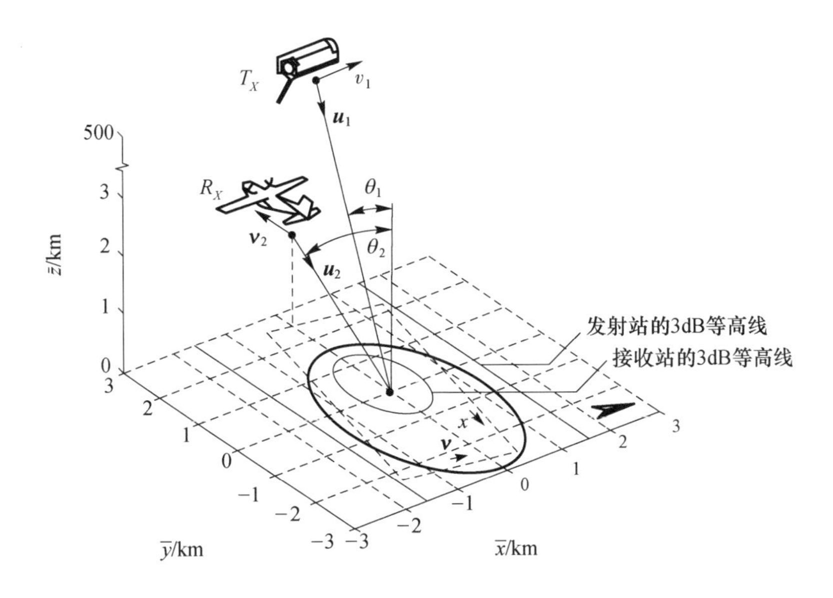

(a)几何构型

(b)成像结果

图 1.36　德国 FGAN-FHR 星机后视 SAR 成像试验结果

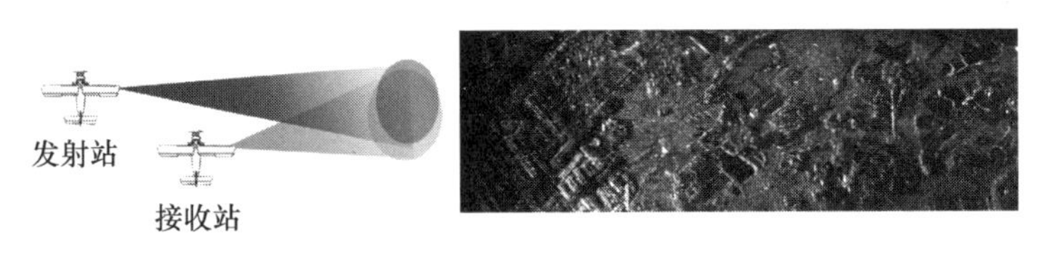

(a)几何构型　　　　(b)成像结果

图 1.37　电子科技大学机载双基侧视 SAR 试验(频域成像算法)

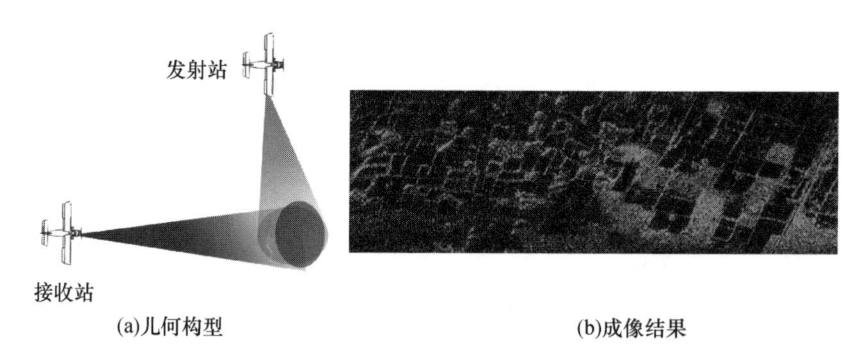

图 1.38　电子科技大学机载双基前视 SAR 试验(频域成像算法)

SAR 的深入发展,构型更加复杂、更加贴合实际应用的试验验证将会陆续开展。

1.5.2　发展趋势

经过世界各国科研人员多年的共同努力,双基 SAR 技术得到了较好的发展,但还未达到单基 SAR 那样的成熟状态,还需要在成像理论、平台组合、成像模式、扫描方式、维度资源、观测区域和方法技术等方面,进行系统深入的研究和试验工作。

成像理论方面,空间分辨力已得到较全面的认识,而辐射分辨力、模糊性分析等将会是未来研究的重点。

平台组合方面,机载双基 SAR 有望成为首先得到应用的组合方式,GEO 星机组合、GEO-LEO 星星组合(LEO 为近地轨道(Low Earth Orbit))以及邻近空间平台与机载平台组合等将是未来研究的重点。

成像模式方面,移不变模式的研究已较充分,而移变、机动等更加复杂的成像模式,将成为研究的主要方向。

扫描方式方面,目前研究多集中在条带式,而滑动聚束、TOPS 等模式将是未来研究的重点。

维度资源方面,双基 SAR 将会朝着多波段、多极化方向发展,双基干涉 SAR 也将引起关注。

观测区域方面,双基 SAR 的相关研究,将会更多地朝斜视、前视、后视、下视方面聚焦,以形成双基 SAR 成像观测方向的全覆盖。

成像处理方面,将更加集中在复杂构型下的成像算法研究,如大移变模式下的回波模型、成像算法、运动补偿研究,以及考虑地形高度变化的运动补偿技术;随着 POS 等高精度测姿定位设备和 GPU 架构处理技术的发展、完善和普及,构型和空变适应性强、成像处理精度高的快速自聚焦 BP 成像算法或将成为研究和应用的主流。

除以上方面的研究外,双基 SAR 地面动目标检测、图像分类与识别等也将是未来的研究热点。

双基 SAR 收发分置，对发射站的要求降低，可以观测到不同于单基 SAR 的地物散射特性，又具有接收站可隐蔽成像的特点，还能够实现接收站的前视、下视及后视成像，可以极大地扩展 SAR 成像的观测方向及应用领域。随着研究的深入，双基 SAR 必将得到广泛的应用，并对 SAR 成像产品谱系、SAR 技术应用领域等产生深远影响。

参考文献

[1] 杨建宇. 双基地合成孔径雷达技术[J]. 电子科技大学学报, 2016, 45(4):482 - 501.

[2] Yocky D A, Wahl D E, Jakowatz, Jr C V. Bistatic SAR: imagery & image products [R]. Sandia Report, SAND2014-18346, 2014.

[3] Rodriguez-Cassola M, Baumgartner S V, Krieger G, et al. Bistatic TerraSAR-X/F-SAR spaceborne-airborne SAR experiment: description, data processing, and results [J]. IEEE Transactions on Geoscience and Remote Sensing, 2010, 48(2): 781 - 794.

[4] Cardillo G P. On the use of the gradient to determine bistatic SAR resolution[C]. Antennas and Propagation Society International Symposium, 1990, 2: 1032 - 1035.

[5] Zeng T, Cherniakov M, Long T. Generalized approach to resolution analysis in BSAR[J]. IEEE Transactions on Aerospace and Electronic Systems, 2005, 41(2): 461 - 474.

[6] Moccia A, Renga A. Spatial resolution of bistatic synthetic aperture radar: Impact of acquisition geometry on imaging performance[J]. IEEE Transactions on Geoscience and Remote Sensing, 2011, 49(10): 3487 - 3503.

[7] Loffeld O, Nies H, Peters V, et al. Models and useful relations for bistatic SAR processing [J]. IEEE Transactions on Geoscience and Remote Sensing, 2004, 42(10): 2031 - 2038.

[8] Neo Y L, Wong F, Cumming I G. A two-dimensional spectrum for bistatic SAR processing using series reversion [J]. IEEE Geoscience and Remote Sensing Letters, 2007, 4(1): 93 - 96.

[9] D'Aria D, Monti Guarnieri A, Rocca F. Focusing bistatic synthetic aperture radar using dip move out[J]. IEEE Transactions on Geoscience and Remote Sensing, 2004, 42(7): 1362 - 1376.

[10] Wang R, Loffeld O, Neo Y L, et al. Focusing bistatic SAR data in airborne/stationary configuration[J]. IEEE Transactions on Geoscience and Remote Sensing, 2010, 48(1): 452 - 465.

[11] Wang R, Loffeld O, Neo Y L, et al. Extending Loffeld's bistatic formula for the general bistatic SAR configuration [J]. IET Radar, Sonar & Navigation, 2010, 4(1): 74 - 84.

[12] Ender J H G, Walterscheid I, Brenner A R. Bistatic SAR-translational invariant processing and experimental results[J]. IEE Proceedings-Radar, Sonar and Navigation, 2006, 153(3): 177 - 183.

[13] Giroux V, Cantalloube H, Daout F. Frequency domain algorithm for bistatic SAR[C]. Proceedings of the 6th European Conference on Synthetic Aperture Radar (EUSAR), 2006.

[14] Kirk Jr. J C. Bistatic SAR motion compensation[C]. International Radar Conference. 1985, (1): 360 - 365.

[15] Nies H, Loffeld O, Natroshvili K. Analysis and focusing of bistatic airborne SAR data[J]. IEEE Transactions on Geoscience and Remote Sensing, 2007, 45(11): 3342 - 3349.

[16] Moreira A, Huang Y. Airborne SAR processing of highly squinted data using a chirp scaling approach with integrated motion compensation[J]. IEEE Transactions on Geoscience and Remote Sensing, 1994, 32(5): 1029 - 1040.

[17] Reigber A, Alivizatos E, Potsis A, et al. Extended wavenumber-domain synthetic aperture radar focusing with integrated motion compensation[J]. IEE Proceedings-Radar, Sonar and Navigation, 2006, 153(3): 301 - 310.

[18] Walterscheid I, Ender J H G, Brenner A R, et al. Bistatic SAR processing and experiments [J]. IEEE Transactions on Geoscience and Remote Sensing , 2006, 44(10): 2710 - 2717.

[19] Balke F. Field test of bistatic forward-looking synthetic aperture radar[J]. IEEE International Radar Conference, 2005: 424 - 429.

[20] Wang R, Loffeld O, Neo Y L, et al. Focusing bistatic SAR data in airborne/stationary configuration [J]. IEEE Transactions on Geoscience and Remote Sensing, 2010, 48(1): 452 - 465.

[21] Espeter T, Walterscheid I, Klare J, et al. Bistatic forward-looking SAR: results of a spaceborne-airborne experiment [J]. IEEE Geoscience and Remote Sensing Letters, 2011, 8(4): 765 - 7.

[22] Xian L, Xiong J T, et al. Research on airborne bistatic SAR squint imaging mode algorithm and experiment data processing[J]. Synthetic Aperture Radar, 2007. APSAR 2007. 1st Asian and Pacific Conference on. IEEE, 2007.

[23] Yang J, Huang Y, Yang Y, et al. A first experiment of airborne bistatic forward-looking SAR-preliminary results[C]. IEEE International Geoscience and Remote Sensing Symposium, 2013:4202 - 4204.

第2章 双基 SAR 成像理论

成像理论是指 SAR 系统实现对地成像时涉及的诸多因素与成像效果之间的定量数学关系的总和。这些因素包括目标特性、几何构型、平台速度、观测方向、观测时间、天线波束、系统参数、工作模式等,成像效果包括成像得到的雷达图像的幅宽、分辨力、信噪比、对比度等。确定它们之间的定量关系,并通过适当近似和简化得到相应的数学模型,是 SAR 系统硬件设计、性能预测分析和进行成像处理的理论基础。

双基 SAR 采用收发分置的双基构型,在成像的机理、条件、模型、规律、能力等基础问题方面,与传统的单基地 SAR 存在明显的差异。对这些方面的深入认识,是双基 SAR 系统设计、构型模式选择、成像处理算法构建的重要前提。

本章主要讨论双基 SAR 成像方法、分辨特性、构型设计、回波模型等,为后续章节中成像算法、参数估计、运动补偿等奠定理论基础。

需要指出的是,由于现有的大多数飞行器在成像观测时间内具有较为简单和规则的运动特性,一般会形成直线状刚性轨迹,同时保持较为稳定的速度和飞行姿态,因此本章以匀速直线运动轨迹和平稳恒定飞行姿态的理想情况为假设条件,这样做既可以得到简捷的回波数学模型,也有利于得到规整清晰的成像处理流程,还便于更加清晰地认识和理解回波生成和成像处理的数学过程和物理实质。至于实际飞行过程中,飞行器偏离理想情况的轨迹和姿态变化对回波的影响,则被归结为运动误差,其影响和消除方法,将在后续章节中加以讨论。

2.1 成像方法

成像方法是指将周期发射的脉冲对应的回波数据转化为地面散射强度二维分布函数对应的图像数据的数学方法,而成像处理过程则指该方法的实施过程。在第 1 章中,为简化叙述和便于理解,将成像过程解释为快时间压缩和慢时间压缩(或合成孔径),但从严格意义上讲,按照目前采用的二维相关成像方法,SAR 成像处理的过程是一个针对被观测场景中各散射点回波的二维相关运算过程。

要理解该过程，首先需要了解成像的目的，弄清该方法的原理，明确该方法在实际应用中必须解决的关联性问题。

2.1.1 成像处理的目的

根据物理学原理，地表每个散射单元（即一定面积的地表）都会对入射的电磁波产生反射，从而形成相应的回波，其反射强弱可用散射系数σ^0表征，并定义为散射单元的雷达截面积（以下简称截面积）与散射单元面积之比。而雷达截面积对单基SAR和双基SAR来说，有不同的含义。

以平飞移不变双基正侧视SAR为例，在地平面定义坐标系x-o-y（简称目标域），由于地表材质和粗糙度等因素的影响，散射系数是一个与位置坐标(x,y)有关的函数，可表示为$\sigma_0(x,y)$，称为散射系数分布函数，如图2.1的左部所示。为了数学分析的方便性，通常将$\sigma_0(x,y)$看成一系列不同位置$(\tilde{x},\tilde{y})$和强度$\sigma_0(\tilde{x},\tilde{y})$的冲激函数的线性叠加，即

$$\sigma_0(x,y)=\iint\sigma_0(\tilde{x},\tilde{y})\delta(x-\tilde{x},y-\tilde{y})\,\mathrm{d}\tilde{x}\,\mathrm{d}\tilde{y} \tag{2.1}$$

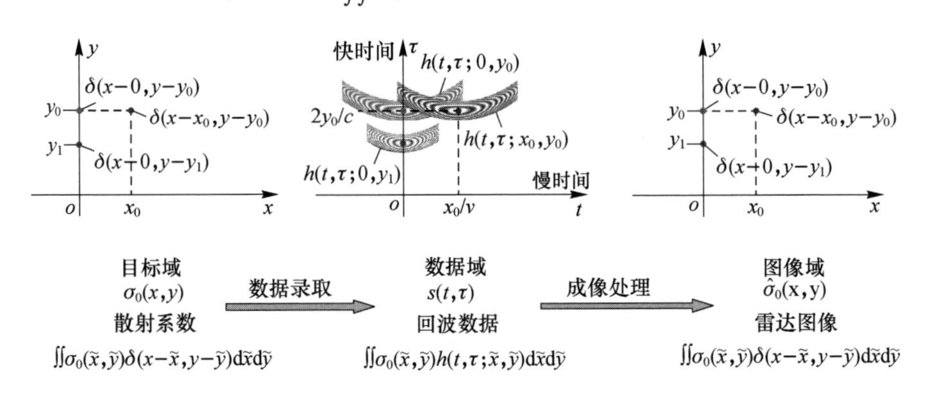

图2.1 合成孔径雷达成像的目的（见彩图）

根据$\sigma_0(x,y)$的定义，以坐标$(\tilde{x},\tilde{y})$为中心，长和宽分别为Δx和Δy的散射单元，所对应的截面积为$\sigma_0(\tilde{x},\tilde{y})\Delta x\Delta y$；而地表一定面积的地域$S$所对应的截面积，则由下式给定

$$\sigma_S=\iint\limits_S\sigma_0(\tilde{x},\tilde{y})\,\mathrm{d}\tilde{x}\,\mathrm{d}\tilde{y} \tag{2.2}$$

由于雷达采用周期性发射信号和接收回波方式工作，为区分电磁波传播散射引起的回波幅相变化与脉冲间平台移动或观测视角变化引起的回波幅相变化，以利分别进行时延分辨和多普勒分辨处理，一般将时间变量分解为快时间和慢时间。在SAR发射、接收和录取回波的过程中，整个被观测区的回波会被记

录在存储设备中的一个二维数组中，其中一维对应慢时间 t，另一维对应快时间 τ。实际上，被观测区内各散射单元都将在慢时间 t - 快时间 τ 平面（以下简称数据域）中形成回波数据，并在该平面覆盖一定区域。其中，t 时刻沿 τ 轴方向的数据，对应于以 t 时刻包络为中心的发射脉冲产生的回波，其中心位置对应于散射点回波时延。中心位置坐标为$(\tilde{x},\tilde{y})$、面积为 $\Delta x\Delta y$ 的散射单元对应的回波信号强度，与其截面积 $\sigma_0(\tilde{x},\tilde{y})\Delta x\Delta y$ 成正比；而回波信号在数据域的覆盖区域和变化规律，则与雷达与散射单元之间的相对运动几何参数有关，也与天线波束宽度、指向及其变化有关，还与雷达系统的信号波形及参数等因素有关，并随散射单元中心位置坐标$(\tilde{x},\tilde{y})$不同而改变。所以，该单元产生的回波信号可以表示为 $\sigma_0(\tilde{x},\tilde{y})\Delta x\Delta y\cdot h(t,\tau;\tilde{x},\tilde{y})$。

如果该散射单元具有单位截面积，即 $\sigma_0(\tilde{x},\tilde{y})\Delta x\Delta y=1$，那么对应的回波即为 $h(t,\tau;\tilde{x},\tilde{y})$，称其为归一化回波。因此，$h(t,\tau;\tilde{x},\tilde{y})$ 可以看作中心坐标为$(\tilde{x},\tilde{y})$、具有单位截面积的散射单元产生的回波。从数学上看，$h(t,\tau;\tilde{x},\tilde{y})$ 也可等效为散射系数分布函数为 $\sigma_0(x,y)=\delta(x-\tilde{x},y-\tilde{y})$ 的孤立散射点产生的回波，因为根据式(2.2)，该孤立散射点具有单位截面积，且位于坐标$(\tilde{x},\tilde{y})$处。

在平飞移不变双基正侧视 SAR 中，当发射信号为线性调频信号时，在数据域中，$h(t,\tau;\tilde{x},\tilde{y})$通常表现为变形的二维线性调频信号，其实部的典型形态如图 2.1 的中部所示，其覆盖区域呈对称弯曲状，它的中心位置可由对应的散射点位置坐标$(\tilde{x},\tilde{y})$、平台运动速度计算得到，在不考虑平台高度且 x 轴方向与平台航迹重合时，位于$(\tilde{x}/v,2\tilde{y}/c)$处，其中 v 代表发射站和接收站运动速度，c 代表光速。而在双基 SAR 的多数其他模式中，$h(t,\tau;\tilde{x},\tilde{y})$ 的覆盖区域会有所不同，一般表现为非对称弯曲或倾斜弯曲状。

由于整个观测区地表由相互邻接的众多散射单元组成，这些在目标域具有不同中心位置坐标$(\tilde{x},\tilde{y})$的散射单元对应的回波，将在数据域产生线性叠加。因此，雷达记录到的整个观测区地表的回波 $s(t,\tau)$，除去混入了接收机噪声外，可以表示为

$$S(t,\tau)=\iint\sigma_0(\tilde{x},\tilde{y})h(t,\tau;\tilde{x},\tilde{y})\mathrm{d}\tilde{x}\mathrm{d}\tilde{y}\tag{2.3}$$

成像的目的，就是利用数据域中的回波数据 $s(t,\tau)$，结合数据录取过程同步记录的运动几何参数，对目标域中的地表散射系数分布函数 $\sigma_0(x,y)$进行重建或估计。其实质就是通过适当的数学处理，重新聚集数据域中各散射点回波能量，在图像域(x,y)中还原各散射点的几何位置和散射强度信息，形成地物场景的雷达图像$\hat{\sigma}_0(x,y)$，并使$\hat{\sigma}_0(x,y)=\sigma_0(x,y)$，如图 2.1 的右部所示。

但是，在实际应用中，还难以达到图 2.1 右部的理想效果。其原因是，整个观测区和每个散射单元，都是由大量、密集的散射点构成；位置紧邻的散射点回

波，覆盖区域交叠、变化规律相似，因此难以将它们有效区分。

2.1.2 二维相关成像方法

目前采用的成像方法，是对各散射点回波进行逐点二维相关运算。采用这种成像方法，各散射点在图像域(x,y)中产生的响应将表现为类似两维辛克函数的形态，如图2.2的右部所示。该方法虽然可以在图像域聚集各散射点数据域回波能量，并还原其位置信息，但仍残留有回波能量扩散，并呈震荡衰减趋势，从而对紧邻散射点分辨和邻近散射点强度估计造成不利影响。下面将讨论产生这种现象的原因。

相关运算是雷达信号处理中广泛采用的一种处理方法，它通过S和H两个信号的共轭相乘$S \cdot H$后的积分运算，来得到积分值$\hat{\sigma}_0$。相关运算实质，是检验S与H的相似度或相关性，所以也可称为相似性积分。当$S = N + \sigma_0 H$（其中σ_0为与信号变量无关的常数）时，S信号中已包含了H信号的成份$\sigma_0 \cdot H$，该成分与H^*相乘后，在积分时将形成全积分域的同相叠加，从而对积分值$\hat{\sigma}_0$产生较大贡献，如果$H \cdot H^*$的积分值$1/k$满足归一化条件$1/k = 1$，那么，在不考虑S中其他信号成分N对积分值的贡献时，或$N \cdot H^*$积分值为0时（称N与H正交或不相关），相关积分值$\hat{\sigma}_0$将等于σ_0，这意味着相关运算能够检验出S信号包含的H信号成分的大小σ_0。如果$1/k \neq 1$时，将相关积分值乘以k，也可达到上述目的。当然，如果N与H不满足正交或不相关条件，那么相关积分值$\hat{\sigma}_0$将与σ_0存在误差。

在SAR成像处理中，正是采用这样的思路，去恢复或估计散射系数$\sigma_0(x,y)$，即采用以下二维相关运算公式，来获得雷达图像$\hat{\sigma}_0(x,y)$，即

$$\hat{\sigma}_0(x,y) = k(x,y) \iint s(t,\tau) h^*(t,\tau;x,y) \mathrm{d}t\mathrm{d}\tau \tag{2.4}$$

式中：$k(x,y)$为成像过程的归一化因子，其作用是实现整个成像过程的量纲转换和过程定标，它满足如下归一化条件

$$k(x,y) = \iint h(t,\tau;x,y) h^*(t,\tau;x,y) \mathrm{d}t\mathrm{d}\tau = 1 \tag{2.5}$$

$k(x,y)$与整个成像过程的诸多因素有关，包括成像数据录取过程中的几何构型、距离远近、地表坡度、发射功率、信号波形、天线波束、扫描方式、接收增益等。

根据式(2.4)，为了得到图像域中位置坐标(x,y)对应的散射率系数估计值$\hat{\sigma}_0(x,y)$，需要首先根据成像几何运动参数和回波变化规律，构造位置坐标(x,y)对应的归一化回波$h(t,\tau;x,y)$；然后，将$h(t,\tau;x,y)$与整个回波$s(t,\tau)$按照式(2.4)进行共轭相乘和二维积分，即进行二维相关运算，就可以得到位置坐标

(x,y)对应的散射系数估计值$\hat{\sigma}_0(x,y)$，即得到散射率密度函数$\boldsymbol{\sigma}_0(x,y)$的近似值。

对于式(2.4)实现成像的机理，可以从定性和定量的角度，分别做进一步的分析，以便深入理解和把握这种成像方法的特点，了解其优势和局限性，利于实际运用。

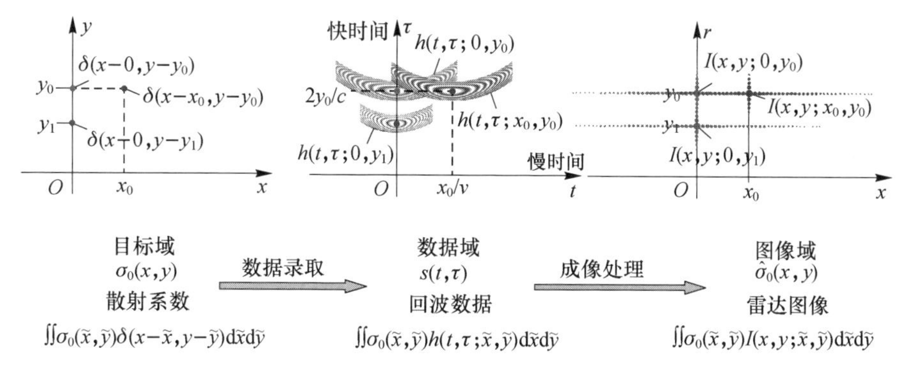

图2.2 合成孔径雷达成像的过程(以平飞移不变双基正侧视SAR为例)

从定性分析的角度看，要得到图2.2的图像域中(x_0,y_0)处的散射系数估计值$\hat{\sigma}_0(x_0,y_0)$，只需按照式(2.4)，借助相似性测度原理，用$h(t,\tau;x_0,y_0)$去检验回波数据$s(t,\tau)$中是否包含有位于(x_0,y_0)处的散射点产生的回波成份$\sigma_0(x_0,y_0)h(t,\tau;x_0,y_0)$。如果回波数据$s(t,\tau)$中包含该回波成分，而且也没有其他散射点产生的回波成分，根据式(2.5)的归一化条件，式(2.4)得到的积分值将正好是$\sigma_0(x_0,y_0)$。但遗憾的是，在实际应用中，回波数据$s(t,\tau)$中必然包含的其他散射点的回波成分，它们也会对式(2.4)的计算结果产生一定贡献，其数值的大小，不仅与这些散射点偏离(x_0,y_0)的程度有关，而且与其散射系数相对于$\sigma_0(x_0,y_0)$的大小有关。例如图2.2左部临近(x_0,y_0)的散射点$(0,y_0)$，它产生的回波为$\sigma_0(0,y_0)h(t,\tau;0,y_0)$；因$h(t,\tau;0,y_0)$的覆盖范围与$h(t,\tau;x_0,y_0)$的覆盖范围交叠区较小，在式(2.4)的积分中并不能形成大范围的同相叠加，所以，在$\sigma_0(0,y_0)$与$\sigma_0(x_0,y_0)$大小相当时，散射点$(0,y_0)$对积分值的贡献并不大。这类临近或紧邻散射点的个体贡献虽然较小，但由于实际地表由大量密集的散射点组成，它们的合成贡献却不容忽视，因为这将造成式(2.4)计算结果明显偏离$\sigma_0(x_0,y_0)$，形成较大的估计误差，尤其是那些散射系数比$\sigma_0(x_0,y_0)$大得多的散射点，对估计误差的贡献更不容忽视。根据式(2.4)，对$\hat{\sigma}_0(x_0,y_0)$能够产生不利影响的其他散射点所处位置(x_i,y_i)，从(x_0,y_0)位置算起，向四周有一定距离的延伸，该距离等于$h(t,\tau;x_0,y_0)$和$h(t,\tau;x_i,y_i)$的单边延伸范围之和。而图2.2左部中远离(x_0,y_0)的散射点$(0,y_1)$，虽然也会产生回波$\sigma_0(0,y_1)h(t,\tau;$

$0,y_1$)，但由于其所在位置已经在上述延伸距离之外，$h(t,\tau;0,y_1)$的覆盖区域与$h(t,\tau;x_0,y_0)$已经没有交叠区，所以，散射点$(0,y_1)$对计算值并不产生影响。

从定量分析角度看，只需将式(2.3)代入式(2.4)中，就可以利用二维相关成像方法得到计算值$\hat{\sigma}_0(x,y)$为

$$\hat{\sigma}_0(x,y) = \iint \sigma_0(\tilde{x},\tilde{y}) I(x,y;\tilde{x},\tilde{y}) \mathrm{d}\tilde{x}\,\mathrm{d}\tilde{y} \tag{2.6}$$

式中

$$I(x,y;\tilde{x},\tilde{y}) = k(x,y) \iint h(t,\tau;\tilde{x},\tilde{y}) h^*(t,\tau;x,y) \mathrm{d}\tilde{t}\,\mathrm{d}\tilde{\tau} \tag{2.7}$$

代表整个成像过程的冲激响应，即散射点在图像域产生的响应，其理由是：如图2.2所示，对比$\sigma_0(x,y)$、$s(t,\tau)$和$\hat{\sigma}_0(x,y)$表达式，可以看出，散射系数、回波数据和雷达图像都是由多个散射点的贡献叠加形成的，而且$\delta(x-\tilde{x},y-\tilde{y})$在数据录取过程中生成了$h(t,\tau;\tilde{x},\tilde{y})$，并在处理过程中生成了$I(x,y;\tilde{x},\tilde{y})$，所以$I(x,y;\tilde{x},\tilde{y})$可以看作孤立散射点$(\tilde{x},\tilde{y})$在图像域中产生的响应。

事实上，如果将式(2.6)与式(2.1)进行对比，立即可知，由于$I(x,y;\tilde{x},\tilde{y}) \neq \delta(x-\tilde{x};y-\tilde{y})$，必然有$\hat{\sigma}_0(x,y) \neq \sigma_0(x,y)$。这表明，相关积分运算的结果$\hat{\sigma}_0(x,y)$，并不能得到$\sigma_0(x,y)$的精确估计值，只有对类似于如图2.2左部所示的稀疏散射点场景，才能得到较高的估计精度。对于实际场景，这种成像处理方法的重建误差大小，将由$\sigma_0(x,y)$的具体形态，以及数据域中不同散射点回波散布范围的交叠性和变化规律的相似性决定。

对于这种成像方法的重建误差，还可以根据式(2.7)的$I(x,y;\tilde{x},\tilde{y})$计算公式，进行更为细致的剖析。实际上，式(2.7)的计算公式表明，$I(x,y;\tilde{x},\tilde{y}$代表$h(t,\tau;x,y)$与$h(t,\tau;\tilde{x},\tilde{y})$互相关值或相似度。当$(x,y)=(\tilde{x},\tilde{y})$时，式(2.7)中的$h(t,\tau,x,y)=h(t,\tau;\tilde{x},\tilde{y})$，它与$h(t,\tau;\tilde{x},\tilde{y})$在数据域$(t,\tau)$的覆盖区域完全重叠，且两者的共轭乘积在整个积分域都能同相叠加，使积分达到最大值，根据式(2.5)的归一化条件，这时$I(x,y;\tilde{x},\tilde{y})$的值为1；而在$(\tilde{x},\tilde{y})$以外的位置，即当$(x,y)\neq(\tilde{x},\tilde{y})$时，式(2.7)中的$h(t,\tau;x,y)$与$h(t,\tau;\tilde{x},\tilde{y})$的交叠区减小，而且不同$(t,\tau)$坐标的共轭乘积值不能形成全同相叠加，积分值显著减小。因此，必有$|I(x,y;\tilde{x},\tilde{y})|\leq 1$，且在$(x,y)=(\tilde{x},\tilde{y})$时取等号，即在以$x$和$y$为变量的图像域中，$I(x,y;\tilde{x},\tilde{y})$的峰值在$(\tilde{x},\tilde{y})$处。

随(x,y)偏离$(\tilde{x},\tilde{y})$的程度增大，$h(t,\tau;x,y)$与$h(t,\tau;\tilde{x},\tilde{y})$的交叠区逐渐减小并最终消失，$|I(x,y;\tilde{x},\tilde{y})|$的取值也将呈震荡下行趋势。图2.2右部给出了发射信号为线性调频信号，工作模式为平飞移不变双基正侧视时，$|I(x,y;\tilde{x},\tilde{y})|$的典型形态，它十分接近二维辛克函数表现出的十字光芒形态。除了一定宽度主瓣之外，还伴有回波时延方向及交叉方向的旁瓣延伸，而且旁瓣的单边延

伸范围等于 $h(t,\tau;x,y)$ 和 $h(t,\tau;\tilde{x},\tilde{y})$ 单边延伸范围之和。其中主瓣宽度将决定系统的空间分辨力,而旁瓣将明显影响临近弱散射点的散射系数估计值,并影响整个图像的对比度。在 2.2 节将说明,在双基 SAR 的其他构型中,由于时延分辨和多普勒分辨方向通常是非正交的,而且与距离和方位的方向并不一致,因此散射点回波在数据域的覆盖区域将呈现倾斜弯曲状,$|I(x,y;\tilde{x},\tilde{y})|$ 的形态也会有所不同,通常表现为非正交的十字光芒状,在 2.2.1 节将对这一现象作进一步分析。

实际上,式(2.6)和式(2.7)也表明,这种成像处理方法得到的 $\hat{\sigma}_0(x,y)$ 是场景中每个散射点 $(\tilde{x},\tilde{y})$ 产生的图像域响应 $I(x,y;\tilde{x},\tilde{y})$ 的加权和,其权值正好是对应散射点的散射系数 $\sigma_0(\tilde{x},\tilde{y})$。这说明,二维相关积分运算导致每个散射点的图像域响应之间存在明显的交叉影响,从而使得式(2.6)计算出的 $\hat{\sigma}_0(x,y)$ 并不能精确重建目标场景散射率密度函数 $\sigma_0(x,y)$。而这种交叉影响的根源,则来自于临近散射点产生的回波在数据域的覆盖区域交叠性和变化规律相似性。

2.1.3　需解决的关联性问题

实际上,当目标场景中仅存在唯一的散射点,且回波中混入了接收机噪声时,从最佳检测与估计理论意义上讲,二维相关成像方法就是对散射点回波幅度的最佳估计方法和对散射点位置坐标的最佳测定方法,只是在估计结果中会伴有旁瓣的有限范围延伸现象。但由于实际场景中存在大量、密集散射点,这种方法存在散射点图像域响应交叉影响造成的误差,因此即使从最佳检测与估计理论意义上讲,这种方法也不是最佳的成像方法。虽然这种方法存在明显的不足,但由于一直未能找到更好的方法来取代,使得二维相关成像方法仍然是长期以来采用的主流成像方法。

需要注意的是,采用这种成像方法,在工程应用中实现对地成像时,还需要解决以下几个方面的关键性问题。

(1) 成像定标问题,即如何确定式(2.4)中的成像过程归一化因子 $k(x,y)$,以保障成像处理结果 $\hat{\sigma}_0(x,y)$ 能够直接代表散射系数分布函数 $\sigma_0(x,y)$ 的估计值。由于 $k(x,y)$ 涉及的因素较多,直接进行计算,误差较大,在工程应用中,通常采用内外定标方法来确定,尤其是在需要尽可能精确测定 $\sigma_0(x,y)$,并据此反演地表或地物材质和物理化学参数的场合。当然,如果成像的目的仅仅是为了利用图像域的明暗关系和轮廓形状来内区分观测区内各类地物或目标,定标就不一定是必需的环节;但略去这个归一化因子,就相当于令 $k(x,y)$ 为常数,这时所得到的雷达图像属于非定标图像,只能反映临近散射单元之间的散射率相对大小关系,并不代表目标或物体的实际散射率,而且相互远离的散射单元之间的散射率相对大小关系也会存在明显误差。如图 1.4 中第 4 幅图所示,在非定标雷达图像中,可观察到不同区域的同类地物对应的图像亮度存在明显的差异,其原因正是 $k(x,y)$ 被假定为常数,使得电磁波传播衰减,天线波束调制和坡面效应等因素的影响仍然留存于雷达图像之中。

(2) 回波模型问题,即针对目标域每个坐标位置 (x,y),构建出归一化回波 $h(t,\tau;x,y)$ 和归一化因子 $k(x,y)$,作为式(2.4)计算 $\hat{\sigma}_0(x,y)$ 的依据。因此,需要根据预定的运动几何关系、发射信号波形、天线方向图及扫描方式等,导出 $h(t,\tau;x,y)$ 和 $k(x,y)$ 的精确表达式。但为了避免复杂的数学运算引起的过大计算资源开销,一般需要在保有足够精度的条件下,对精确表达式作适当近似,形成回波模型,以降低计算复杂度,减少计算资源开销。

(3) 参数估计问题,即得到归一化回波 $h(t,\tau;x,y)$ 表达式中各参数的精确值。在实际应用中,可以通过平台运动测量装置得到两个平台与观测区的相对运动几何参数,然后据此计算出 $h(t,\tau;x,y)$ 的相关参数。但遗憾的是,由于运动测量装置和时频同步装置存在误差,以目前的技术水平,根据运动参数测量和坐标时空转换计算出的回波信号参数,通常还难以达到使各散射点回波良好聚焦和图像准确定位的精度要求。所以,还必须研究基于回波数据的参数估计方法,直接估计信号参数,以便提供足够精度的回波信号参数估计值,当然这将以额外的计算开销为代价。

(4) 运动补偿问题,即测量、估计和补偿平台非规则运动产生的随机误差。这是因为,在建立回波模型过程中,为简化数学分析过程,得到简洁的数学表达式,通常假定平台按照预定的方式作规则运动,而在实际应用中,由于气流扰动、飞行控制等多种因素的影响,平台实际运动将出现偏离预期规则运动的随机偏差,造成数据域中回波规律产生相应偏差,从而影响成像效果。所以,必须利用运动测量装置和回波数据,测量和估计这种偏差,并进行相应校正和补偿,使数据域中的回波规律回到预定状态。

(5) 旁瓣控制问题,即控制散射点图像域响应 $I(x,y;\tilde{x},\tilde{y})$ 的旁瓣电平,减小各散射点回波能量在图像域的扩散,抑制临近散射点图像域响应的交叉影响,以减小弱散射点的 $\hat{\sigma}_0(x,y)$ 与 $\sigma_0(x,y)$ 的差异,提高其散射系数估计精度。在实际处理中,通常采用频域或时域加窗方法,来控制旁瓣电平,可有效减少强散射点图像域响应旁瓣对临近弱散射点图像域响应的遮挡效应,其直观的效果是能够得到更高的图像对比度,在图像中可观察到强散射点区与邻近弱散射区呈现出明暗分明、边界清晰的状态。但付出的主要代价是 $I(x,y;\tilde{x},\tilde{y})$ 主瓣展宽,空间分辨力下降。

(6) 模糊控制问题。这是因为,式(2.4)二维相关运算中的快时间 τ 和慢时间 t,实际上来源于时间轴的等长分段操作,段首即相应脉冲发射时刻,段尾即

雷达脉冲重复周期 $T_r=1/F_r$，将各时段回波的段首对齐，然后顺序排列，即得到数据域回波 $s(t,\tau)$，其中 τ 轴方向代表各时段由首至尾的时间变化，t 轴方向代表各时段的先后顺序。于是，时延大于 T_r 的回波在数据域的视在时延仅表现为扣除 T_r 整数倍后的余数，形成时延模糊现象，或称距离模糊；而多普勒频率高于 $F_r/2$ 的回波，在数据域的视在频率仅表现为扣除 F_r 整数倍后的余数，形成多普勒模糊现象，也称方位模糊。这两种模糊，都将造成数据域中的回波数据不能正确反映不同位置散射点回波的相互位置关系，导致它们的回波在数据域产生混叠，并在图像域形成明显的重影和"鬼影"现象。为此，必须对这一问题的起因和规律进行仔细分析，并提出针对性措施，对这两种模糊造成的影响进行有效的控制，这在 SAR 中属于模糊控制问题。

(7) 高效计算问题，即如何构建快速算法，来替代效率低下的式(2.4)。因为式(2.4)是一个逐点处理的过程，即对于图像域中的每个坐标位置(x,y)，都要逐个计算出对应的散射点归一化回波 $h(t,\tau;x,y)$，并逐个进行积分计算；同时，式(2.4)的积分又是一个二维关联的运算过程，需要进行二维计算。这两方面因素，造成二维相关成像方法的计算效率十分低下，依据现有运动平台载串行计算设备，所需的成像处理时间，成多个数量级地超过了实际应用所允许的时间。因此，必须研究能够大幅提升式(2.4)计算效率的快速算法，即成像算法，以显著缩短成像处理所需时间，才能使二维相关成像方法满足工程应用的实时性要求。

(8) 投影失真校正问题。这是因为在快速成像算法中，为提高计算效率、简化处理过程，并不采用地平面直角坐标系来描述目标域和图像域，这时就需要对所得到的图像进行二维映射，才能得到地平面散射率分布函数的估计值$\hat{\sigma}_0(x,y)$。该映射由地平面与所采用的目标域或图像域坐标系的投影映射关系决定，可用于校正第 1 章中提到的"近距压缩"现象所对应的等距环投影几何失真。另外，若地表存在起伏，采用式(2.4)得到的$\hat{\sigma}_0(x,y)$与地表三维散射率分布函数 $\sigma_0(x,y,h)$ 的水平面投影 $\sigma_0(x,y)$ 之间，将会残留有二维成像无法校正的投影几何失真和阴影区辐射失真，即第 1 章提到的"高塔近倒""背坡阴影"等现象。

(9) 系统参数和几何构型设计问题。首先，接收机噪声将在式(2.3)中的回波 $s(t,\tau)$ 中引入一个加性噪声项 $n(t,\tau)$，它将在式(2.7)的点目标响应 $I(x,y;\tilde{x},\tilde{y})$ 和式(2.6)的最终图像$\hat{\sigma}_0(x,y)$ 中表现为加性噪声，从而影响图像的实际空间分辨力和辐射分辨力，最终影响图像的可辨识度。因此，必须导出 SAR 雷达方程，掌握回波信噪比与收发距离、目标散射强度及系统参数的定量关系，以便通过合理的系统设计，减小噪声影响，使其约束在容许的范围内。其次，式(2.3)中点目标回波 $h(x,y;\tilde{x},\tilde{y})$ 的变化规律和参数对点目标响应 $I(x,y;\tilde{x},\tilde{y})$

和最终图像$\hat{\sigma}_0(x,y)$有决定性影响，也同时决定了系统的分辨力和旁瓣电平。而$h(x,y;\tilde{x},\tilde{y})$不仅与发射信号波形及参数有关，而且与天线波束形状、指向及其时变性有关，还与收发站及成像区之间的三角构型及其时变性有强的相关性。因此，需要掌握分辨力与相关因素的定量关系，导出几何构型和系统参数设计方法，以便通过合理设计和选定适当构型，使成像分辨力和旁瓣达到预期要求。

2.2 分辨力特性

分辨力特性分析是SAR成像理论的重要组成部分之一，包括空间分辨力与辐射分辨力。辐射分辨力反映雷达图像所能区分的散射率强度最小差异。空间分辨力反映雷达图像所能区分的两个目标之间的最小空间间距，通常由方位和距离分辨力来度量，分别反映接收站观测视线地面投影方向和与之正交方向的分辨能力。从SAR成像原理来看，这两维空间分辨能力来源于不同散射点在快时间维的回波信号时延分辨和慢时间维的多普勒信号时差分辨，简称时延分辨和多普勒分辨。它们对应的空间分辨分别称为时延地距分辨和多普勒地距分辨，而形成地距分辨的处理过程分别称为快时间压缩和慢时间压缩。在单基正侧视SAR中，时延地距分辨的方向与距离分辨的方向一致，而多普勒地距分辨的方向与方位分辨的方向一致，而且这两个方向是正交的。但是，在单基斜视和双基SAR的大多数模式中，并不具备这种一致性，而且时延地距分辨的方向与多普勒地距分辨的方向通常是非正交的。因此，有必要将时延地距分辨与距离分辨相区分，将多普勒地距分辨与方位分辨相区分。

空间和辐射分辨力是衡量SAR系统成像性能的核心指标。在双基SAR中，空间和辐射分辨力并不只由雷达系统参数决定，还与平台空间位置、平台运动参数、波束扫描方式等因素密切相关，而且存在不同于单基SAR的特性。研究双基SAR分辨力特性的目的，就是要明确空间和辐射分辨力与这些因素间的定性及定量关系，从而为收发空间构型和工作模式设计提供理论依据。

本节将根据双基SAR收发站空间位置关系及其时变性所形成的地面时延和多普勒等值线梯度场，导出空间分辨力与收发空间构型等因素之间的定量关系，说明空间分辨力的非正交性和空变性，并给出双基SAR辐射分辨力的定量公式。

2.2.1 空间分辨力

在第1章中，已经介绍了空间分辨力、等时延线、等多普勒线等概念，并已说明了当等时延线增量设定为发射信号带宽B_r的倒数$1/B_r$时，等时延线间隔代表时延分辨对应的地距分辨力，即时延地距分辨力，其分辨方向与等时延线方向正交。而当多普勒增量设定为观测时间 T_a 的倒数 $1/T_a$ 时,等多普勒线之间的间隔代表多普勒分辨对应的地距分辨力,即多普勒地距分辨力,其分辨方向与等多普勒线方向正交。

值得注意的是,在大多数双基 SAR 构型中,待成像区的等时延线与等多普勒线是非正交的,导致上述两种地距分辨的方向并不具备正交性,在频域成像算法中将引起成像结果中地物形状产生几何畸变,从而影响图像的可辨识度。

从本质上来讲,几何畸变问题来源于等时延线和等多普勒线的分布形态和相互关系,除信号带宽和观测时间外,最终源于双基 SAR 系统的收发站及待成像区的几何构型关系及其时变性。所以,了解特定构型关系对空间分辨性能的影响,并从定量的角度掌握它们之间的数学关系,对于预估双基 SAR 系统的空间分辨性能或指导应用任务规划中的平台编队空间关系及其时变性,具有重要的理论价值。

1. 空间分辨力方程

事实上,从向量微积分的视角来看,回波时延和多普勒在地平面中的分布都可以看成是标量场。而标量场的梯度则是一个向量场,它的方向代表标量场增长最快的方向,也代表相邻两条等值线之间的最小间距方向,它的长度代表所在位置标量的最大变化率。这个变化率可以通过对时延求梯度来得到[1]。由于梯度反映的是时延增量与地距增量之比。所以在给定时延增量为时延分辨力 $1/B_r$ 时,即可根据梯度求出对应的地距增量,即时延地距分辨力;给定多普勒增量为多普勒分辨力 $1/T_a$ 时,即可相应求出对应的地距增量,即多普勒地距分辨力[2]。

设 t 时刻在地面直角坐标系中坐标为(x,y)的散射点 P 产生的回波信号时延为 $\tau_P(t)$,则在该时刻,$\tau_P(t)$随其在空间位置变化的梯度为

$$\nabla\tau_P(t)=\frac{\partial\tau_P(t)}{\partial x}\boldsymbol{i}+\frac{\partial\tau_P(t)}{\partial y}\boldsymbol{j}+\frac{\partial\tau_P(t)}{\partial z}\boldsymbol{k}=\frac{1}{c}[\boldsymbol{\mu}_{\mathrm{TP}}(t)+\boldsymbol{\mu}_{\mathrm{RP}}(t)] \tag{2.8}$$

式中:$\boldsymbol{\mu}_{\mathrm{TP}}(t)$和$\boldsymbol{\mu}_{\mathrm{RP}}(t)$分别为 t 时刻发射站和接收站到 P 点视线方向上的单位矢量。根据矢量合成的平行四边形法则,$\nabla\tau_P(t)$的方向对应该时刻收发站视线单位矢量的合方向,而$\nabla\tau_P(t)$的大小则由视线向量之间的夹角决定。

设 t 时刻 P 点的回波多普勒频率为$f_P(t)$,它在直角坐标中的梯度为

$$\begin{aligned}\nabla f_P(t)&=\frac{\partial f_P(t)}{\partial x}\boldsymbol{i}+\frac{\partial f_P(t)}{\partial y}\boldsymbol{j}+\frac{\partial f_P(t)}{\partial z}\boldsymbol{k}\\&=\frac{1}{\lambda}[\omega_{\mathrm{TP}}\boldsymbol{\Gamma}_{\mathrm{TP}}(t)+\omega_{\mathrm{RP}}\boldsymbol{\Gamma}_{\mathrm{RP}}(t)]\end{aligned} \tag{2.9}$$

式中:ω_{TP}和 ω_{RP} 分别为发射站和接收站相对于 P 点的旋转角速度;$\boldsymbol{\Gamma}_{\mathrm{TP}}(t)$和$\boldsymbol{\Gamma}_{\mathrm{RP}}(t)$分别为沿发射站视线旋转方向和接收站视线旋转方向的单位矢量。该式

表明，$\nabla f_P(t)$的方向为$\omega_{TP}\boldsymbol{\Gamma}_{TP}(t)$向量与$\omega_{RP}\boldsymbol{\Gamma}_{RP}(t)$向量的合方向。

将上述两个梯度投影到地面上，即可分别得到它们在地面上的投影$\nabla\boldsymbol{\tau}_P^{G}(t)=P_\tau^{\perp}\ \nabla\boldsymbol{\tau}_P(t)$和$\nabla f_P^{G}(t)=P_t^{\perp}\ \nabla f_P(t)$，其中，$P_\tau^{\perp}$和$P_t^{\perp}$分别代表时延和多普勒地距分辨力到地面的投影矩阵。于是，时延和多普勒地距分辨力大小可分别由式(2.10)和式(2.11)表示，即

$$\rho_\tau^{G}=\frac{1}{B_r\|P_\tau\ \nabla\boldsymbol{\tau}_P(t)\|}=\frac{c}{B_r\|P_\tau^{\perp}[\boldsymbol{\mu}_{TP}(t)+\boldsymbol{\mu}_{RP}(t)]\|}=\frac{c}{2B_r\cos\dfrac{\gamma}{2}\cos\vartheta}\tag{2.10}$$

式中：γ为发射站与接收站到P点的视线的夹角，称为双基角；ϑ为时延分辨力方向到地面的投影角。可见，时延地距分辨力大小ρ_τ^{G}主要有发射信号带宽B_r与双基角γ决定，信号带宽越大，分辨力越高，双基角越大，所在位置等时延线分布越稀疏，分辨力越差。

$$\rho_t^{G}=\frac{1}{T_A\|P_t^{\perp}\ \nabla f_P(t)\|}=\frac{\lambda}{\|P_t^{\perp}[\theta_{TP}\boldsymbol{\Gamma}_{TP}(t)+\theta_{RP}\boldsymbol{\Gamma}_{RP}(t)]\|}=\frac{\lambda}{2\theta_P\cos\phi}\tag{2.11}$$

式中：θ_{TP}与θ_{RP}分别为合成孔径时间内发射站和接收站相对于P点的转角；ϕ为多普勒分辨力方向到地面的投影角；θ_P为$[\theta_{TP}\boldsymbol{\Gamma}_{TP}(t)+\theta_{RP}\boldsymbol{\Gamma}_{RP}(t)]/2$的模，代表双基SAR合成转角。$\theta_P$由收发站贡献叠加构成，根据不同模式和几何构型，两者相互增强或抵消。由式(2.11)可见，多普勒地距分辨力大小ρ_t^{G}主要由发射站和接收站相对于P点的合成转角θ_P决定，转角越大，分辨力越高。

由时延和多普勒地距分辨力表达式(2.10)和式(2.11)，可以得到时延和多普勒地距分辨力的方向分别为

$$\boldsymbol{\Theta}=\frac{\nabla\boldsymbol{\tau}_P^{G}(t)}{\|\nabla\boldsymbol{\tau}_P^{G}(t)\|}\tag{2.12}$$

$$\boldsymbol{\Xi}=\frac{\nabla f_P^{G}(t)}{\|\nabla f_P^{G}(t)\|}\tag{2.13}$$

而时延和多普勒地距分辨力方向的夹角为

$$\alpha_D=\cos^{-1}(\boldsymbol{\Xi}\cdot\boldsymbol{\Theta})\tag{2.14}$$

由式(2.14)可以看出，由于收发几何构型和波束指向的灵活性和多样性，双基SAR的时延地距分辨方向与多普勒地距分辨方向通常是非正交的。因此，单纯用时延地距分辨力和多普勒地距分辨力已不能够全面表征双基SAR的空间分辨能力，还需要考察分辨单元面积，即散射点图像域响应幅值3dB等值线所围的面积，其计算公式为

$$S=\frac{\overset{G}{\rho}_{\tau}\overset{G}{\rho}_{t}}{\sin\alpha_{D}} \tag{2.15}$$

2. 空间分辨力的非正交性

对于单基 SAR 来说,时延与多普勒分辨旁瓣延伸方向一般是正交的,因此根据 1.4.4 节给出的空间分辨性能度量方法,其时延和多普勒分辨力可以分别通过孤立散射点产生的图像域响应的时延分辨旁瓣延伸方向剖面和多普勒分辨旁瓣延伸方向剖面的 3dB 主瓣宽度得到。但是,对于双基 SAR 来说,时延与多普勒分辨的旁瓣延伸方向通常并不正交,所以双基 SAR 的时延和多普勒分辨力不再与它们的旁瓣延伸方向剖面的 3dB 主瓣宽度相等。为此,需要首先通过双基 SAR 广义模糊函数(Generalized Ambiguity Function,GAF)分析其旁瓣的特性,在此基础上得到双基 SAR 空间分辨力的度量方法。

假设 $\boldsymbol{A}$ 和 $\boldsymbol{B}$ 分别为相邻的两个散射点$(\tilde{x},\tilde{y})$和(x,y)的位置矢量,则双基 SAR 广义模糊函数的模值为[3]

$$|\chi(\boldsymbol{A},\boldsymbol{B})|=\left|\frac{\iint h_{A}(t,\tau)h_{B}^{*}(t,\tau)\mathrm{d}t\mathrm{d}\tau}{\sqrt{\iint|h_{A}(t,\tau)|^{2}\mathrm{d}\tau\mathrm{d}t}\sqrt{\iint|h_{B}(t,\tau)|^{2}\mathrm{d}t\mathrm{d}\tau}}\right| \tag{2.16}$$

式中:$h_{A}(\cdot)$和 $h_{B}(\cdot)$分别为 A 点和 B 点的回波信号。式(2.16)实际上是式(2.7)的另一种表示形式,因此广义模糊函数本身实际上就是单位散射截面积的孤立散射点的图像域响应 $I(x,y;\tilde{x},\tilde{y})$,只是假设$(\tilde{x},\tilde{y})$为坐标原点。

经过近似简化后[3],式(2.16)变为

$$|\chi(\boldsymbol{A},\boldsymbol{B})|=p(\tau_{\mathrm{d}})m_{\mathrm{A}}(f_{\mathrm{d}}) \tag{2.17}$$

该式为双基 SAR 关于回波时延和多普勒频率的模糊函数。式中:τ_{d} 为 A、B 两个散射点在 t 时刻的信号时延差;f_{d} 为两信号在 t 时刻的多普勒频差;$p(\tau_{\mathrm{d}})$为基带发射信号归一化自相关函数在 τ_{d} 时刻的取值;$m_{\mathrm{A}}(f_{\mathrm{d}})$为斜距历史调制后的归一化双程方向图的傅里叶变换在 f_{d} 频点的取值。

对 τ_{d}、f_{d} 的表达式在 $\boldsymbol{B}=\boldsymbol{A}$ 进行泰勒展开,可得

$$\tau_{\mathrm{d}}\approx\frac{[\boldsymbol{\Phi}_{\mathrm{T}A}+\boldsymbol{\Phi}_{\mathrm{R}A}]^{\mathrm{T}}(\boldsymbol{B}-\boldsymbol{A})}{c} \tag{2.18}$$

$$f_{\mathrm{d}}\approx\frac{1}{\lambda}[\omega_{\mathrm{T}A}\boldsymbol{\Gamma}_{\mathrm{T}}+\omega_{\mathrm{R}A}\boldsymbol{\Gamma}_{\mathrm{R}}]^{\mathrm{T}}(\boldsymbol{B}-\boldsymbol{A}) \tag{2.19}$$

式中:$\boldsymbol{\Phi}_{\mathrm{T}A}$与 $\boldsymbol{\Phi}_{\mathrm{R}A}$ 分别为散射点$(\tilde{x},\tilde{y})$指向发射站和接收站的单位矢量;$\omega_{\mathrm{T}A}$ 和 $\omega_{\mathrm{R}A}$ 分别为发射站和接收站相对于散射点$(\tilde{x},\tilde{y})$的旋转角速度;而 $\boldsymbol{\Gamma}_{\mathrm{T}}$ 和 $\boldsymbol{\Gamma}_{\mathrm{R}}$ 分别为沿发射站视线旋转方向和接收站视线旋转方向的单位矢量。

由以上两式,式(2.17)可转化为

$$|\chi(\boldsymbol{A},\boldsymbol{B})| = p\left(\frac{2\cos(\gamma/2)\boldsymbol{\Theta}^{\mathrm{T}}(\boldsymbol{B}-\boldsymbol{A})}{c}\right)m_{\mathrm{A}}\left(\frac{2\omega_{\mathrm{A}}\boldsymbol{\Xi}^{\mathrm{T}}(\boldsymbol{B}-\boldsymbol{A})}{\lambda}\right) \tag{2.20}$$

式中:$\boldsymbol{\Theta}$ 为双基角角平分线方向的单位矢量;ω_{A} 为$(\omega_{\mathrm{TA}}\boldsymbol{\Gamma}_{\mathrm{T}}+\omega_{\mathrm{RA}}\boldsymbol{\Gamma}_{\mathrm{R}})/2$ 的模,代表合成角速度;$p(\cdot)$的 3dB 宽度为时延地距分辨力,$m_{\mathrm{A}}(\cdot)$的 3dB 宽度为多普勒地距分辨力。即双基 SAR 广义模糊函数的模值,等于时延模糊函数模值和多普勒模糊函数模值的乘积。所以,在双基 SAR 中,时延与多普勒二维分辨力方向通常并不正交,必须重新考虑两种分辨力的度量问题。为此必须首先通过双基 SAR 广义模糊函数,确定时延和多普勒分辨旁瓣延伸方向以及它们的夹角关系。

对式(2.20)中的双基 SAR 广义模糊函数进行计算,在双基角 $\gamma=43°$的条件下,可得到如图 2.3 所示的结果。

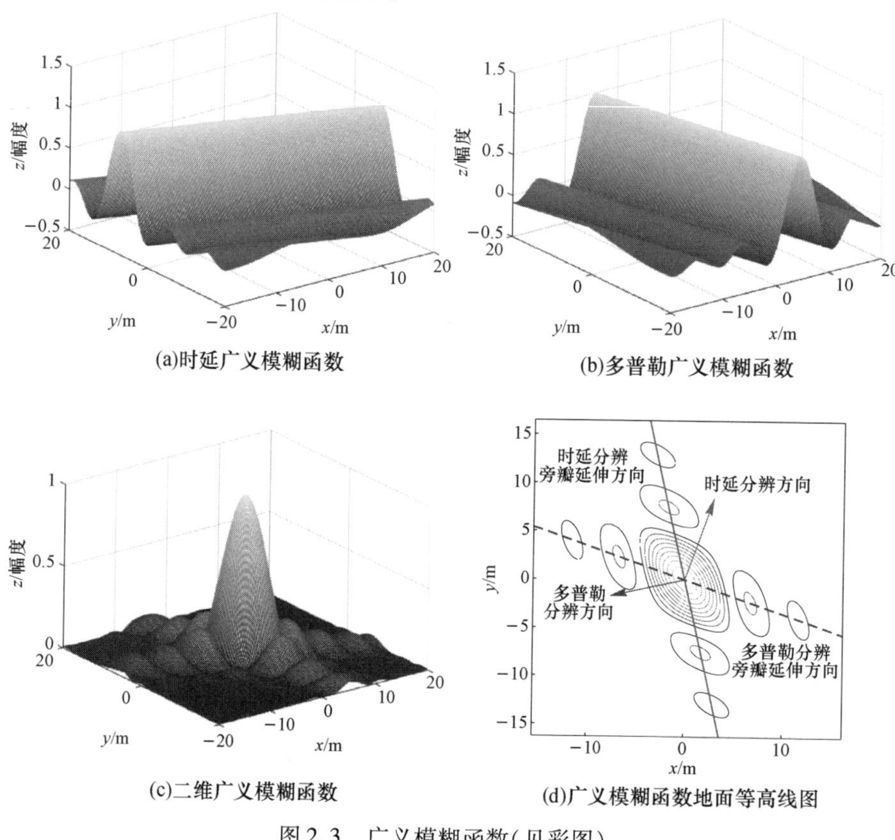

图 2.3　广义模糊函数(见彩图)

由模糊函数的物理意义可得,位于时延广义模糊函数中心线(即图 2.3(d)中的虚线)上的散射点,其时延与参考点相同,不能通过时延差异进行分辨,故时延分辨率方向垂直于该中心线。由于该中心线方向正是多普勒分辨旁瓣延伸方向，因此时延分辨率垂直于多普勒分辨的旁瓣延伸方向。同理，多普勒分辨方向垂直于时延分辨的旁瓣延伸方向。

根据双基 SAR 二维分辨的上述非正交特性，需重新考虑时延和多普勒分辨的度量问题。如图 2.4 所示，假设散射点 B 位于时延分辨旁瓣延伸方向，且向量 $(\boldsymbol{B}-\boldsymbol{A})$ 的模 ρ_Ω 为时延分辨旁瓣延伸方向对应的 3dB 主瓣宽度，则

$$\begin{cases}\boldsymbol{\Theta}^{\mathrm{T}}(\boldsymbol{B}-\boldsymbol{A})=\rho_\Omega\cos\theta_\tau\\ \boldsymbol{\Xi}^{\mathrm{T}}(\boldsymbol{B}-\boldsymbol{A})=0\end{cases} \tag{2.21}$$

式中：θ_τ 为 $(\boldsymbol{B}-\boldsymbol{A})$ 与时延分辨方向的夹角。由式(2.20)的模糊函数公式及分辨力的定义，ρ_Ω 应满足

$$|\chi(\boldsymbol{A},\boldsymbol{B})|=p\left[\frac{\rho_\Omega\cos\theta_\tau\cos(\gamma/2)}{c}\right]\cdot m_{\mathrm{A}}(0)=\frac{1}{\sqrt{2}} \tag{2.22}$$

当发射信号为矩形包络信号时，解上述方程可得到

$$\rho_\Omega=\frac{c}{2B_{\mathrm{r}}\cos(\gamma/2)\cos\theta_\tau} \tag{2.23}$$

对比式(2.10)与式(2.23)可以看出，ρ_Ω 与双基 SAR 时延地距分辨力 ρ_τ^{G} 的关系为

$$\rho_\tau^{\mathrm{G}}=\rho_\Omega\cos\theta_\tau/\cos\vartheta \tag{2.24}$$

式(2.24)表明，将时延分辨旁瓣延伸方向的 3dB 主瓣宽度向时延分辨方向投影后，再向地面投影，便可得到时延地距分辨力。

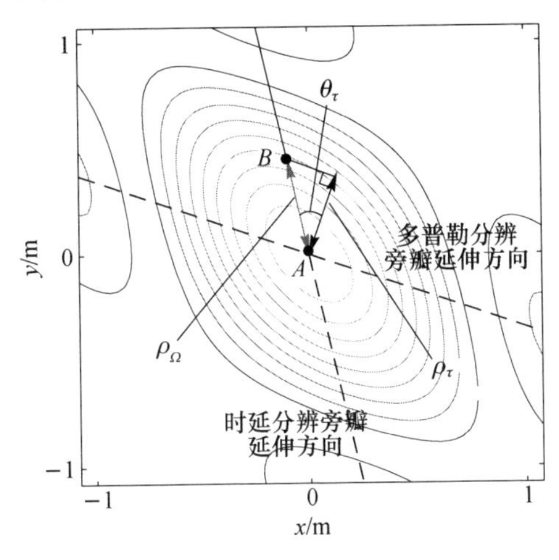

图 2.4　分辨力投影示意图

同理，若图 2.4 中假设点目标 B 位于多普勒旁瓣方向，且向量 $(\boldsymbol{B}-\boldsymbol{A})$ 的模 ρ_ψ 为多普勒旁瓣方向对应的 3dB 主瓣宽度，则

$$\begin{cases} \boldsymbol{\Theta}^{\mathrm{T}}(\boldsymbol{B}-\boldsymbol{A})=0 \\ \boldsymbol{\Xi}^{\mathrm{T}}(\boldsymbol{B}-\boldsymbol{A})=\dfrac{1}{2}\rho_\psi\cos\theta_{\mathrm{t}} \end{cases} \tag{2.25}$$

式中：θ_{t} 为 $(\boldsymbol{B}-\boldsymbol{A})$ 与多普勒分辨力方向的夹角。由式(2.20)的模糊函数公式及分辨力的定义，ρ_ψ 应满足

$$|\chi(\boldsymbol{A},\boldsymbol{B})|=p(0)m_A\left(\frac{\omega_A\rho_\psi\cos\theta_{\mathrm{t}}}{\lambda}\right)=\frac{1}{\sqrt{2}} \tag{2.26}$$

当天线方向图增益无副瓣时，解上述方程可得

$$\rho_\psi=\frac{\lambda}{2\theta_A\cos\theta_{\mathrm{t}}} \tag{2.27}$$

式中：θ_A 为 $[\theta_{\mathrm{TA}}\boldsymbol{\Gamma}_{\mathrm{TA}}(t)+\theta_{\mathrm{RA}}\boldsymbol{\Gamma}_{\mathrm{RA}}(t)]/2$ 的模，代表目标 A 的双基 SAR 合成转角。对比式(2.11)与式(2.27)可以看出，该分辨力与双基 SAR 多普勒地距分辨力 $\rho_{\mathrm{t}}^{\mathrm{G}}$ 的关系为

$$\rho_{\mathrm{t}}^{\mathrm{G}}=\rho_\psi\cos\theta_{\mathrm{t}}/\cos\phi \tag{2.28}$$

故将多普勒分辨旁瓣延伸方向的 3dB 主瓣宽度向多普勒分辨方向投影后，再向地面投影，便可得到多普勒地距分辨力。

3. 空间分辨力的空变特性

根据前面的分析可知，双基 SAR 的分辨力与双基角 γ、收发站转角 θ_A 等构型参量有关，而这些构型参量又与散射点的位置紧密相关，因此双基 SAR 分辨力在地面上是随空间位置不同而变化的，即具有空变性[4]。

图 2.5(a)～图 2.5(d)是某典型构型的双基 SAR 的时延地距分辨力和多普勒地距分辨力等高线分布图及分辨方向分布图，图 2.5(e)给出了地距分辨单元面积空变示意图，图 2.5(f)给出了地距分辨单元小于 $1\mathrm{m}^2$ 的地域范围。

从图 2.5 可以看出，双基 SAR 的空间分辨力大小、方向和分辨单元面积均存在空变性，在系统设计和性能分析中应当引起注意。

2.2.2 辐射分辨力

双基 SAR 与单基 SAR 辐射分辨力的定义相同[3]，都是反映 SAR 系统区分目标散射强度差异的能力，它将直接影响 SAR 系统获得的图像的动态范围（灰度层次的丰富程度）以及图像的对比度（黑白分明程度）。对于 SAR 图像的理解和目标辨识，辐射分辨力与空间分辨力同等重要，因为这两种分辨能力分别表

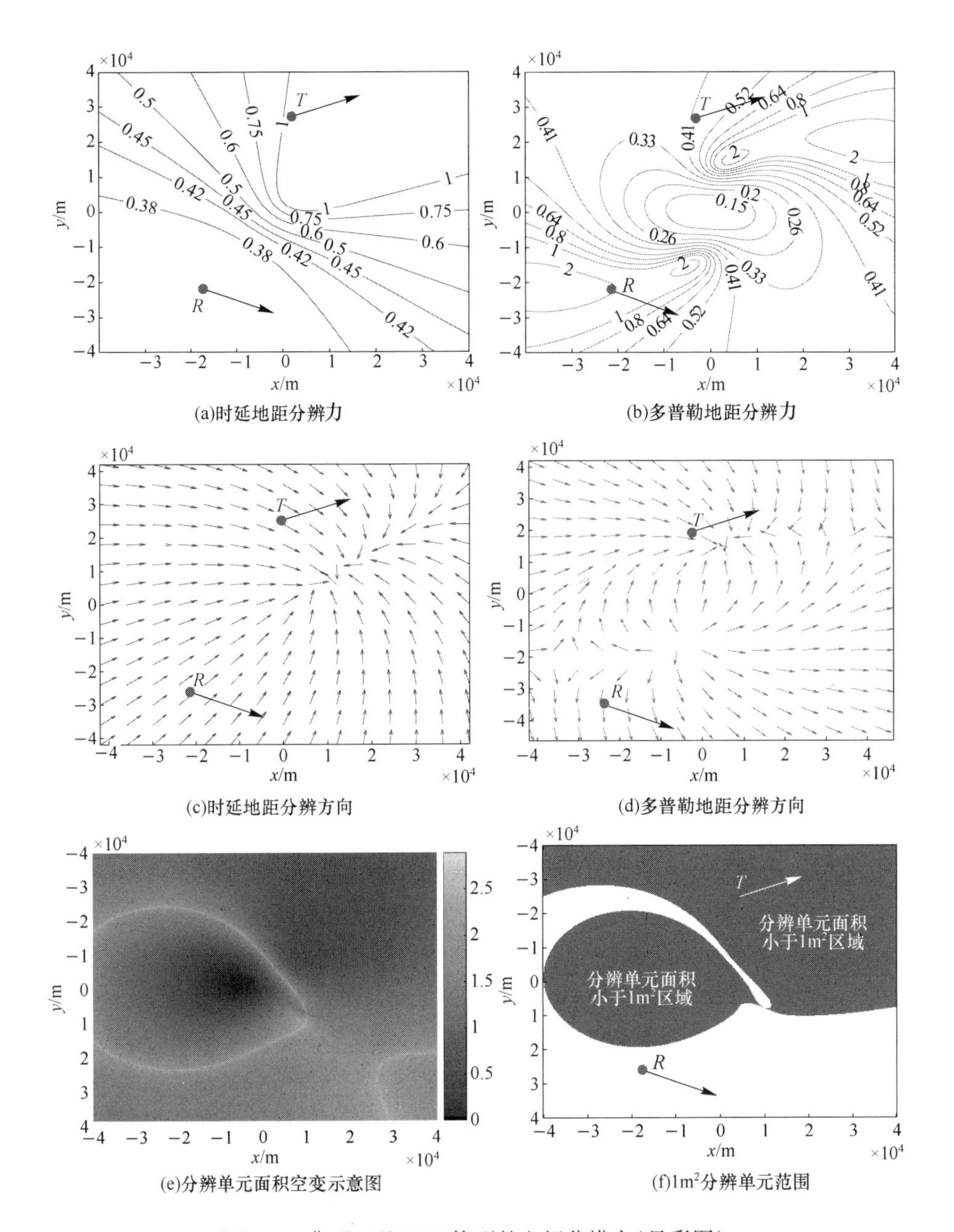

图 2.5　典型双基 SAR 构型的空间分辨力(见彩图)

示了 SAR 系统图像对目标位置(横向)的区分能力和对目标散射强度(纵向)的区分能力。

以下将分析说明,远距离成像等低信噪比情况下,辐射分辨力将取决于雷达系统参数、成像地域斜距和地表散射强度。

1. 辐射分辨力公式

在1.4.4节中,已给出了高信噪比条件下辐射分辨力的定义,并说明了影响它的主要因素是相干斑噪声,并取决于地表散射均值与均方差之比。而对远距离成像等情况,天线噪声、接收机热噪声和采样量化噪声等形成的系统噪声将远大于相干斑噪声,这时辐射分辨力 γ_n 将取决于图像域中地面散射功率与系统噪声功率之比 SNR,其定义为

$$\gamma_n = 1 + \frac{1}{\sqrt{M}}\left(1 + \frac{1}{\mathrm{SNR}}\right) \tag{2.29}$$

式中:M 为视数,代表对同一场景的独立观测次数。

通常用对数关系表示辐射分辨力,即

$$\gamma_n(\mathrm{dB}) = 10\lg\left[1 + \frac{1}{\sqrt{M}}\left(1 + \frac{1}{\mathrm{SNR}}\right)\right] \tag{2.30}$$

式(2.30)适用于 M 视具有相同信噪比的情况。如果各视的信噪比不同,则需按式(2.31)计算辐射分辨力,即

$$\gamma_n(\mathrm{dB}) = 10\lg\left\{\frac{1 + \sqrt{\sum_{i=1}^{M}[1 + (\mathrm{SNR})_i]^2}}{\sum_{i=1}^{M}(\mathrm{SNR})_i}\right\} \tag{2.31}$$

由式(2.31)可以看出,双基 SAR 图像辐射分辨力除成像视数外,还与图像信噪比有关,信噪比越高,辐射分辨力越好。

2. 双基 SAR 信噪比方程

式(2.29)~式(2.31)中的信噪比 SNR 可以根据双基 SAR 雷达方程进行估算。

设双基雷达中,发射站的峰值发射功率为 P_t,发射天线功率增益为 G_T,目标双基雷达散射截面积为 σ_S,接收天线的功率增益为 G_R,工作波长为 λ,则接收天线获得的散射功率可表示为

$$P_r = \frac{P_t G_T G_R \lambda^2 \sigma_S}{(4\pi)^3 R_T^2 R_R^2} \tag{2.32}$$

实际应用中,双基雷达方程还必须加入方向图因子、损耗因子以及大气衰减因子。为了考虑这些损耗的影响,引入一个称为系统损耗因子的参数 L_s($L_s > 1$),并且引入发射站和接收站的天线方向图因子 F_T 和 F_R。设 k 为波尔菲曼常数,接收噪声温度为 T_0,噪声带宽为 B_n,系统噪声功率为 kT_0B_n,于是由式(2.32)可得到回波信噪比方程为

$$\mathrm{SNR}=\frac{P_{\mathrm{t}}G_{\mathrm{T}}G_{\mathrm{R}}\lambda^{2}\sigma_{\mathrm{S}}F_{\mathrm{T}}^{2}F_{\mathrm{R}}^{2}}{(4\pi)^{3}kT_{0}B_{\mathrm{n}}L_{\mathrm{s}}(R_{\mathrm{T}}R_{\mathrm{R}})^{2}} \tag{2.33}$$

在 SAR 成像处理中，进行快时间和慢时间压缩，分别可以改善信噪比 N_{τ} 和 N_{t} 倍。根据式(2.15)，目标散射截面积 σ_{S} 可以表示为 $\sigma_{\mathrm{S}}=\sigma^{0}\rho_{\tau}^{G}\rho_{\mathrm{t}}^{G}/\sin\alpha_{\mathrm{D}}$，其中 σ^{0} 为特定空间分辨单元对应的地表归一化双基散射系数。于是，可以得到以峰值功率表示的双基 SAR 图像信噪比方程为

$$\mathrm{SNR}=\frac{P_{\mathrm{t}}G_{\mathrm{T}}G_{\mathrm{R}}\lambda^{2}\sigma^{0}\rho_{\tau}^{G}\rho_{\mathrm{t}}^{G}F_{\mathrm{T}}^{2}F_{\mathrm{R}}^{2}}{(4\pi)^{3}(R_{\mathrm{T}}R_{\mathrm{R}})^{2}kT_{0}B_{\mathrm{n}}F_{0}L_{\mathrm{s}}\sin\alpha_{\mathrm{D}}}N_{\mathrm{t}}N_{\tau} \tag{2.34}$$

由于有 $N_{\tau}=B_{\mathrm{r}}T_{\mathrm{R}}$，其中 T_{R} 为脉宽，B_{r} 为信号带宽，且 $B_{\mathrm{n}}=B_{\mathrm{r}}$；$P_{\mathrm{t}}=P_{\mathrm{av}}/(F_{\mathrm{r}}T_{\mathrm{R}})$，$P_{\mathrm{av}}$ 为平均发射功率，F_{r} 为脉冲重复频率；F_{0} 为噪声系数；另有 $N_{\mathrm{t}}=B_{\mathrm{a}}T_{\mathrm{a}}$，其中 T_{a} 为合成孔径时间，B_{a} 为多普勒信号带宽。所以可得以平均功率表示的双基 SAR 图像信噪比方程为

$$\mathrm{SNR}=\frac{P_{\mathrm{av}}G_{\mathrm{T}}G_{\mathrm{R}}\lambda^{2}\sigma^{0}\rho_{\tau}^{G}\rho_{\mathrm{t}}^{G}F_{\mathrm{T}}^{2}F_{\mathrm{R}}^{2}}{(4\pi)^{3}(R_{\mathrm{T}}R_{\mathrm{R}})^{2}kT_{0}F_{0}L_{\mathrm{s}}F_{\mathrm{r}}\sin\alpha_{\mathrm{D}}}B_{\mathrm{a}}T_{\mathrm{a}} \tag{2.35}$$

从中可以看出，双基 SAR 图像信噪比与收发距离乘积平方成反比。在给定信噪比要求的条件下，利用大的发射天线增益或接收站抵近观测的工作模式，可以放宽接收天线增益要求，从而可以降低接收子系统的天线尺寸，增强机载接收站的平台适装性。由于ρ_{t}^{G} 和ρ_{τ}^{G} 与双基 SAR 几何构型等存在一定关联性，远比单基侧视 SAR 复杂，可根据双基 SAR 的不同构型做进一步的改写。

式(2.35)即为用平均功率表示的双基 SAR 图像信噪比方程，可用于计算特定几何构型条件下的图像信噪比，并以此为基础去计算系统辐射分辨力。

3. 双基 SAR 散射系数

式(2.35)中的 σ^{0} 可通过实际测量得到，或通过电磁散射理论计算进行预估。双基 SAR 观测的对象除人造物体外，通常都是地、海等随机粗糙表面。根据目标电磁散射理论，σ^{0} 由下式决定[5]

$$\sigma^{0}=\frac{4\pi}{A}\lim_{R_{\mathrm{R}}\to\infty}\left[R_{\mathrm{R}}^{2}\left|\frac{E_{\mathrm{s}}(\phi_{\mathrm{R}},\varphi_{\mathrm{R}})}{E_{\mathrm{i}}(\phi_{\mathrm{T}},\varphi_{\mathrm{T}})}\right|\right] \tag{2.36}$$

式中：A 为目标的面积；R_{R} 为接收机到目标的距离；$E_{\mathrm{s}}(\cdot)$ 和 $E_{\mathrm{i}}(\cdot)$ 分别为接收天线处的接收功率密度和目标处的入射功率密度；ϕ_{T} 和 ϕ_{R} 的定义如图 2.6 所示，分别为入射角和散射角；φ_{T} 和 φ_{R} 分别为发射机和接收机的方位角，它们的差值为相对方位角 ϕ_{S}。

这表明，σ^{0} 与系统工作频率、极化方式、入射角度、散射角度、地物介电常数、粗糙程度等因素有关。在双基 SAR 中，σ^{0} 与双基角 γ、平面偏转角等几何参

数有很强的依赖关系。σ^0 的计算问题,可以归结为电磁散射理论中的随机粗糙表面的双基散射建模问题。借助电磁散射理论中的积分方程方法,可以给出 σ^0 的计算方法,从而为系统设计、构型设计、辐射分辨性能评估等提供必要的理论依据。

图2.6中随机粗糙表面高度起伏为 $z=Z(x,y)$,描述其随机性的统计量有:高度起伏概率密度函数 $p(z)$、均方根高度 δ_z、高度起伏相关函数 $G(l)$、相关系数 $\rho(l)$ 和相关长度 L。其中高度起伏概率密度函数 $p(z)$ 反映了高度起伏的分布情况;均方根高度 δ_z 反映了随机粗糙表面高度起伏相对于均值的偏离程度。利用针式粗糙度测量板得到随机粗糙表面高度的一维离散数据,均方根高度 δ_z 可表示为

$$\delta_z = \sqrt{E[Z^2(x)] - \{E[Z(x))]\}^2} \tag{2.37}$$

式中,由于粗糙表面高度起伏函数 $Z(x,y)$ 各向同性,只需考虑一个方向高度起伏 $Z(x)$ 即可。高度起伏相关函数 $G(l)$ 衡量随机粗糙表面上任意两点高度的关联程度,可表示为

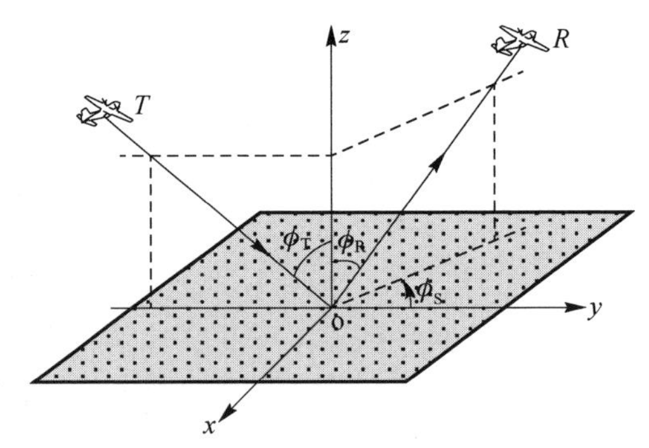

图2.6 雷达双基电磁散射的空间几何

$$G(l) = E[Z(x+l)Z(x)] \tag{2.38}$$

其相关系数可表示为

$$\rho(l) = G(l)/\delta_z^2 \tag{2.39}$$

而相关长度 L 为 $\rho(l)$ 下降到 e^{-1} 时 l 的值。L 在应用中被用作粗糙表面上两点相互独立的判决基准。

随机粗糙表面的介质参量用复介电常数 ε_r 表示。当介质为各向同性时,复介电常数 ε_r 可以表示为

$$\varepsilon_r = \varepsilon' - j\varepsilon'' \tag{2.40}$$

式中:ε' 为相对介电常数,表示介质的色散特性;ε'' 与入射电磁波在介质中的衰

减有关。对于大多数自然地表,复介电常数的虚部远小于实部。

对于特定的极化方式,基于积分方程模型[5],可以得到随机粗糙表面的双基 SAR 散射系数 σ^0 的具体表达式为

$$\sigma^0 = S(\phi_T, \phi_R)\frac{k^2}{2}\exp[-\delta_z^2(k_z^2 + k_{sz}^2)]\sum_{n=1}^{\infty}\delta_z^{2n}|I_{pp}^n|^2\frac{W^{(n)}(k_{sx} - k_x, k_{sy} - k_y)}{n!} \tag{2.41}$$

式中:k 为介质表面的波数;k_x、k_y 和 k_z 为入射方向波数分量;k_{sx}、k_{sy} 和 k_{sz} 为散射方向波数分量;$W^{(n)}$ 为表面相关函数 n 次方的傅里叶变换;$S(\phi_T, \phi_R)$ 为双基遮蔽函数,反映了粗糙面遮蔽处对散射的影响;I_{pp}^n 为极化散射项,具体形式可参考文献[5]。

积分方程模型从电场和磁场满足的积分方程出发,考虑了多次散射和遮蔽效应,可以用来计算不同粗糙度表面的散射系数,为研究地面及海面等随机粗糙表面的散射特性提供了数学工具。

这里给出几组典型参数下的随机粗糙表面双基 SAR 散射系数 σ^0 的计算结果,可以在实际应用中,作为双基 SAR 信噪比估算时 σ^0 的典型值来使用。

计算参数如表 2.1 所列,每组计算中,相对方位角 ϕ_s 连续变化。计算结果如图 2.7 所示。

表 2.1　随机粗糙表面双基 σ^0 的计算参数

	f/GHz	δ_z/cm	L/cm	ε_r	ϕ_T(°)	ϕ_R(°)
1	9.65	1.002	21.34	7	变量	70
2	9.65	1.002	21.34	7	70	变量

通过对以上计算结果进行分析,可以得到以下结论:

(1) VV 极化对入射角 ϕ_T 和散射角 ϕ_R 不及 HH 极化敏感。

(2) 对 HH 极化而言,适当增大入射角 ϕ_T 或减少散射角 ϕ_R,σ^0 相应增大,可以获得更大信噪比和较好分辨力。

(3) HH 极化和 VV 极化分别应使相对方位角 ϕ_S 避开图 2.7 中的凹口部分,避免 σ^0 过小,以利获得较高信噪比和辐射分辨力。

本节分析了影响双基 SAR 辐射分辨力的信噪比和散射系数等因素,给出了相应的计算公式,可以通过式(2.31)、式(2.35)与式(2.41),在已知极化方式、几何构型等参数的条件下,估算出特定双基 SAR 系统在特定工作模式下的辐射分辨力。

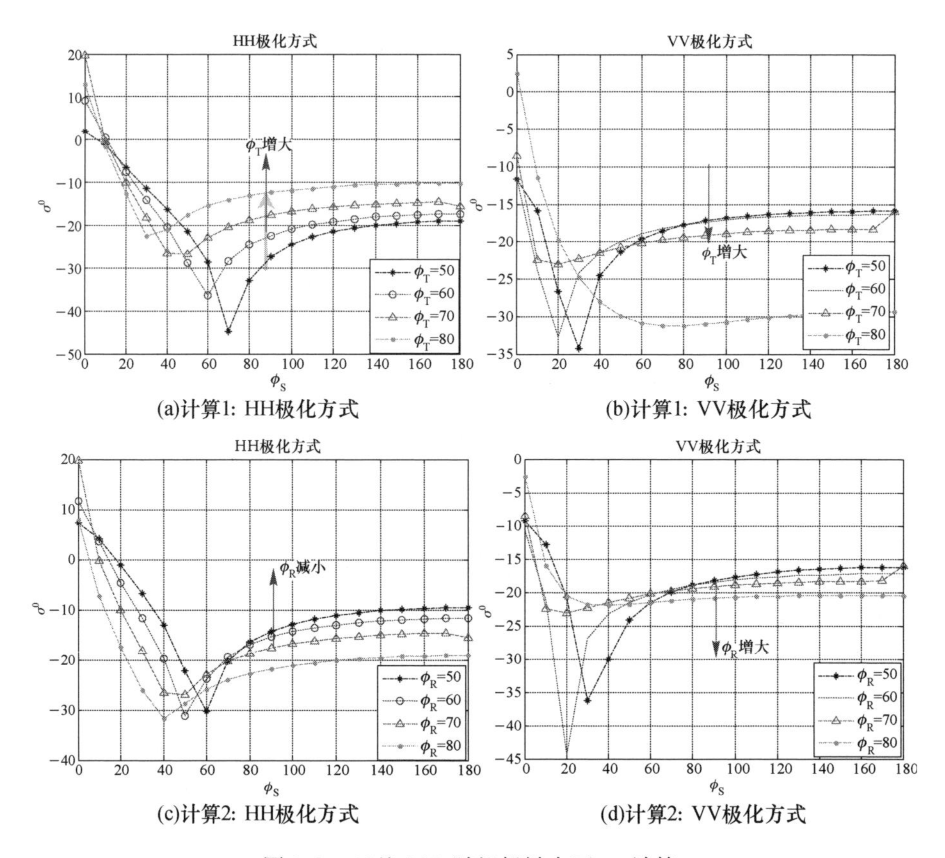

(a)计算1: HH极化方式　(b)计算1: VV极化方式

(c)计算2: HH极化方式　(d)计算2: VV极化方式

图 2.7　双基 SAR 随机粗糙表面 σ_0 计算

2.3　构型设计

构型设计是由双基 SAR 收发异站、空间自由度高、成像性能依赖于发射 - 接收 - 成像区之间几何构型关系而衍生出的新问题，对于双基 SAR 在实际应用中进行任务规划和保障成像性能具有重要的指导意义。

从双基 SAR 分辨特性的相关分析中可以看出，双基 SAR 的空间和辐射分辨性能，除了与发射功率、信号带宽、天线增益等系统参数有关外，还与收发站与目标间的相对位置关系、运动速度关系等几何结构参数密切相关。所以，在实际应用中，如何设计双基 SAR 的成像空间几何结构，以实现期望的空间分辨力和辐射分辨力等图像性能指标，是双基 SAR 应用中必须解决的问题。

2.3.1　构型设计准则

所谓构型设计是指，如何确定系统模式参数、收发几何关系和平台速度矢量关系，使得双基 SAR 在满足双基角等应用约束的条件下，达到预定的空间分辨力、辐射分辨力和测绘带宽等图像性能指标[6]。

由前述分析可知，双基 SAR 的空间分辨力和辐射分辨力，与收发站及目标地域的几何构型及相对运动参数密切相关。要得到期望的成像性能指标，需要相应的几何结构和平台运动参数，所以这些参数存在一个合理设计的问题。由于相关参数较多，相互间又存在一定的关联性，在构型和速度参数设计中，需要选择一个最小参数集合，来代表所有参数。参数集的选择，一般需要满足以下三个条件：①可以确定唯一的系统构型；②相互独立；③数量尽量少。

在图 2.8 的双基 SAR 空间几何构型中，T 和 R 分别代表发射站和接收站，它们的运动速度矢量为 $\boldsymbol{v}_{\mathrm{T}}$ 和 $\boldsymbol{v}_{\mathrm{R}}$，与直角坐标系原点的斜距分别记为 $R_{\mathrm{T}}(t)$ 和 $R_{\mathrm{R}}(t)$；γ^{G} 为双基角的地面投影，ϕ_{S} 的定义如图 2.6 所示；ϕ_{T} 和 ϕ_{R} 分别为入射角和散射角；α 为两个平台飞行方向的夹角。

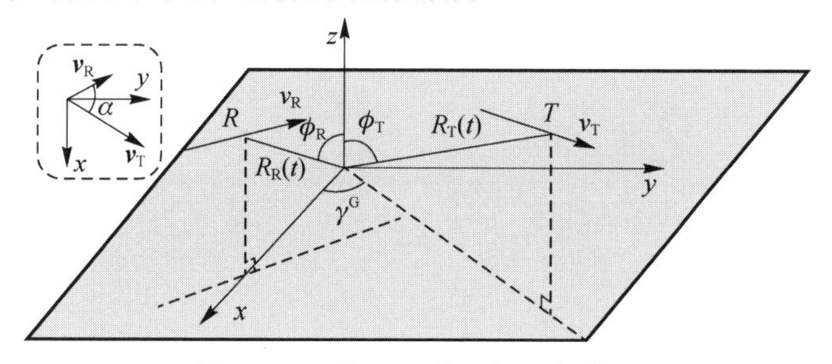

图 2.8　双基 SAR 的空间几何关系

采用上述参数集合选择，可以将双基 SAR 空间和辐射分辨力 γ_{n}、ρ_{τ}^{G}、$\rho_{\mathrm{t}}^{\mathrm{G}}$、$\alpha_{\mathrm{D}}$ 以及 SNR 等表达式转化为 γ^{G}、ϕ_{R}、ϕ_{T} 和 α 等主要几何结构参数的非线性函数[7]。

$$\begin{cases}\rho_{\tau}^{\mathrm{G}}=F_1\{\gamma^{\mathrm{G}},\phi_{\mathrm{R}},\phi_{\mathrm{T}}\}\\ \rho_{\mathrm{t}}^{\mathrm{G}}=F_2\{\gamma^{\mathrm{G}},\phi_{\mathrm{R}},\phi_{\mathrm{T}},\alpha\}\\ \alpha_{\mathrm{D}}=F_3\{\gamma^{\mathrm{G}},\phi_{\mathrm{R}},\phi_{\mathrm{T}},\alpha\}\\ \mathrm{SNR}=F_4\{\gamma^{\mathrm{G}},\phi_{\mathrm{R}},\phi_{\mathrm{T}},\alpha\}\end{cases}\tag{2.42}$$

式中：函数 $F_i(\cdot)$ 的具体形式可以通过空间分辨力和图像信噪比计算公式得到。

而构型及运动参数的设计问题，在实际应用中，通常是给定若干已知参数和成像性能要求的情况下，求解其他参数的过程。例如，期望成像性能包括时延地距分辨力 ρ_{τ}^{G}、多普勒地距分辨力 $\rho_{\mathrm{t}}^{\mathrm{G}}$、时延与多普勒地距分辨方向夹角 α_{D} 以及信噪比 SNR；而接收站的斜距、入射角以及速度已经给定；需要设计的空间几何结构参数仅为 γ^{G}、ϕ_{T} 和 α。

这类问题可以转化为如下多元非线性方程组求解问题，即

$$
\begin{bmatrix} f_1(\boldsymbol{x}) \\ f_2(\boldsymbol{x}) \\ f_3(\boldsymbol{x}) \\ f_4(\boldsymbol{x}) \end{bmatrix} = \begin{bmatrix} F_1(\phi_{\mathrm{T}},\gamma^{\mathrm{G}}) - \rho_{\tau}^{\mathrm{G}} \\ F_2(\phi_{\mathrm{T}},\gamma^{\mathrm{G}},\alpha) - \rho_{\mathrm{t}}^{\mathrm{G}} \\ F_3(\phi_{\mathrm{T}},\gamma^{\mathrm{G}},\alpha) - \alpha_{\mathrm{D}} \\ F_4(\phi_{\mathrm{T}},\gamma^{\mathrm{G}},\alpha) - \mathrm{SNR} \end{bmatrix} = \begin{bmatrix} 0 \\ 0 \\ 0 \\ 0 \end{bmatrix} \tag{2.43}
$$

式中:$\boldsymbol{x}=(\phi_{\mathrm{T}},\gamma^{\mathrm{G}},\alpha)$。该多元非线性方程组的解,就是满足成像指标的双基空间几何结构。

2.3.2 构型设计方法

如前所述,构型设计问题,就是寻找上述多元非线性方程组的解。然而,该非线性方程组的解个数并不唯一。从数学上看,这类问题可采用数值计算的方法进行求解,而优化方法是一个较好的途径[6]。为此,将上述非线性方程组转化为多目标函数约束优化问题,即

$$
\begin{cases} \underset{\boldsymbol{x}}{\arg\min} F_1(\boldsymbol{x}) = \phi_{\mathrm{T}} + \sum_{i=1}^{4} f_1 |\boldsymbol{x}| \\ \underset{\boldsymbol{x}}{\arg\min} F_2(\boldsymbol{x}) = 1 - \phi_{\mathrm{T}} + 4\max(|f_1(\boldsymbol{x})|, |f_2(\boldsymbol{x})|, |f_3(\boldsymbol{x})|, |f_4(\boldsymbol{x})|) \end{cases}, \text{s. t.} \begin{cases} \phi_{\mathrm{T}} \in D_{\phi_{\mathrm{T}}} \\ \gamma^{\mathrm{G}} \in D_{\gamma^{\mathrm{G}}} \\ \alpha \in D_{\alpha} \end{cases} \tag{2.44}
$$

式中:$D_{\phi_{\mathrm{T}}}$、$D_{\gamma^{\mathrm{G}}}$和 D_{α} 分别为参数 ϕ_{T}、γ^{G} 和 α 的可取值范围。

通过对上述优化问题的求解,即可得到满足特定成像性能的构型参数最佳逼近值。求解的方法,在数学上可采用多目标遗传算法 NSGAII[8]。据此,可得到该构型设计方法流程,如图 2.9 所示。

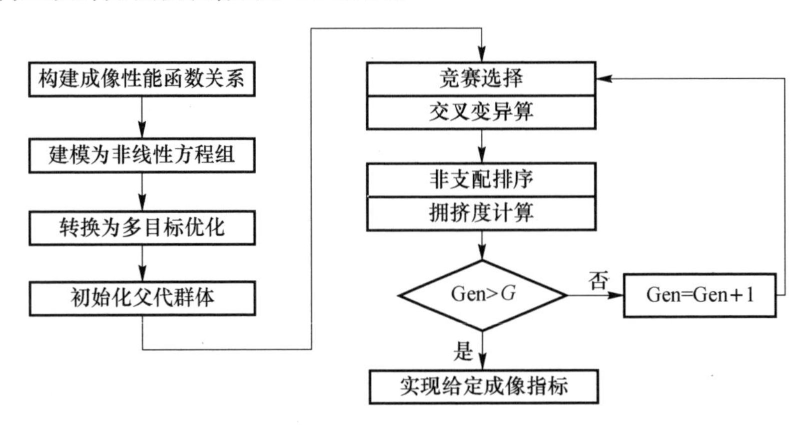

图 2.9 构型设计方法流程图

图 2.9 中:Gen 为多目标遗传算法中迭代次数;G 为最大迭代次数。

这里通过一个实例，说明这种构型设计方法的有效性。假设要求时延地距分辨力$\rho_{\tau}^{G}=1\text{m}$，方位地距分辨力$\rho_{t}^{G}=1.6\text{m}$，分辨方向之间的夹角$\alpha_{D}=90°$以及图像信噪比 SNR = 10dB，其他已知参数如表 2.2 所列。

根据上述构型设计方法，可求解满足上述要求的双基空间几何构型参数。表 2.3 给出了求解出的 6 组几何构型参数及其对应的成像性能指标。

表 2.2　仿真参数

载频	10GHz	噪声系数	4dB	合成孔径时间	2s
带宽	300MHz	占空比	0.4	电磁参数	
峰值功率	1000W	接收站高度	10km	均方根高度	1.002cm
噪声温度	300K	接收站入射角	60°	相关长度	21.34cm
发射天线增益	20.8dB	接收站速度	(0,200,0)m/s	介电常数	7
接收天线增益	20.8dB	发射站高度	10km	极化方式	HH
传播损耗	3.5dB	发射站速度大小	200m/s	分布律	指数

表 2.3　几何构型参数与成像性能

构型设计	参数			成像性能			
	发射站入射角/(°)	双基角/(°)	速度夹角/(°)	时延分辨力/m	多普勒分辨力/m	分辨力夹角/(°)	信噪比/dB
1	46.3758	115.0891	-59.9547	1.0283	1.5912	89.9385	10.3256
2	45.4026	245.3092	59.9947	1.0272	1.5890	90.2252	10.5720
3	45.1193	114.0097	-59.8747	1.0285	1.5951	90.0966	10.0414
4	46.7136	244.8724	59.9645	1.0268	1.6137	89.9893	10.1218
5	46.6455	244.8724	59.9478	1.0264	1.6089	90.0031	10.1708
6	45.7310	114.9524	-59.9547	1.0272	1.5890	90.0052	10.7652

可以看出，表 2.3 中的 6 组解都可以实现预定的成像性能指标。为了进一步验证这些解的有效性，根据上述前三种空间几何构型，分别生成双基 SAR 回波，并用时域反投影算法进行成像处理，结果如图 2.10 所示。

从图 2.10 中可以看出，根据该方法求解出的双基 SAR 空间几何构型可以实现给定的空间分辨力。在实际应用中，可根据允许的飞行空域和飞行的便利性，从这 6 种解中选择一种。

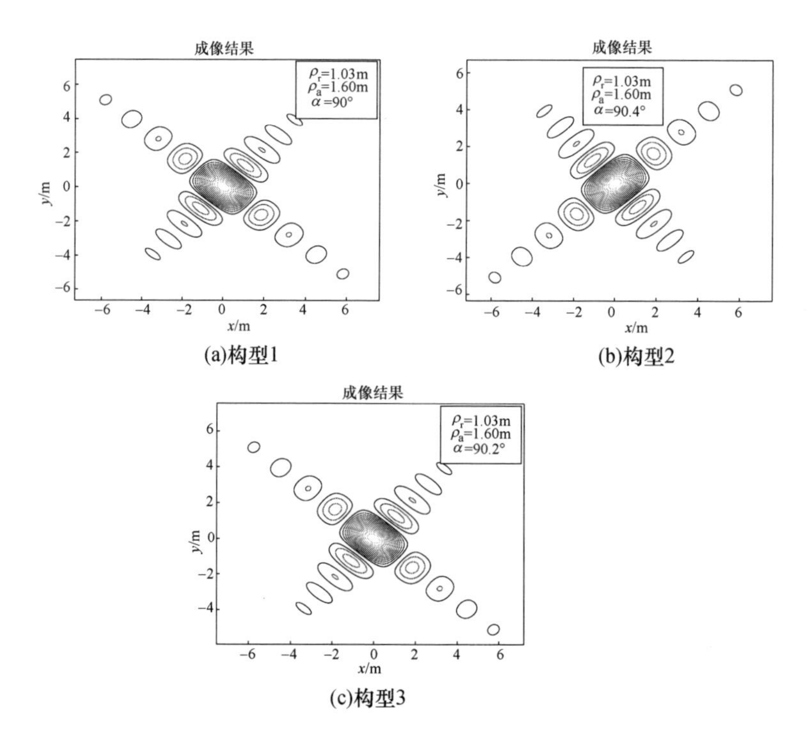

图 2.10　几种构型的散射点图像域响应(见彩图)

2.4　回波模型

研究双基 SAR 回波模型的目的,是在快慢时间二维时域及其变换域得到式(2.4)中散射点回波 $h(t,\tau;x,y)$ 的简捷实用和较精确的数学表达式,以便分析掌握双基 SAR 回波特殊的时延徙动和多普勒变化规律,以及独特的二维空变和耦合等特性,从而为构建高效、高精度的成像算法奠定理论基础。

本节首先给出双基 SAR 的均值斜距历史和多普勒变化历程的数学模型,并分析其特点;然后导出双基 SAR 散射点回波的二维时域和二维频域解析表达式,即时域和频域回波模型。其中的散射点回波二维频谱模型——广义双基 Loffeld 模型,可以很好地支撑双基 SAR 频域快速成像算法的构建。

2.4.1　均值斜距历史

在双基 SAR 中,从发射到接收,电磁波需要经历由发射站到目标,再由目标到接收站的两段传播过程,这两段传播路径的长度分别称为发射斜距和接收斜距,它们的平均值称均值斜距,而均值斜距的变化过程称为均值斜距历史。均值斜距对回波时延会产生决定性影响,因此理解均值斜距的变化历程和规律及其影响因素，对掌握回波时延变化规律具有重要作用。

如图 2.11 所示，设发射站 T 和接收站 R 分别以速度 v_{T} 和 v_{R} 沿着各自航路匀速直线运动，坐标为 (x,y) 的散射点 P 与发射站和接收站的航路捷径分别为 r_{T} 和 r_{R}，发射站和接收站到达航路捷径点的时刻分别为 t_{T} 和 t_{R}，则 t 时刻的发射斜距 $r_{\mathrm{T}}(t)$ 和接收斜距 $r_{\mathrm{R}}(t)$ 分别表示为

$$r_{\mathrm{T}}(t)=\sqrt{r_{\mathrm{T}}^{2}+v_{\mathrm{T}}^{2}(t-t_{\mathrm{T}})^{2}}\qquad r_{\mathrm{R}}(t)=\sqrt{r_{\mathrm{R}}^{2}+v_{\mathrm{R}}^{2}(t-t_{\mathrm{R}})^{2}}\tag{2.45}$$

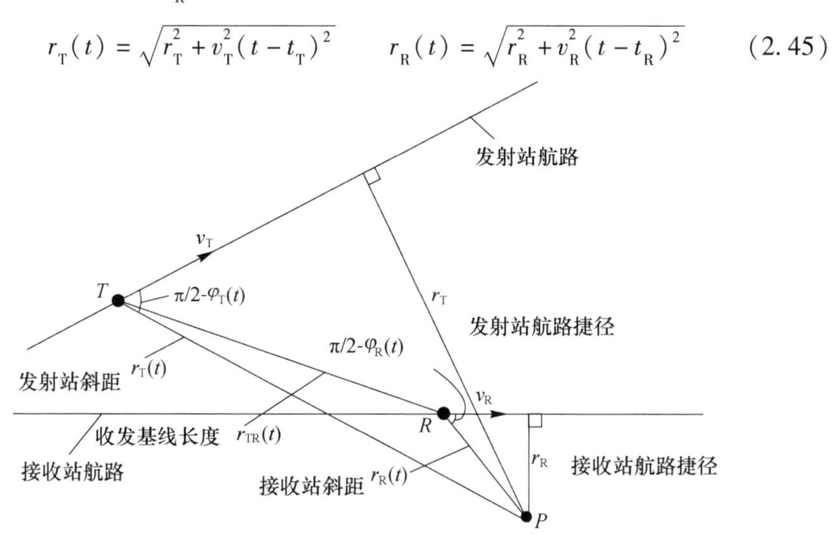

图 2.11　散射点与收发站的均值斜距

它们在图 2.12 的斜距 - 时间平面中，均为双曲线形态（或称为 U 形线），其开口宽度由平台速度决定，而双曲线顶点对应于航路捷径和航路捷径到达时刻。散射点 P 的均值斜距 $r_{P}(t)$ 可表示为双根式之和的形式，即

$$r_{P}(t)=\left[\sqrt{r_{\mathrm{T}}^{2}+v_{\mathrm{T}}^{2}(t-t_{\mathrm{T}})^{2}}+\sqrt{r_{\mathrm{R}}^{2}+v_{\mathrm{R}}^{2}(t-t_{\mathrm{R}})^{2}}\right]/2\tag{2.46}$$

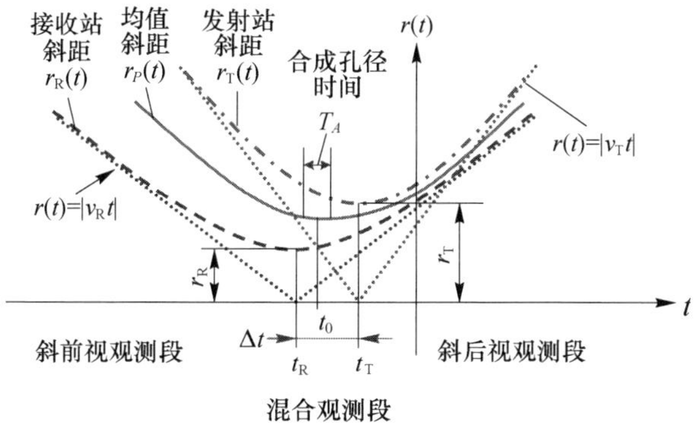

图 2.12　点目标斜距均值变化规律

因此，$r_P(t)$在斜距－时间平面上不再是单基SAR的双曲线形态，而是由不同顶点位置高度和开口宽度的两条双曲线的均值形成的平底双曲线（或称为V形域），其变化规律由两个平台的速度、航路捷径和航路捷径到达时刻共6个参数决定。相应地，点目标P的回波时延$\tau_P(t)$可表示为

$$\tau_P(t)=\left[\sqrt{r_{\mathrm{T}}^2+v_{\mathrm{T}}^2(t-t_{\mathrm{T}})^2}+\sqrt{r_{\mathrm{R}}^2+v_{\mathrm{R}}^2(t-t_{\mathrm{R}})^2}\right]/c \tag{2.47}$$

$\tau_P(t)$在慢时间－快时间平面也表现为平底双曲线形态，通常将该曲线称为时延徙动轨迹，它具有明显不同于单基SAR的时延徙动规律。

然而，在实际回波录取过程中，由于天线波束调制效应，$\tau_P(t)$对应的平底双曲线只有一小段被雷达观测到。可见的曲线段在整个平底双曲线上的位置，由收发波束共同照射P点的起止时刻均值t_0决定，而曲线段的时间跨度则由收发波束共同照射P点的持续时间T_{A}（即合成孔径时间）决定。因此，在快慢时间平面上，各脉冲回波包络中心在快时间轴上的位置随慢时间变化形成的轨迹，将表现为倾斜和弯曲状。

将式(2.47)在t_0时刻进行泰勒级数展开，可以得到

$$\tau_P(t)=\tau_0+k_{\mathrm{t}}(t-t_0)+\mu_{\mathrm{t}}(t-t_0)^2+\cdots \tag{2.48}$$

式中

$$\tau_0=\tau_P(t_0)=\tau_P(t)=\left[\sqrt{r_{\mathrm{T}}^2+v_{\mathrm{T}}^2(t_0-t_{\mathrm{T}})^2}+\sqrt{r_{\mathrm{R}}^2+v_{\mathrm{R}}^2(t_0-t_{\mathrm{R}})^2}\right]/c \tag{2.49}$$

$$k_{\mathrm{t}}=\frac{v_{\mathrm{T}}^2(t_0-t_{\mathrm{T}})}{c\sqrt{r_{\mathrm{T}}^2+v_{\mathrm{T}}^2(t_0-t_{\mathrm{T}})^2}}+\frac{v_{\mathrm{R}}^2(t_0-t_{\mathrm{R}})}{c\sqrt{r_{\mathrm{R}}^2+v_{\mathrm{R}}^2(t_0-t_{\mathrm{R}})^2}} \tag{2.50}$$

$$\mu_{\mathrm{t}}=\frac{v_{\mathrm{T}}^2r_{\mathrm{T}}^2}{2c\left[r_{\mathrm{T}}^2+v_{\mathrm{T}}^2(t_0-t_{\mathrm{T}})^2\right]^{3/2}}+\frac{v_{\mathrm{R}}^2r_{\mathrm{R}}^2}{2c\left[r_{\mathrm{R}}^2+v_{\mathrm{R}}^2(t_0-t_{\mathrm{R}})^2\right]^{3/2}} \tag{2.51}$$

分别为时延徙动轨迹的时延均值、走动斜率和弯曲程度。

时延徙动轨迹的倾斜部分对应于一次项，称为时延走动；弯曲对应于二次及其以上的项。一般直接将二次项对应的徙动称为时延弯曲，这意味着忽略更高次项的影响。当然，高次项的影响是否可以忽略，还要视具体工作模式而定。

由式(2.50)可以看出，当收发平台速度矢量夹角不大于$\pi/2$，当t_0介于t_{T}和t_{R}之间时，走动斜率通常较小，对应于斜后视－斜前视联合观测方式；当t_0大于t_{T}和t_{R}时，走动斜率为正，对应于斜后视观测方式；当t_0小于t_{T}和t_{R}时，走动斜率为负，对应于斜前视观测方式。而且，t_0与t_{T}和t_{R}差值越大，走动斜率也越高，对应的观测斜视角越大。极限走动斜率为$\pm(v_{\mathrm{T}}+v_{\mathrm{R}})/c$，对应于正前视或正后视观测模式。而当$t_0=t_{\mathrm{T}}=t_{\mathrm{R}}$时，走动斜率为0，对应于侧视观测模式。

如图2.13所示，设$w_P(t_0)$和$C_P(t_0)$为合成孔径时间T_{A}内的时延徙动的走动与弯曲量，则由式(2.50)和式(2.51)可以推算出$w_P(t_0)$和$C_P(t_0)$表达式，即

$$w_P(t_0) = k_t T_A = \frac{v_T^2(t_0 - t_T)T_A}{c\sqrt{r_T^2 + v_T^2(t_0 - t_T)^2}} + \frac{v_R^2(t_0 - t_R)T_A}{c\sqrt{r_R^2 + v_R^2(t_0 - t_R)^2}} \tag{2.52}$$

$$C_P(t_0) = \frac{1}{4}\mu\_tT_A^2 = \frac{v_T^2 r_T^2 T_A^2}{8c[r_T^2 + v_T^2(t_0 - t_T)^2]^{3/2}} + \frac{v_R^2 r_R^2 T_A^2}{8c[r_R^2 + v_R^2(t_0 - t_R)^2]^{3/2}} \tag{2.53}$$

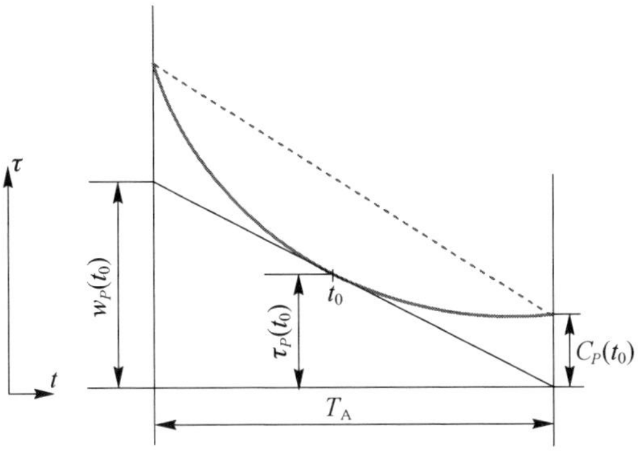

图 2.13　时延徙动的走动与弯曲示意图

如果时延徙动量超过发射信号带宽 B_R 的倒数，即超过时延分辨单元尺度 $1/B_R$ 时，在构造频域成像处理算法时，就需要根据走动斜率对时延走动进行扳平，并按弯曲程度对时延弯曲进行校直操作（即徙动校正和弯曲校正），以便实现降维处理，提高算法效率。通常，对于斜前视或斜后视模式，走动校正是必须进行的操作，而弯曲校正的必要性则需要根据实际情况进行评估。

2.4.2　多普勒历程

斜距均值的变化，不仅引起回波时延变化，而且引起回波相位变化，从而形成随时间变化的多普勒信号。回波多普勒频率及其时变性集中反映了回波相位随慢时间变化的规律和参数。因此理解回波瞬时频率变化历程和影响因素，对于掌握回波变化规律，构造二维相关运算所需要的归一化回波，具有重要作用。

根据物理学原理，若雷达工作波长为 λ，则回波多普勒频率 $f_P(t) = -2r_p'(t)/\lambda$。于是，根据式（2.46）可以得到

$$f_P(t)=\frac{1}{2}f_{\mathrm{T}}(t)+\frac{1}{2}f_{\mathrm{R}}(t) \tag{2.54}$$

式中

$$f_{\mathrm{T}}(t)=-\frac{2v_{\mathrm{T}}^2(t-t_{\mathrm{T}})}{\lambda\sqrt{r_{\mathrm{T}}^2+v_{\mathrm{T}}^2(t-t_{\mathrm{T}})^2}};\quad f_{\mathrm{R}}(t)=-\frac{2v_{\mathrm{R}}^2(t-t_{\mathrm{R}})}{\lambda\sqrt{r_{\mathrm{R}}^2+v_{\mathrm{R}}^2(t-t_{\mathrm{R}})^2}} \tag{2.55}$$

由式(2.54)和式(2.55)可见,在双基 SAR 中,回波多普勒频率由发射多普勒频率$f_{\mathrm{T}}(t)$和接收多普勒频率$f_{\mathrm{R}}(t)$共同产生,且为两者的等权平均值。对于不同的双基 SAR 构型,收发平台对回波的多普勒及多普勒变化率的贡献可能会出现很大差异,这种现象称为非对称多普勒贡献。根据图 2.14 和式(2.54),由于平台相对于 P 点由远及近,再由近及远地运动,$f_{\mathrm{T}}(t)$将经历$+2v_{\mathrm{T}}/\lambda \sim -2v_{\mathrm{T}}/\lambda$ 的变化历程,$f_{\mathrm{R}}(t)$将经历$+2v_{\mathrm{R}}/\lambda \sim -2v_{\mathrm{R}}/\lambda$ 的变化历程,并在 t_{T} 和 t_{R} 时刻多普勒频率为 0,多普勒变化率取 $-2v_{\mathrm{T}}^2/\lambda r_{\mathrm{T}}$ 和 $-2v_{\mathrm{R}}^2/\lambda r_{\mathrm{R}}$。而回波多普勒变化$f_P(t)$曲线为$f_{\mathrm{T}}(t)$和$f_{\mathrm{R}}(t)$曲线的均值。因此,收发平台速度、航路捷径及航路捷径到达时刻及其他的相互关系,对回波多普勒频率的变化历程具有决定性影响。

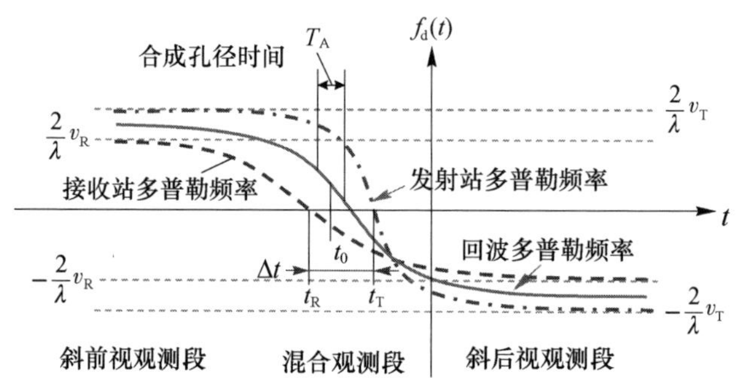

图 2.14　回波多普勒频率变化规律

另一方面,由于 P 点被收发波束共同照射有限持续时间,$f_P(t)$曲线的可观测宽度为合成孔径时间 T_{A},而可观测曲线路径的中心位置为收发波束共同照射的起止时刻中值 t_0。因此,$f_P(t)$通常接近于线性调频信号。将式(2.54)在 t_0 点进行泰勒级数展开,得到

$$f_P(t)=f_{P0}+\frac{1}{2}\mu_{\mathrm{A}}t^2+kt^3+\cdots \tag{2.56}$$

式中

$$f_{P0}=\frac{-v_{\mathrm{T}}^2t_{\mathrm{T}}}{\lambda\sqrt{r_{\mathrm{T}}^2+v_{\mathrm{T}}^2t_{\mathrm{T}}^2}}+\frac{-v_{\mathrm{R}}^2t_{\mathrm{R}}}{\lambda\sqrt{r_{\mathrm{R}}^2+v_{\mathrm{R}}^2t_{\mathrm{R}}^2}} \tag{2.57}$$

$$\mu_A = \frac{v_T^2 r_T^2}{\lambda(r_T^2 + v_T^2 t_T^2)^{3/2}} + \frac{v_R^2 r_R^2}{\lambda(r_R^2 + v_R^2 t_R^2)^{3/2}} \tag{2.58}$$

$$k = \frac{3v_T^4 r_T^2 t_T}{2\lambda(r_T^2 + v_T^2 t_T^2)^{\frac{5}{2}}} + \frac{3v_R^4 r_R^2 t_R}{2\lambda(r_R^2 + v_R^2 t_R^2)^{\frac{5}{2}}} \tag{2.59}$$

分别为 t_0 时刻的多普勒质心、多普勒调频率和多普勒三阶项。从以上公式和图 2.14 中可以看出，当 t_0 相当于 t_T 和 t_R 时，雷达工作于斜前视 – 斜后视混合工作模式，在 T_A 一定的条件下，多普勒信号具有较小的多普勒质心和较高的多普勒调频率，有较大的多普勒信号带宽和多普勒分辨能力；而当 t_0 远大于或远小于 t_T 和 t_R 时，分别对应于斜后视和斜前视工作模式，有较大的多普勒质心绝对值和较低的多普勒调频率绝对值，在 T_A 一定的条件下有较小的多普勒带宽和多普勒分辨能力。若要达到相同的多普勒分辨力，斜前视和斜后视工作模式需要更长的合成孔径时间 T_A。

对于 t_0 介于 t_T 和 t_R 的混合观测模式，多普勒曲线段斜率较大，达到所需的多普勒分辨力和带宽所需的合成孔径时间较短，$f_P(t)$ 曲线段通常可看做是线性的，从而可将多普勒信号建模为线性调频信号，这意味着忽略了二阶调频或三阶相位调制的影响。而对于 t_0 大于或小于 t_T 和 t_R 的斜视观测模式，由于 $f_P(t)$ 曲线段斜率较小，达到同样多普勒分辨力和带宽所需合成孔径时间较长，对应的 $f_P(t)$ 曲线段会有明显弯曲。因此，一般还需要考虑二阶调频或三阶相位调制的影响。

以上分析主要针对米级地距分辨力情况而言，从更准确的角度看，三阶相位调制是否需要在成像处理时加以考虑，需按下式进行定量评估

$$|kT_A^3| \leqslant \pi/4 \tag{2.60}$$

其物理意义是，在合成孔径时间内，三阶相位调制项引起的相位变化不会明显影响慢时间压缩时多普勒信号的同相叠加。

需要说明的是，式(2.45) ~ 式(2.59)是针对散射点 P 的相关公式，随着 P 点坐标(x,y)变化，这些公式的计算结果也会相应变化，即存在空变性，所以严格意义上讲，应以 x 和 y 为参变量。

根据 2.1.2 节中介绍的二维相关成像方法，合成孔径雷达正是根据回波在快 – 慢时间域中的徙动轨迹出现的位置，确定产生该回波的散射点的位置坐标，并根据发射信号基带波形、时延徙动轨迹形状和多普勒调频参数等，实现回波能量聚焦和散射强度估计，从而形成雷达图像。因此，可以认为，平台的运动带来的斜距均值变化，同时形成了两方面的结果，一是时延徙动，二是多普勒调频。前者虽可用于确定散射点位置坐标，但并不是对高效率成像处理的有利因素，在构建成像算法时，还必须着力消除其不利影响；后者则是慢时间回波能量聚集和

散射率估计的重要基础和有利因素。

2.4.3 时域回波模型

时域回波模型是通过适当的近似,以简捷和较精确的数学关系式描述回波幅相随快慢时间变化的历程,是时域成像算法的基础,也是构建频域模型的起点。前述两个小节对均值斜距历史和多普勒变化历程的分析,可用于时域模型的建立。

设雷达工作波长为 λ,光速为 c。当发射站和接收站各沿直线匀速运动时,目标域中位置坐标为(x,y)的散射点 P 与发射站和接收站的斜距 $r_{\mathrm{T}}(t;x,y)$ 和 $r_{\mathrm{R}}(t;x,y)$ 的均值 $r_P(t;x,y)=[r_{\mathrm{T}}(t;x,y)+r_{\mathrm{R}}(t;x,y)]/2$ 将随慢时间 t 发生变化,并同时引起各脉冲回波时延 $\tau_P(t;x,y)=2r_P(t;x,y)/c$ 和初始相位 $\varphi_{\mathrm{A}}(t;x,y)=-4\pi r_P(t;x,y)/\lambda$ 发生相应变化。需要说明的是,这里以 x 和 y 为参变量的原因,是回波时延变化和初始相位变化的规律和参数与散射点位置(x,y)密切相关,即回波具有空变性。

根据 2.4.1 节分析,随着 t 的变化,平台相对于 P 点由远及近然后又由近及远运动,P 点回波时延 $\tau_P(t;x,y)$ 在快–慢时间域会表现为图 2.12 所示的 U 字型徙动轨迹,但受波束调制和截断效应影响,在快–慢时间域通常只能观测到 U 字的一小段,该段中心时间为 t_0,时间跨度即为合成孔径时间 T_{A},所以,散射点在快–慢时间域回波覆盖区域一般呈现为倾斜和弯曲状。

与此同时,初始相位 $\varphi_{\mathrm{A}}(t;x,y)$ 变化形成慢时间调频信号,即多普勒信号,其瞬时频率 $f_{\mathrm{d}}(t;x,y)=-2r'_P(t;x,y)/\lambda$ 的变化规律如图 2.14 所示,其包络形状由天线方向图调制函数 $S_{\mathrm{A}}(t;x,y)$ 决定。这是因为,$s_{\mathrm{A}}(t;x,y)$ 与天线波束形状和扫描方式有关,它将会依据各散射点进出波束的时间、位置和过程,对其回波数据形成沿慢时间 t 方向的幅度调制和信号截断。

另一方面,当发射脉冲为调频信号时,对每个发射脉冲,P 点的回波都将在快–慢时间域的 τ 方向形成基带调频信号,即快时间调频信号,其包络形状和相位变化规律由发射脉冲的基带波形 $s_{\mathrm{R}}[\tau]\exp[\mathrm{j}\varphi_{\mathrm{R}}(\tau)]$决定,包络中心和相位中心由 $\tau_P(t;x,y)$决定。

因此,P 点的归一化回波 $h(t,\tau;x,y)$将成为变形的二维调频信号,其数学表达式为

$$h(t,\tau;x,y)=s_{\mathrm{R}}[\tau-\tau_P(t;x,y)]\exp\{\mathrm{j}\varphi_{\mathrm{R}}[\tau-\tau_P(t;x,y)]\}\cdot s_{\mathrm{A}}(t;x,y)\exp[\mathrm{j}\varphi_{\mathrm{A}}(t;x,y)] \tag{2.61}$$

根据式(2.3),观测区域 Ω 在双基 SAR 接收机中产生的回波 $s(t,\tau)$ 为该区域内所有散射点二维回波在观测区域 Ω 上的积分为

$$s(t,\tau)=\iint_{\Omega}\sigma_0(x,y)h(t,\tau;x,y)\,\mathrm{d}x\mathrm{d}y \tag{2.62}$$

在双基地 SAR 中，为获得大时宽带宽积，发射信号为线性或者非线性调频信号。而慢时间信号随观测模式、几何结构与合成孔径时间的变化而不同，一般也均可看作线性或者非线性调频信号。因此，散射点 P 的回波在快－慢时间平面上表现为变形的二维调频信号。根据不同模式，快时间调频信号的包络和相位中心时延 $\tau_P(t;x,y)$ 随慢时间 t 变化，呈现出不同的徙动规律，使 $\tau_P(t;x,y)$ 对应的曲线出现不同程度的倾斜和弯曲。图 2.15 给出了几种典型模式中，发射信号为负调频率时，散射点回波的实部图形，其中纵轴为快时间 τ，横轴为慢时间 t。可以看出，除覆盖区域呈现不同程度的倾斜和弯曲外，也呈现出由中心向外，或由一侧向另一侧逐渐密的环状条纹，当快、慢时间方向回波均可建模为线性调频信号时，条纹环数等于信号时带积的四分之一。需要指明的是，图中为展示等相位条纹，减小了快时间、慢时间调频信号的时带积。

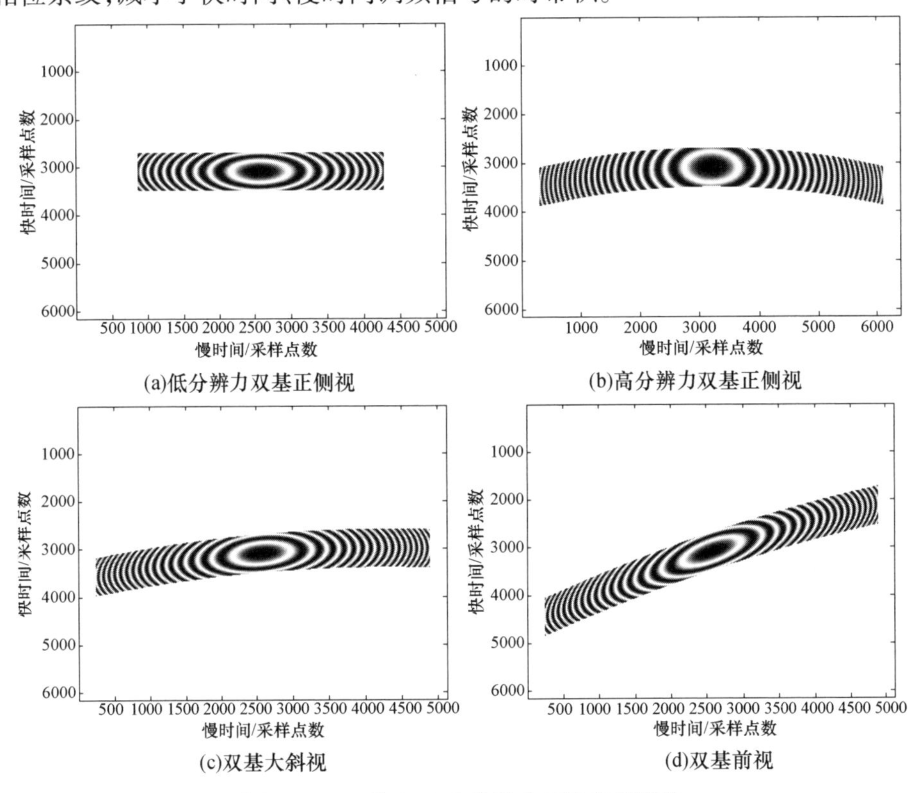

图 2.15　双基 SAR 中散射点回波实部图形

对于多个散射点情况，双基地 SAR 回波存在交叉性、耦合性以及空变性。其中，交叉性是指邻近散射点回波覆盖区域存在交叠现象。耦合性对应于时延徙动导致的回波覆盖区域倾斜和弯曲，以及相应的相位变化规律，在数学上表现为散射点回波包络和相位的数学表达式无法分拆为两个单变量因子的乘积，其中的单变量是指因子中只有快时间变量 τ 或只有慢时间变量 t。而空变性指回波规律和参数随散射点空间位置不同而发生变化。

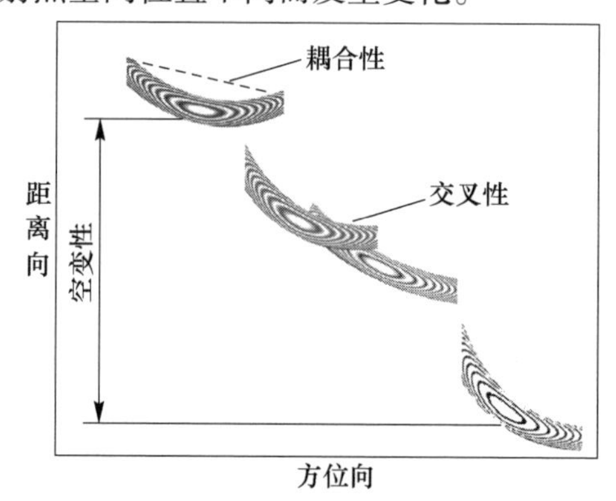

图 2.16　多散射点双基 SAR 回波示意图

实际上，双基 SAR 回波是由观测区内大量散射点回波叠加而成的一个看似无序的二维数据，如图 1.3(a) 所示。而成像处理的目的，正是要将看似无序的二维数据转化为有序的二维图像，如图 1.3(c) 所示。

式(2.4)时域成像方法正是将二维数据与各散射点的回波逐点匹配，从而使不同目标点回波实现聚焦。

2.4.4　频域回波模型

频域回波模型通过适当的近似，以较为简捷和足够精确的解析表达式表征散射点回波的二维频谱，以便掌握散射点回波在二维频域的幅相变化规律，理解不同散射点回波二维频谱之间的定量关系，支撑频域成像算法的构建，从而使信号处理机能够高效快速地完成成像处理，得到聚焦良好的二维图像。频域成像算法在并行度不高的平台计算设备中所消耗的时间远少于时域成像算法，而且便于嵌入参数估计和运动补偿，是目前工程应用中的主流成像算法。因此，构建回波频域模型就显得十分重要。

2.4.3 节的分析表明，双基 SAR 的回波属于快慢时间域中变形的二维调频信号，得到这种信号的二维频谱解析表达式的实质是求解二阶甚至高阶复指数函数的积分，这时就需要采用相位驻定原理，来简化调频信号积分的解析计算。而其关键是确定慢时间频率方向的相位驻定点。所谓相位驻定点是指积分内复指数信号相位的导数为零的时间点，该点及其附近时段的复指数信号取值能够决定积分值远超过其他时段，可用于近似求解这个高阶复指数函数的积分，这个过程称为相位驻定原理[9,10]。构建回波频谱模型的方法，就是采用相位驻定原理来得到回波二维频谱的较为简捷和足够精确的解析表达式。

双基 SAR 斜距均值历史有两个根式，分别来自于发射站和接收站，导致多普勒信号的相位调制比单基地 SAR 复杂很多。这就意味着在构建回波频域模型时，很难直接计算相位驻定点，也就不能直接应用相位驻定原理。目前为止，已主要发展出了两种二维频谱解析表达式计算方法，一个是 MSR[11]，另外一个是 LBF[12]。MSR 的结果为一个级数，形式复杂，不利于算法的推导；而传统 LBF 模型对双基 SAR 的构型适应性存在不足。本小节将给出一种广义 LBF 模型[13]，可足够精确地描述多种双基 SAR 构型的回波频谱。

1. 广义 LBF

对式(2.61)中的时域回波信号进行快时间 τ 方向的傅里叶变换后，可以得到

$$S(t,f_\tau)=S_0(f_\tau)\exp\left[-\mathrm{j}2\pi(f_\tau+f_0)\frac{r_{\mathrm{T}}(t)+r_{\mathrm{R}}(t)}{c}\right] \tag{2.63}$$

式中：f_τ 为快时间频率；$S_0(f_\tau)$ 为发射信号的频谱。式中为简化表述，略去了反映散射点位置的坐标(x,y)。

再对式(2.63)沿慢时间 t 方向进行傅里叶变换，即可得到散射点回波的二维频谱[14]

$$S_{2f}(f_t,f_\tau)=S_0(f_\tau)\int_{-\infty}^{+\infty}\exp[-\mathrm{j}\phi_{\mathrm{b}}(t)]\,\mathrm{d}t \tag{2.64}$$

式中

$$\phi_{\mathrm{b}}(t)=2\pi\left\{\frac{f_\tau+f_0}{c}[r_{\mathrm{T}}(t)+r_{\mathrm{R}}(t)+f_t t]\right\} \tag{2.65}$$

式中：f_t 为慢时间频率。

为了求解式(2.64)的解析表达式，需知道双基 SAR 的慢时间相位驻定点。通常，计算相位驻定点时，需要求被积分函数相位的一阶导数，而导数为零的时间点即为相位驻定点。然而，由于式(2.65)中的包含了两个根式 $r_{\mathrm{T}}(t)$ 和$r_{\mathrm{R}}(t)$，若直接求导并反解相位驻定点，则很难得到一个解析解。为此将被积分函数的相位 $\phi_{\mathrm{b}}(t)$分解为发射站和接收站对应的两部分，分别求解其相位驻定点，并导出了双基 SAR 系统的慢时间相位驻定点与收发站各自的慢时间相位驻定点的定量关系，进而求得双基 SAR 回波二维频谱的解析表达式。

1）慢时间相位驻定点

首先，将 $\phi_{\mathrm{b}}(t)$分解为发射站和接收站对应的两部分，即

$$\phi_{\mathrm{T}}(t)=2\pi\left\{\frac{f_\tau+f_0}{c}[r_{\mathrm{T}}(t)+f_{t\mathrm{T}}t]\right\} \tag{2.66}$$

$$\phi_{\mathrm{R}}(t)=2\pi\left\{\frac{f_{\tau}+f_{0}}{c}\left[r_{\mathrm{R}}(t)+f_{\mathrm{tR}}t\right]\right\} \tag{2.67}$$

式中:f_{tT}和f_{tR}分别为发射站和接收站各自贡献的多普勒频率,具体表达式见式(2.85)和式(2.86)。

再令 $\phi'_{\mathrm{T}}(t)=0$ 和 $\phi'_{\mathrm{R}}(t)=0$ 并分别求解,则可以得到对应于发射站和接收站的相位驻定点,即

$$\hat{t}_{PT}=\frac{r_{0\mathrm{T}}\sin\theta_{\mathrm{sT}}}{v_{\mathrm{T}}}-\frac{cr_{0T}\cos\theta_{\mathrm{sT}}f_{\mathrm{tT}}}{v_{\mathrm{T}}^{2}F_{\mathrm{T}}} \tag{2.68}$$

$$\hat{t}_{PR}=\frac{r_{0\mathrm{R}}\sin\theta_{\mathrm{sR}}}{v_{\mathrm{R}}}-\frac{cr_{0\mathrm{R}}\cos\theta_{\mathrm{sR}}f_{\mathrm{tR}}}{v_{\mathrm{R}}^{2}F_{\mathrm{R}}} \tag{2.69}$$

式中:θ_{sT}和θ_{sR}分别为发射站与接收站波束中心的斜视角;$r_{0\mathrm{T}}$和$r_{0\mathrm{R}}$为发射站与接收站的零时刻斜距;v_{T}、v_{R}为发射站与接收站运动速度,且

$$F_{\mathrm{T}}=\sqrt{(f_{\tau}+f_{0})^{2}-\left(\frac{cf_{\mathrm{tT}}}{v_{\mathrm{T}}}\right)^{2}} \tag{2.70}$$

$$F_{\mathrm{R}}=\sqrt{(f_{\tau}+f_{0})^{2}-\left(\frac{cf_{\mathrm{tR}}}{v_{\mathrm{R}}}\right)^{2}} \tag{2.71}$$

然后,将$\phi_{\mathrm{T}}(t)$和$\phi_{\mathrm{R}}(t)$分别在$\hat{t}_{PT}$和$\hat{t}_{PR}$处进行泰勒展开,保留到二阶项,则有

$$\begin{aligned}S_{2f}(f_{\mathrm{t}},f_{\tau})&=S_{0}(f_{\tau})\exp\left[-\mathrm{j}\phi_{\mathrm{T}}(\hat{t}_{PT})-\mathrm{j}\phi_{\mathrm{R}}(\hat{t}_{PR})\right]\\&\times\int_{-\infty}^{+\infty}\exp\left[-\frac{\mathrm{j}}{2}\phi''_{\mathrm{T}}(\hat{t}_{PT})(t-\hat{t}_{PT})^{2}-\frac{\mathrm{j}}{2}\phi''_{\mathrm{R}}(\hat{t}_{PR})(t-\hat{t}_{PR})^{2}\right]\mathrm{d}t\end{aligned} \tag{2.72}$$

式中:$\phi''_{\mathrm{T}}(\hat{t}_{PT})$和$\phi''_{\mathrm{R}}(\hat{t}_{PR})$分别为$\phi_{\mathrm{T}}(t)$和$\phi_{\mathrm{R}}(t)$在$\hat{t}_{PT}$和$\hat{t}_{PR}$处的二阶导数。

将式(2.72)积分号内的相位进行求导并令导数为零,可以得到双基 SAR 系统的相位驻定点,即

$$\hat{t}_{P\mathrm{b}}=\frac{\phi''_{\mathrm{R}}(\hat{t}_{PR})\hat{t}_{PR}+\phi''_{\mathrm{T}}(\hat{t}_{PT})\hat{t}_{PT}}{\phi''_{\mathrm{R}}(\hat{t}_{PR})+\phi''_{\mathrm{T}}(\hat{t}_{PT})} \tag{2.73}$$

下面将导出收发站慢时间相位驻定点与双基 SAR 系统的慢时间相位驻定点之间的关系。

理论上,发射站和接收站各自贡献的多普勒频率分别可以写为

$$f_{\mathrm{tT}}(f_{\mathrm{t}})=\frac{v_{\mathrm{T}}\sin\theta_{\mathrm{sT}}(f_{\mathrm{t}})(f+f_{0})}{c} \tag{2.74}$$

$$f_{t\mathrm{R}}(f_{\mathrm{t}})=\frac{v_{\mathrm{R}}\sin\theta_{\mathrm{sR}}(f_{\mathrm{t}})(f+f_{0})}{c} \tag{2.75}$$

式中:$\theta_{\mathrm{sT}}(f_{\mathrm{t}})$和$\theta_{\mathrm{sR}}(f_{\mathrm{t}})$分别为系统多普勒频率为$f_{\mathrm{t}}$时的发射站和接收站斜视角。

所以有

$$F_{\mathrm{T}}=(f_{\tau}+f_0)\cos\theta_{\mathrm{sT}}(f_{\mathrm{t}}) \tag{2.76}$$

$$F_{\mathrm{R}}=(f_{\tau}+f_0)\cos\theta_{\mathrm{sR}}(f_{\mathrm{t}}) \tag{2.77}$$

从而，将式(2.74)～式(2.77)代入式(2.68)和式(2.69)，发射站和接收站的相位驻定点可以被写为

$$\hat{t}_{PT}=\frac{r_{0\mathrm{T}}}{v_{\mathrm{T}}}[\sin\theta_{\mathrm{sT}}-\cos\theta_{\mathrm{sT}}\tan\theta_{\mathrm{sT}}(f_{\mathrm{t}})] \tag{2.78}$$

$$\hat{t}_{PR}=\frac{r_{0\mathrm{R}}}{v_{\mathrm{R}}}[\sin\theta_{\mathrm{sR}}-\cos\theta_{\mathrm{sR}}\tan\theta_{\mathrm{sR}}(f_{\mathrm{t}})] \tag{2.79}$$

在式(2.78)与式(2.79)中，第一项为平台从波束中心指向目标的时刻运动到航路捷径点的时间，第二项为平台从系统多普勒频率为 f_{t} 的时刻运动到航路捷径点的时间。所以，从上述表达式可以发现，发射站和接收站的相位驻定点即为波束中心指向目标的时刻到系统多普勒频率为 f_{t} 的时间间隔。从图 2.14 可以看出，由于系统多普勒频率、发射站和接收站的多普勒频率贡献都与慢时间之间存在一一对应的关系，所以发射站和接收站从系统多普勒频率为 f_{t} 的时刻运动到收发站波束中心指向目标的时刻，经过的时间是相同的。因此应有 $\hat{t}_{PT}=\hat{t}_{PR}=\hat{t}_{Pb}$。

2）收发站多普勒频率贡献建模

理论上，将式(2.68)、式(2.69)代入式(2.72)，并应用菲涅耳积分公式，即可得到双基 SAR 二维频谱的解析表达式。但是在式(2.68)和式(2.69)中，并未给出发射站和接收站的多普勒贡献的频域解析表达式。为此，可首先给出收发站多普勒贡献与慢时间的关系，然后将系统多普勒频率对慢时间 t 做泰勒展开，以 t 为中间变量，即可得到收发站多普勒贡献与系统多普勒频率之间的定量关系。

在慢时间域，发射站和接收站产生的多普勒频率为

$$f_{\mathrm{tT}}(t)=-\frac{(v_{\mathrm{T}}^2t-r_{0\mathrm{T}}v_{\mathrm{T}}\sin\theta_{\mathrm{sT}})(f_{\tau}+f_0)}{c\sqrt{r_{0\mathrm{T}}^2+v_{\mathrm{T}}^2t^2-2r_{0\mathrm{T}}v_{\mathrm{T}}t\sin\theta_{\mathrm{sT}}}} \tag{2.80}$$

$$f_{\mathrm{tR}}(t)=-\frac{(v_{\mathrm{R}}^2t-r_{0\mathrm{R}}v_{\mathrm{R}}\sin\theta_{\mathrm{sR}})(f_{\tau}+f_0)}{c\sqrt{r_{0\mathrm{R}}^2+v_{\mathrm{R}}^2t^2-2r_{0\mathrm{R}}v_{\mathrm{R}}t\sin\theta_{\mathrm{sR}}}} \tag{2.81}$$

而系统总的多普勒频率为 $f_{\mathrm{t}}(t)=f_{\mathrm{tT}}(t)+f_{\mathrm{tR}}(t)$。

将式(2.80)和式(2.81)沿 t 做泰勒展开

$$f_{\mathrm{tT}}(t)\approx f_{\mathrm{tcT}}+f_{\mathrm{trT}}t+f_{\mathrm{t3T}}t^2 \tag{2.82}$$

$$f_{\mathrm{tR}}(t)\approx f_{\mathrm{tcR}}+f_{\mathrm{trR}}t+f_{\mathrm{t3R}}t^2 \tag{2.83}$$

$$f_{\mathrm{t}}(t)=f_{\mathrm{tT}}(t)+f_{\mathrm{tR}}(t)\approx f_{\mathrm{tc}}+f_{\mathrm{tr}}t+f_{\mathrm{t3}}t^2 \tag{2.84}$$

并消除中间变量 t，就可以得到 f_{tT}、f_{tR} 和 f_{t} 之间的关系

$$f_{tT}(f_t) \approx f_{tcT} + \frac{f_{trT}}{f_{tr}}(f_t - f_{tc}) - \frac{f_{trT} f_{t3} - f_{t3T} f_{tr}}{f_{tr}^3}(f_t - f_{tc})^2 \tag{2.85}$$

$$f_{tR}(f_t) \approx f_{tcR} + \frac{f_{trR}}{f_{tr}}(f_t - f_{tc}) - \frac{f_{trR} f_{t3} - f_{t3R} f_{tr}}{f_{tr}^3}(f_t - f_{tc})^2 \tag{2.86}$$

3）二维频谱模型

将式(2.85)和式(2.86)代入式(2.68)和式(2.69)，再代入(2.72)，并应用菲涅尔积分公式，双基 SAR 点目标回波二维频谱的解析表达式可表示为

$$\begin{aligned} S_{2f}(f_t, f_\tau) = {} & \frac{\sqrt{2\pi}}{\sqrt{\phi''_T(\hat{t}_{PT}) + \phi''_R(\hat{t}_{PR})}} \exp\left(-j\frac{\pi}{4}\right) S_0(f_\tau) \cdot \\ & \exp\left\{ -j\frac{2\pi}{c}[r_{0T}\cos\theta_{sT} F_T + r_{0R}\cos\theta_{sR} F_R] + \right. \\ & \left. 2\pi\left[\frac{r_{0T}\sin\theta_{sT}}{v_T} f_{tT}(f_t) + \frac{r_{0R}\sin\theta_{sR}}{v_R} f_{tR}(f_t)\right]\right\} \end{aligned} \tag{2.87}$$

与原始的 LBF[12]、改进 LBF[15] 和其他形式的 LBF 相比，式(2.87)可以被看成频域回波模型更加广义的形式，应用于移变和移不变双基正前视和斜前视 SAR 的情况。

图 2.17 给出了几种典型模式中，发射信号为负调频率时，由式(2.87)计算出的场景中心散射点回波频谱的实部图形。可以看出，散射点回波二维频谱也是呈现出由中心向外逐渐密集的环状条纹，条纹环数与图 2.15 对应的时域信号相同，因为当散射点回波的快慢时间方向都可以建模为线性调频信号时，时域和频域的条纹数均等于信号时带积的 1/4。需要说明的是，图中为展示等相位条纹，减小了快时间、慢时间时带积；而频谱四角隐约可见的环状条纹则反映有限时域采样引起的频谱混叠现象。偏离场景中心的散射点，虽然频谱覆盖区域形状并无显著差异，但二维频谱中，会增加与散射点位置有关的线性相移因子和空变性引起的附加相位因子。

由于式(2.62)和二维傅里叶变换均为线性运算，因此整个场景的回波对应的合成频谱正是由各散射点回波频谱加权求和而形成的看似无序的二维数据，权值对应于散射点的散射强度，合成频谱的分布范围由发射信号带宽、各个目标点的多普勒质心和多普勒带宽决定。

频域成像算法正是根据频域回波模型揭示的各散射点回波频域变化规律及相互关系，通过频域尺度变换、相位相乘等操作，规整频域相位因子，消除各散射点频谱附加相位因子，保留其频谱幅度信息和反映其位置的线性相位因子，同时保留与两维线性调频对应的相位因子，从而归集各散射点回波频谱。用与环状条纹对应的反相频谱与之相乘，消除所有散射点的环状条纹，保留各散射点的线

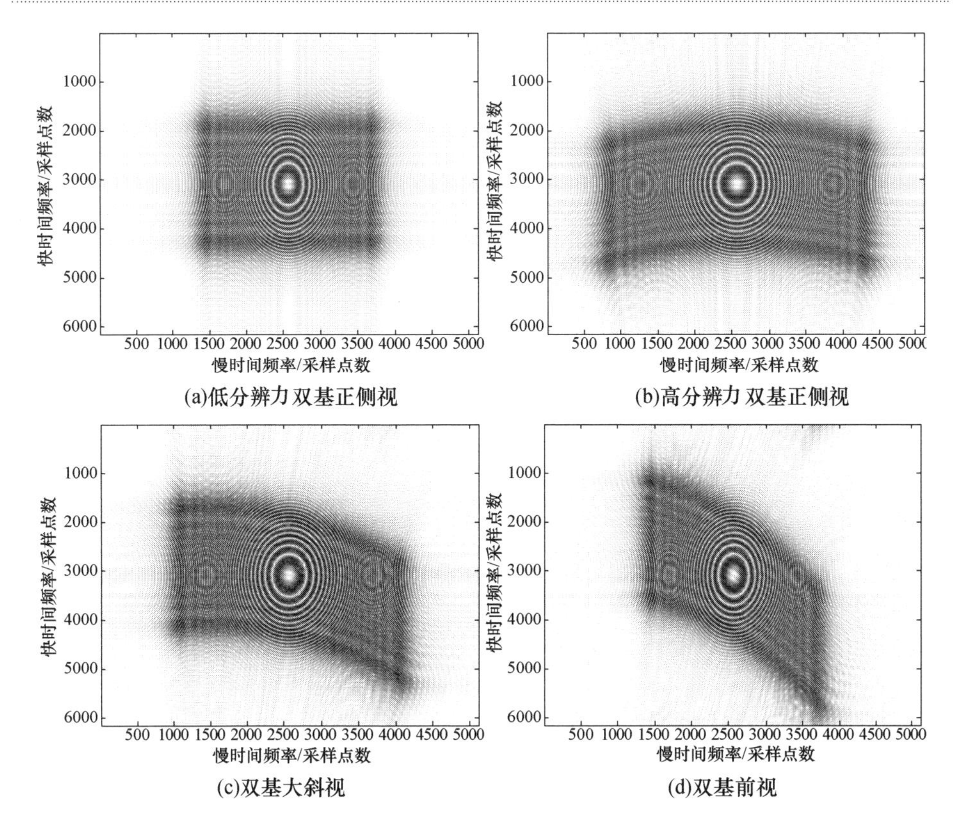

(a)低分辨力双基正侧视　(b)高分辨力双基正侧视

(c)双基大斜视　(d)双基前视

图 2.17　双基 SAR 散射点回波频谱实部图形

性相位因子对应的等间隔平行直线状条纹，将各散射点回波二维频谱转化为带有线性相位因子的二维脉冲函数，对应于将图像域响应转化为其所在位置的二维窄脉冲函数，从而实现各散射点回波能量的归位聚焦，得到地面场景的雷达图像。

2. 模型精度分析

在使用相位驻定原理导出广义 LBF 模型的过程中，虽然得到了较为简捷的散射点二维频谱解析表达式，但与散射点回波的精确频谱，即散射点时域回波的二维傅里叶变换结果，依然存在一定的误差，其大小被称为模型的精度，它将影响根据该模型构造的频域成像算法的精度和适应的双基 SAR 构型模式，并影响所得到的图像聚焦度，因此需要定量评估该模型精度。评估散射点模型的精度的方法是通过数值计算，将对比模型计算结果与精确频谱进行对比，或通过图像聚焦度来进行检验。这里首先采用散射点图像域聚焦度来评估频谱模型的精度，即分别使用计算精确频谱和频谱模型、原始 LBF、改进 LBF 和广义 LBF 作为匹配滤波器来聚焦参考点的回波，并进行聚焦度比对。

表 2.4 给出了一组计算对比的相关参数。其中模式 A 是星机双基 SAR，在该模式中，机载接收站工作在大斜视模式下，发射站工作在小斜视模式下。在模

式 B 中,发射站和接收站都为机载,有中等的斜视角。在模式 C 中,接收站工作在大斜视视模式,发射站为正侧视模式。表中 PRF 表示脉冲重复频率(Pulse Repetition Frequency)。

表 2.4　计算参数列表

仿真参数	发射站	接收站
载频	9.65GHz	
时延向带宽	150MHz	
PRF	模式 A:3500Hz;模式 B 及模式 C:400Hz	
模式 A:星载/机载		
平台到点目标距离	859km	6.7km
速度	7600m/s	120m/s
斜视角	-6.67°	63°
模式 B:机载		
平台到点目标距离	14.3km	8.96km
速度	120m/s	120m/s
斜视角	8°	38°
模式 C:机载		
平台到点目标距离	14.14km	11.2km
速度	120m/s	120m/s
斜视角	0°	63°

表 2.5 给出了精确频谱、原始 LBF、改进 LBF 和广义 LBF 的图像域聚焦情况以及相应的分辨力、峰值旁瓣比(PSLR)和积分旁瓣比(ISLR)。

表 2.5　性能参数列表

		分辨力/采样单元	峰值旁瓣比/dB	积分旁瓣比/dB
模式 A	精确频谱	43.35	-13.27	-10.09
	LBF[12]	无效	无效	无效
	改进 LBF[15]	47.54	-12.94	-9.99
	广义 LBF	43.39	-1326	-10.09
模式 B	精确频谱	25.24	-12.32	-10.15
	LBF[12]	186.3	无效	无效
	改进 LBF[15]	158.43	无效	无效
	广义 LBF	25.27	-12.32	-10.15
模式 C	精确频谱	37.43	-13.06	-10.14
	LBF[12]	无效	无效	无效
	改进 LBF[15]	无效	无效	无效
	广义 LBF	37.45	-13.06	-10.14

从表 2.5 中可以看出，对于模式 A，改进 LBF 和广义 LBF 与精确频谱值有类似的成像性能。在两个机载模式中，改进 LBF 的性能随着接收站斜视角增大而变差。对于中等斜视的模式 B，使用原始 LBF 和改进 LBF 有一定的聚焦效果，但效果较差，而使用广义 LBF 则具有很好的聚焦效果，如图 2.18 所示。对于模式 C，当接收站工作在大斜视模式的时候，改进 LBF 在慢时间方向没有任何的聚焦效果；然而，使用本文提出的广义 LBF 仍然可以达到与使用精确频谱相接近的效果。所以广义 LBF 对于大双基、大斜视甚至正前视模式都有很好的模型精度。

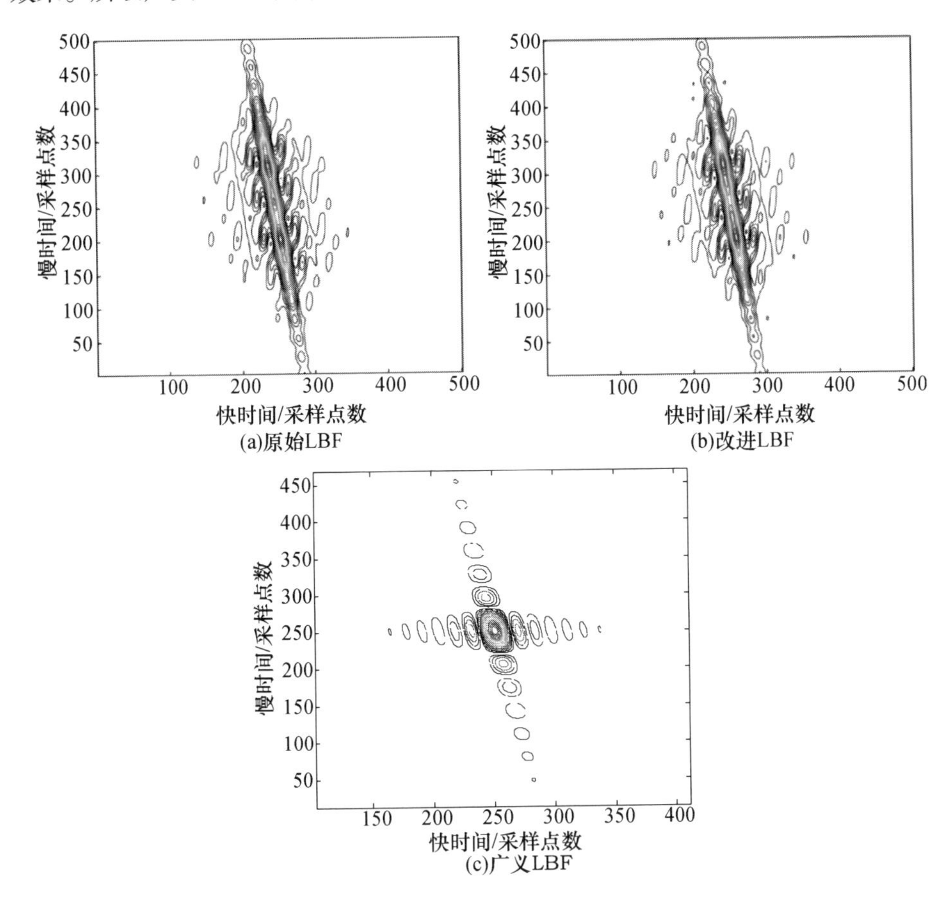

图 2.18 采用不同的频谱模型对散射点回波聚焦的效果(模式 B)(见彩图)

上述聚焦性能的显著差异，本质上来源于频谱模型的精度差异。例如对于模式 C 的机载大斜视情况，图 2.19 给出几种频谱模型的相位误差。可以看出，原始 LBF 和改进 LBF 的相位误差已达到 1433π 和 955π，已远远超过了良好聚焦所要求的上界 $\pi/4$，因此，慢时间方向聚焦效果较差，而广义 LBF 的相位误差远小于 $\pi/4$，因此，慢时间方向聚焦很好。

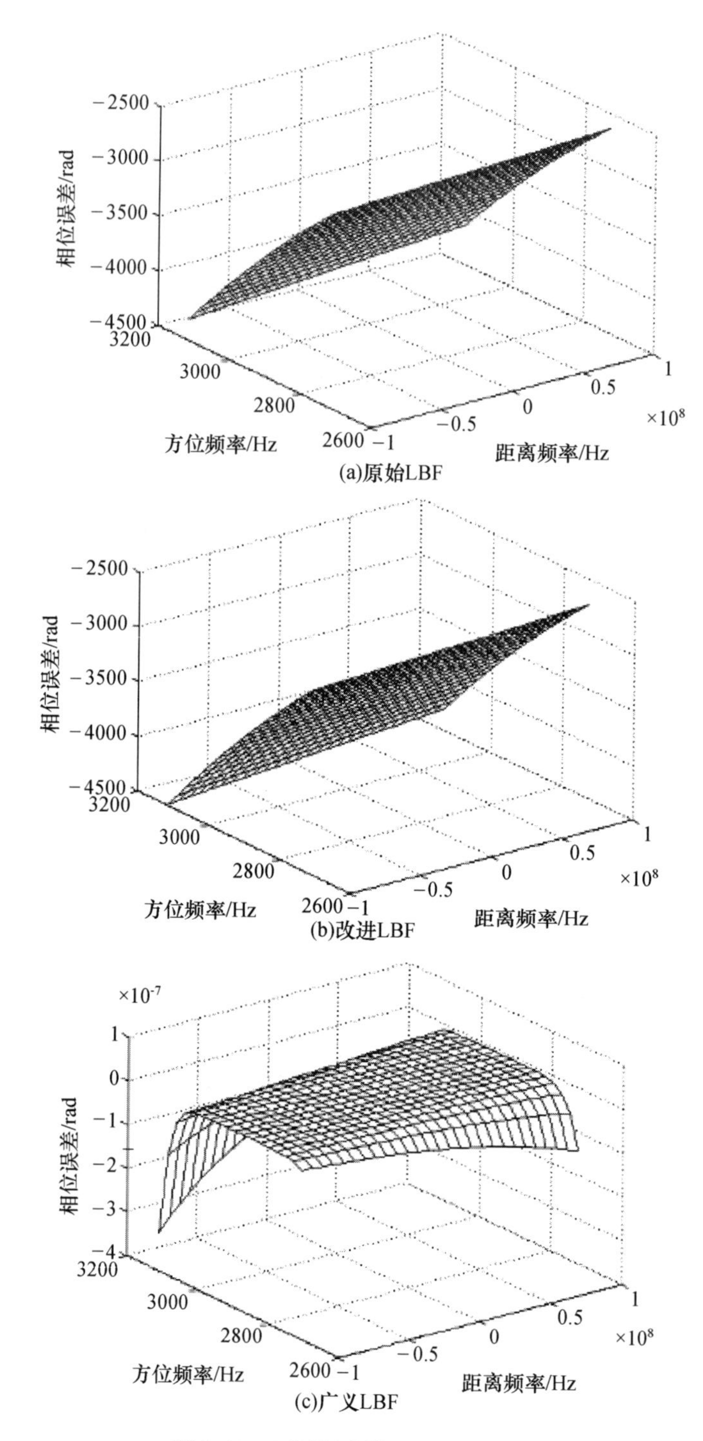

图 2.19　不同频谱模型的相位误差

参考文献

[1] Cardillo G P. On the use of the gradient to determine bistatic SAR resolution[C]. Antennas and Propagation Society International Symposium. 1990, 2: 1032.1035.

[2] 袁孝康. 星载合成孔径雷达导论[M]. 北京:国防工业出版社, 2003.

[3] Zeng T, Cherniakov M, Long T. Generalized approach to resolution analysis in BSAR[J]. IEEE Transactions on Aerospace and Electronic Systems, 2005, 41(2): 461 - 474.

[4] Zhang Q H,Wu J J,Li Z V, et al. On the spatial resolution metrics of bistatic SAR[C]. CIE International Conference on radar, 2016:989 - 993.

[5] Wu T D, Chen K S, Shi J, et al. A study of an AIEM model for bistatic scattering from randomly rough surfaces[J]. IEEE Transactions on Geoscience & Remote Sensing, 2008, 46 (9):2584 - 2598

[6] Sun Z,Wu J,Pei J,et al. Inclined geosynchronous spaceborne-airborne bistatic SAR: performance analysis and mission design[J]. IEEE Transactions on Geoscience and Remote Sensing, 2016,54(1):343 - 357.

[7] Sun Z, Wu J, Yang J, et al. Path planning for GEO-UAV bistatic SAR using constrained adaptive multiobjective differential evolution[J]. IEEE Transactions on Geoscience and Remote Sensing,2016,54(11):6444 - 6457.

[8] Deb K, Pratap A, Agarwal S, et al. A fast and elitist multiobjective genetic algorithm: NSGA-II[J]. Evolutionary Computation, IEEE Transactions on, 2002, 6(2): 182.197.

[9] 皮亦鸣,杨建宇,付毓生,等. 合成孔径雷达成像原理[M]. 成都:电子科技大学出版社, 2007.

[10] Cumming I G,Wong F H. Digital processing of synthetic aperture radar data: algorithms and implementation[M]. Artech House,Norwood,2005.

[11] Neo Y L, Wong F, Cumming I G. A two-dimensional spectrum for bistatic SAR processing using series reversion[J]. IEEE Geoscience and Remote Sensing Letters, 2007, 4(1): 93.

[12] Loffeld O, Nies H, Peters V, et al. Models and useful relations for bistatic SAR processing [J]. Geoscience and Remote Sensing, IEEE Transactions on, 2004, 42(10): 2031 - 2038.

[13] Wu J, Yang J, Huang Y. A new look at the point target reference spectrum for bistatic SAR [J]. Progress In Electromagnetics Research,2011(119): 363 - 379.

[14] Wu J, Li Z, Huang Y, et al. An omega-K algorithm for translational invariant bistatic SAR based on generalized Loffeld's bistatic formula[J]. IEEE Transactions on Geoscience and Remote Sensing,2014,52:10:6699 - 6714.

[15] Wang R,Loffeld O,Ul-Ann Q,et al. A bistatic point target reference spectrum for general bistatic SAR processing[J]. IEEE Geoscience and Remote Sensing Letters, 2008,5(3):517 - 521.

第3章 双基SAR成像算法

成像处理的物理过程，是按照回波规律和参数，归位聚焦各散射点的回波能量，从而将时间域二维回波转化为目标域二维图像的过程。目前采用的成像方法，从检测理论看，是对噪声背景中各散射点回波的最佳检测和散射率估计；从处理流程看，是对时间域回波进行针对每个散射点的二维匹配滤波；从计算角度看，是逐像素点的二维相关运算。

构建成像算法的目的，是在保证一定精度要求的条件下，提出高效率的计算方法，来替代计算效率十分低下的逐像素点二维相关运算，以保证成像处理所需时间能被控制在实际应用允许的时间范围内。所以，成像算法是SAR工程应用中不可或缺的核心技术之一。

双基SAR收发分置的布局形态，会显著影响回波的徙动、耦合和空变特性，形成明显不同于单基SAR的回波规律。要实现精确的归位聚焦，就不能够照搬单基SAR的成像算法。而且，双基SAR不同的几何构型、观测方向和扫描方式，也会形成不同的回波规律，成像算法需解决的具体问题和相应的算法结构也存在差异，需要分别加以研究和讨论。

本章首先介绍成像算法的主要任务和数学实质，分析时域成像算法和频域成像算法的基本思路和各自特点，阐明构建频域成像算法面临的问题及其成因和对策。随后分别介绍双基SAR时域成像算法和频域成像算法，包括算法构建、处理流程和仿真验证等，其中关于频域双基SAR成像算法着重介绍具有代表性的移变双基侧斜视成像算法。

3.1 成像算法的基本任务

成像算法是指实现二维相关成像方法的高效率计算方法，能够在保证成像精度的条件下，大幅度缩短成像处理的时间，达到实际应用对SAR成像的实时性要求。不同的双基SAR模式和处理器架构所对应的成像算法，虽然具有不同的具体实现途径，但它们都具有相同的数学实质，而且它们面临的主要问题和应对策略,从本质上也是一致的。

3.1.1 成像算法的数学实质

如2.1节所述,目前采用的二维相关成像方法,是一个逐点处理、二维运算的过程,计算量极大,在现有运动平台的串行计算设备中,远远达不到实时处理的要求,因此难以直接应用。

对式(2.4)代表的成像方法进行分析可知,造成逐点处理的根本原因,是各散射点归一化回波 $h(t,\tau;x,y)$ 的变化规律或参数存在差异,即存在空变性;而造成二维运算的根本原因,是回波信号存在二维耦合现象,即在其数学表达式中,包络和相位变量中均同时出现了慢时间 t 和快时间 τ,相位变量中还出现了 t 与 τ 交叉相乘项,导致不能直接将二维积分拆分为两个一维积分的乘积。

构建成像算法的目的,就是要大幅度提高逐像素点二维相关成像方法的计算效率,其数学实质是通过同域转换和异域变换等处理,实现同类归集和成批快算,减少重复计算,同时实现降维处理,减少运算次数,从而大幅度降低串行计算设备所需的成像处理时间,以便达到实际应用对成像处理的实时性要求。根据成像算法运算结构的差异,可将成像算法分为两大类别,即时域成像算法和频域成像算法。

时域成像算法直接在回波时域上进行处理,其基本思路是,首先利用散射点回波是发射脉冲基带信号的延时版本这一基本特点,沿 τ 方向对 $s(t,\tau)$ 进行匹配滤波,实现快时间脉冲压缩,使散射点回波能量沿 τ 方向聚集到时延徙动轨迹上;然后,根据散射点的多普勒信号相位变化规律,构造共轭参考函数,沿时延徙动轨迹进行相乘和积分,实现慢时间脉冲压缩,使散射点回波聚集到对应其被观测方向的位置上。其中的快时间压缩对应于直线积分,而慢时间压缩却对应于曲线积分。因此,这种算法虽然在一定程度上实现了降维处理,但对二维积分的拆分并不彻底。

时域成像算法思路清晰简单,易于理解,结构简单,在理论上具有较高精度,也没有“近距压缩”等几何失真,而且原则上适应于任何成像构型和观测方向,但它依然是一个逐点处理的过程,并没有同时实现成批处理。因此,对于现有运动平台载串行计算设备来说,计算效率仍然偏低,仍会大大超过实际应用允许的处理时间,所以需要研究提高其计算效率的快速算法。本章将介绍一种快速因式分解后向投影(Fast Factorized Back Projection,FFBP)算法,采用子孔径划分和逐级合并的思路,可以在成像处理过程中,使不同像素之间的重复性计算次数减少,从而大幅提高 BP 算法的计算效率。

时域成像算法在实际应用中面临的主要困难,除了飞行器载计算设备通常为串行结构外,是成像处理算法所用到的散射点时延徙动轨迹和多普勒调频参数，以及运动误差补偿所需误差信息，都需要平台载运动测量装置进行测量，并通过双平台时空转换和计算，才能得到。但以目前的运动测量装置和时频同步装置技术水平，以这样的方式得到的有关参数，还难以达到使各散射点回波能量精确聚焦所需的精度要求，尤其在高分辨成像应用场合，更是如此。因此，还需要研究相应的自聚焦方法，但这又会降低计算效率。

频域成像算法将回波转换到频域进行处理，虽然对成像几何构型和观测方向依赖性较高，但可在成像处理过程中，直接对回波信号时延徙动轨迹、多普勒调频参数和回波误差高阶参数进行精确估计，对平台载运动测量装置和时频同步装置的精度依赖性较低。而且，频域成像算法计算效率极高，在现有平台载串行计算设备上就能够实现实时处理。所以，频域成像算法仍是目前阶段的主要成像算法。

频域成像算法能够显著提升式(2.4)计算效率的快速计算方法，其主要任务是：第一，消除空变性，以利于采用措施，实现同类归集，为后续环节实现解耦合降维和成批处理创造条件；第二，解除耦合性，以便采用两个级联的一维处理来代替关联的二维运算，实现降维处理；第三，利用快速变换，即在降维后采用FFT 等快速算法，来代替低效率的相关运算；第四，嵌入估计补偿，即在成像处理的流程中，利用中间结果，同步进行回波参数估计和运动误差补偿，以便节省与成像处理中间环节相重复的计算开销；第五，减少处理误差，即尽可能减少去空变和解耦合操作的残差以及这类操作带来的额外误差，以保障$\hat{\sigma}_0(x,y)$的幅度精度和几何精度，为了约束这类操作的计算开销，必须对回波数学表达式进行一定的近似，以便尽可能降低这类操作的复杂度，同时容忍相应的残差和误差；第六，几何与辐射校正，这是为了尽可能校正去空变和解耦合环节造成的图像域幅度失真和几何失真，即减少$\hat{\sigma}_0(x,y)$相对于真值$\sigma_0(x,y)$的幅度和几何误差。其中前三项是最基本的任务，目的是大幅度提高计算效率；而后三项则是修补性措施，目的是减少高效算法的精度开销和重复性计算开销。

为了克服空变性和耦合性在构建频域成像算法时和对实现成批处理和降维运算造成的困难，需要事先了解它们的形成机理、表现形态和影响因素，然后才能够提出更为有效的针对性措施。

3.1.2 空变性的成因与对策

如图 3.1 所示，假设发射站和接收站分别以站速 v_T 和 v_R 各沿直线航路运动，且航路夹角为 α，目标域中的散射点 P 的航路捷径分别为 r_T 和 r_R。在斜距均值 r - 时间 t 平面上，散射点 P 至两站的斜距 $r_T(t)$ 和 $r_R(t)$ 均表现为双曲线形态，分别记为 C_T 和 C_R；其弯曲程度由站速和对应的航路捷径决定；其低点纵坐标由航路捷径决定,低点横坐标取决于各站到达其航路捷径点 O_{T} 和 O_{R} 的时刻 t_{T} 和 t_{R}。当航路捷径 r_{T} 或 r_{R} 为零时,对应的双曲线将退化为 V 字形,其开口宽度分别由对应的站速确定。

由于散射点 P 的斜距均值为 $r_P(t;x,y)=r_P(t)=[r_{\mathrm{T}}(t)+r_{\mathrm{R}}(t)]/2$,它所对应的曲线 C_P 是由曲线 C_{T} 和曲线 C_{R} 取均值得到的变形双曲线。当然,由于天线波束有限照射时间造成的回波信号截断效应,在快－慢时间域只能观测到曲线 C_P 的一小段,该段曲线反映了对应散射点回波数据的可见时延徙动轨迹,并直接决定了回波数据的变化规律及其在快－慢时间域的覆盖区域走向。

以下将说明,斜距均值曲线 C_P 的形状,将随散射点空间位置不同而发生变化,呈现出所谓的空变性。而且,不同的双基几何构型,空变的程度又有所区别。

对于如图 3.1(a)所示的斜飞移变双基构型,位于航路平行线 PP' 上的散射点,都具有相同的航路捷径 r_{R},但具有不同的航路捷径 r_{T},而在航路平行线 PP'' 上则正好相反。这表明,任何位置不同的两个散射点,都将具有不同的航路捷径组合,从而导致它们的斜距均值曲线 C_P 除位置不同外,形状也会不同。所以,这种双基构型的散射点回波规律将呈现出二维空变性。此外,航路平行线上的任意两个散射点对应的低点时差 $\Delta t=t_{\mathrm{T}}-t_{\mathrm{R}}$ 通常也不相同,即 Δt 是空变的,这将进一步加剧回波空变性,除非航路夹角 α 和站速 v_{T} 和 v_{R} 满足特殊的构型条件 $v_{\mathrm{T}}=v_{\mathrm{R}}\cos\alpha$ 或 $v_{\mathrm{R}}=v_{\mathrm{T}}\cos\alpha$,即本站在它站航路方向上的投影速度与它站航速相等。

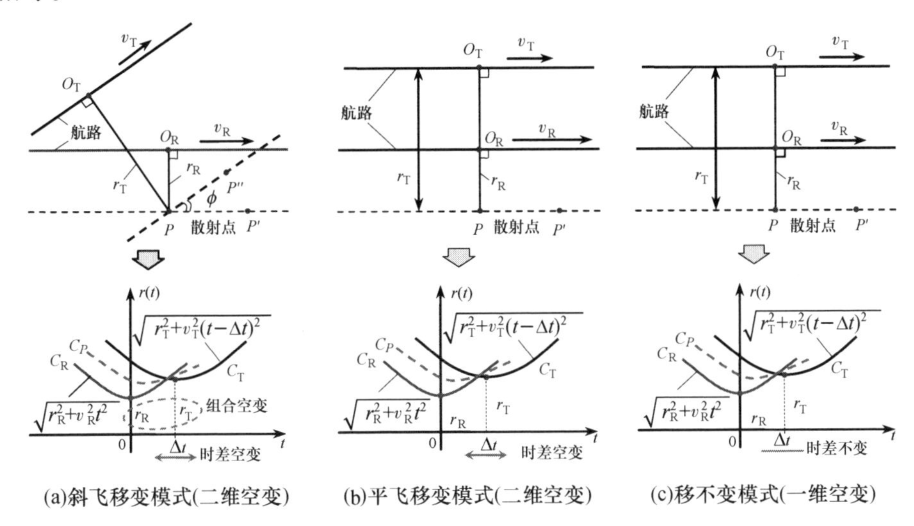

图 3.1　回波空变性与双基 SAR 构型的关系

对于如图 3.1(b)所示的平飞移变双基构型,不同航路平行线上的散射点具有不同的航路捷径组合,因此具有垂直于航路方向的回波空变性;而同一航路平行线上的任意两个散射点,虽具有相同的航路捷径组合,但由于这种构型相当于图 3.1(a)中 $\alpha=0$ 的情况,但 $v_T \neq v_R$,所以并不满足前述的特殊构型条件,低点时差 Δt 仍是空变的,因此在平行于航路的方向,也具有回波空变性。所以,平飞移变双基构型的回波空变性虽然有所减弱,但仍然是二维空变的。

对于图 3.1(c)所示的非移变双基构型,不同航路平行线上的散射点也具有不同的航路捷径组合,因此,同样具有垂直于航路方向的回波空变性。而同一条航路平行线上的任意两个散射点,都具有相同的航路捷径组合,同时由于 $v_T=v_R$,能够满足前述的特殊构型条件,它们的低点时差 Δt 也是相同的,即 Δt 具有非空变性。所以,在平行于航路的方向上具有非空变性,即同一条航路平行线上的不同散射点的回波之间,除了出现的时间位置不同外,变化规律是相同的。所以,非移变双基构型的回波空变性进一步减弱,但仍然具有垂直于航路的一维空变性。这种构型在 $r_T=r_R$ 且 $t_T=t_R$ 时,将退化为单基 SAR,但回波空变性规律保持不变。

空变性是影响成像处理计算效率的不利因素,它是导致式(2.4)必须进行逐点计算的根本原因。因此,在成像处理算法构建中,需要采取尺度变换等特殊数学操作,将二维空变问题转化为一维空变问题。然后,对非空变方向,利用傅立叶变换的时域平移对应于频域乘线性相位因子的性质,实现非空变方向回波的频域归集,并借助 FFT 实现的傅立叶变换的快速计算和脉冲压缩的成批处理;而在空变方向,则采用差异化处理策略,这并不影响两个级联一维处理的计算效率。

3.1.3 耦合性的成因与对策

对于标准的二维线性调频信号来讲,其数学表达式为

$$h_0(t,\tau)=s_R[\tau-\tau_0]\exp\{j\pi\mu_R[\tau-\tau_0]^2\}\cdot s_A[t-t_0]\exp\{j\pi\mu_A[t-t_0]^2\} \quad (3.1)$$

式中:$s_R[\cdot]$和 $s_A[\cdot]$假定为标准的矩形脉冲,中心在 0 处,宽度分别为 T_R 和 T_A。可以看出,$h_0(t,\tau)$的两个包络变量和两个相位变量中,均没有同时出现 τ 和 t,因此可以分拆为两个只有单变量 τ 或 t 的分量之积,分别对应于快时间调频信号(第 1 项和第 2 项)和慢时间调频信号(第 3 项和第 4 项)。快时间调频信号带宽为 $B_R=\mu_R T_R$,振荡周期数为 $B_R T_R/4$;慢时间调频信号带宽为 $B_A=\mu_A T_A$,振荡周期数为 $B_A T_A/4$。图 3.2(a)中显示了 μ_R 和 μ_A 均为负值时,$h_0(t,\tau)$的实部形态。直观的观测效果是,在 τ 方向或 t 方向,可以分别观测到只以 τ 或 t 为变量的线性调频特征。

对于散射点 P 的归一化回波 $h(t,\tau;x,y)$来说,根据式(2.61),当 $\varphi_R(\tau)=\pi\mu_R\tau^2$,即发射脉冲的基带信号为线性调频信号 $s_R[\tau]\exp[j\pi\mu_R\tau^2]$时,快时间调

频信号成为以 τ 为变量的线性调频信号,其包络中心和相位中心由 $\tau_P(t;x,y)=2r_P(t;x,y)/c$ 决定;而慢时间调频信号的包络变化规律与天线波束的调制和截断影响有关;在一定条件下,相位变化规律也可建模为以 t 为变量的线性调频信号。这时,$h(t,\tau;x,y)$ 将成为变形的二维线性调频信号,且与标准的二维线性调频信号 $h_0(t,\tau)$ 存在明显差别,下面以最为简单的非移变双基正侧视模式为例,来加以说明。

为简化分析,假定天线方向图无副瓣、主瓣增益恒定、波束指向垂直于航路。这时,式(2.61)中的 $s_A(t;x,y)$ 可以表示为 $s_A(t;x,y)=s_A[t-t_P(x,y)]$,其中 $s_A[\cdot]$ 为矩形脉冲,中心在 0 处,$t_P(x,y)$ 代表图 3.1 中斜距均值曲线 C_P 的低点出现的时刻。当波束较窄时,慢时间调频信号可以建模为线性调频信号 $s_A[t-t_P(x,y)]\exp\{j\pi\mu_A(x,y)[t-t_P(x,y)]^2\}$。这时,$h(t,\tau;x,y)$ 的数学表达式为

$$h(t,\tau;x,y)=s_R[\tau-\tau_P(t;x,y)]\exp\{j\pi\mu_R[\tau-\tau_P(t;x,y)]^2\}\cdot s_A[t-t_P(x,y)]\exp\{j\pi\mu_A(x,y)[t-t_P(x,y)]^2\} \tag{3.2}$$

图 3.2(b)显示了 μ_R 为负值时 $h(t,\tau;x,y)$ 的实部图形。

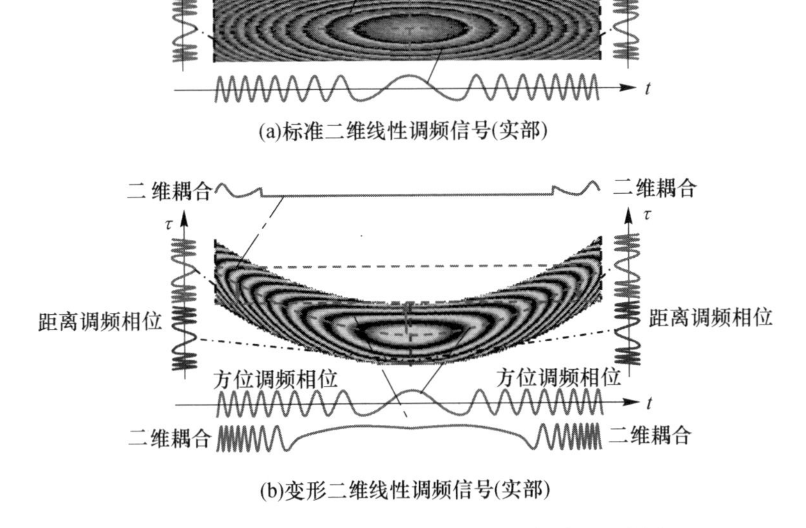

图 3.2　变形二维线性调频信号的两维耦合(见彩图)

由式(3.2)可以看出,由于斜距均值 $\tau_P(t;x,y)$ 随时间 t 变化,造成回波时延徙动,$h(t,\tau;x,y)$ 的快时间调频包络(第 1 项)变量中同时出现了 τ 和 t;若将 $\tau_P(t;x,y)$ 以 t 为变量进行泰勒级数展开,$h(t,\tau;x,y)$ 的快时间调频相位(第 2 项)宗变量中将出现 τ 与 t 的交叉相乘项,形成交叉调频效应。所以,$h(t,\tau;x,

y)不能分拆为两个只有单变量 τ 或 t 的分量之积,体现出明显的两维耦合性,导致式(2.4)不能够分拆为两个一维积分的乘积,而必须进行二维积分运算。

如图 3.2 所示,耦合性在快-慢时间域最为直观的表现是,虽然沿着 τ 轴方向可以观测到与发射信号波形对应的调频相位变化,但其包络中心和相位中心会随 t 的不同而改变。如果沿时延徙动轨迹 $\tau=\tau_P(t;x,y)$ 观测回波信号,根据式,所观测到的信号 $h_c(t,\tau;x,y)$ 可表示为

$$
\begin{aligned}
h_c(t,\tau;x,y) = & s_R[0]\exp\{j\pi\mu_R 0^2\}\cdot \\
& s_A[t-t_P(x,y)]\exp\{j\pi\mu_A(x,y)[t-t_P(x,y)]^2\}
\end{aligned}
\tag{3.3}
$$

它可以准确地反映慢时间调频信号的包络和相位变化(第 3 项和第 4 项)。因为,在时延徙动轨迹上,快时间调频分量的包络值(第 1 项)为常数,而快时间调频相位值(第 2 项)为零,所以,只保留有慢时间调频分量的影响。这也正是时域成像方法首先进行快时间脉冲压缩,然后沿徙动轨迹进行慢时间压缩的数学基础。

但沿着直线 $\tau=\tau_0$ 时的 t 轴方向观测回波信号时,根据式(3.3),所观测到的信号 $h(t,\tau_0;x,y)$ 可表示为

$$
\begin{aligned}
h(t,\tau_0;x,y) = & s_R[\tau_0-\tau_P(t;x,y)]\exp\{j\pi\mu_R[\tau_0-\tau_P(t;x,y)]^2\}\cdot \\
& s_A[t-t_P(x,y)]\exp\{j\pi\mu_A(x,y)[t-t_P(x,y)]^2\}
\end{aligned}
\tag{3.4}
$$

对照式(3.3)和式(3.4),可以看出,$h(t,\tau_0;x,y)$ 中除了包含反映慢时间调频的包络和相位因子(第 3、4 项)外,还附加了额外的相位(第 2 项),其数值大小正好等于直线 $\tau=\tau_0$ 偏离时延徙动轨迹的时差 $\tau_0-\tau(t;x,y)$ 所对应的快时间调频相位,即出现了交叉调频现象,因此已经不能准确地反映慢时间调频相位变化规律。此外,$h(t,\tau_0;x,y)$ 中还附加了快时间调频包络 $s_R[\tau_0-\tau(t;x,y)]$(第 1 项)的影响,随着 t 的变化,它将对慢时间调频信号产生额外幅度调制和截断效应,即出现了交叉调幅现象。从图 3.2 中的示例也可以看到,$h(t,\tau_0;x,y)$ 已经明显偏离线性调频信号的包络和相位变化规律,如果直接沿着 t 轴方向实现慢时间调频信号的脉冲压缩,将不能很好地聚集 t 轴方向的回波信号能量,导致图像域中出现明显的慢时间方向散焦现象。

耦合性是影响成像处理计算效率的不利因素,它是导致式(2.4)必须进行二维计算的根本原因。因此,在成像处理算法构建过程中,需要采取映射插值和尺度变换等特殊的数学操作,将图 3.2(b)中的变形二维线性调频信号,进行走动扳平和弯曲校直操作,使其转化为图 3.2(a)中的标准二维线性调频信号,解除回波的两维耦合性,利于计算设备分别进行列方向的快时间压缩处理和行方向的慢时间压缩处理,从而可将式(2.4)的二维运算转化为两个级联的一维运算,实现降维运算,从而大幅度提高计算效率。

然而,解耦合的实际数学操作,通常会比直接在快 - 慢时间域进行简单的扳平和校直操作要复杂得多。这是因为,当时延弯曲不可忽略时,不同散射点的时延徙动轨迹,在快 - 慢时间域存在错位交叉现象,导致它们在快 - 慢时间域的扳平和校直操作要求,存在相互矛盾性。因此,在构建成像算法时,一般需要首先利用傅里叶变换在非空变方向归集非空变回波,使它们在频域具有相互重叠的徙动轨迹,从而统一它们的扳平和校直操作要求,化解前述矛盾,而且还可以实现扳平和校直的成批处理。从这个意义上讲,去空变的操作,往往是解耦合的前提。

3.2　双基 SAR 时域成像算法

双基 SAR 时域成像算法的典型代表是 BP 成像算法[1]。它是一种针对每个分辨单元的沿时延徙动轨迹相干积累的成像算法,其成像过程如图 3.3 所示。

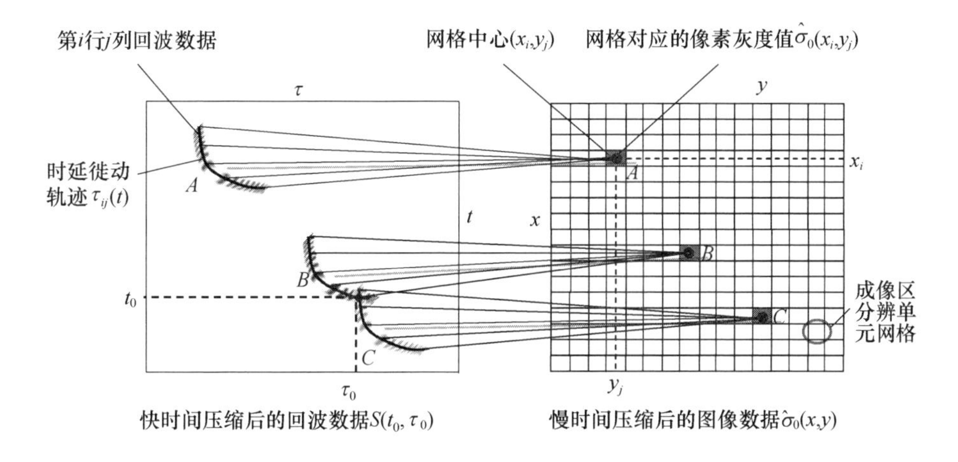

图 3.3　BP 成像算法原理

该算法首先对回波 $s(t,\tau)$ 进行快时间 τ 方向的脉冲压缩,第一次聚集各分辨单元的回波能量,得到快时间压缩后的回波 $S(t,\tau)$;然后将待成像区划分为二维分辨单元网格,每个分辨网格对应一个图像像素;再根据雷达载频 f_0、光速 c 和测姿定位数据,计算出第 i 行 j 列分辨网格中心位置 (x_i,y_j) 对应的回波时延徙动轨迹 $\tau_{ij}(t)=[r_T(t;x_i,y_j)+r_R(t;x_i,y_j)]/c$,据此构造补偿相位因子 $\exp[\mathrm{j}2\pi f_0\tau_{ij}(t)]$,并与对应的快时间压缩后回波数据 $S[t,\tau_{ij}(t)]$ 相乘,得到相位补偿后的沿徙动轨迹回波数据 $S[t,\tau_{ij}(t)]\exp[\mathrm{j}2\pi f_0\tau_{ij}(t)]$,最后沿时延徙动轨迹进行积分,即可得到该分辨网格对于的图像像素灰度值 $\hat{\sigma}_0(x_i,y_j)$。对每个分辨网格都进行类似的操作后,就得到了归位聚焦的雷达图像 $\hat{\sigma}_0(x_i,y_j)$。

BP 成像算法的成像过程可用如下的数学公式描述,即

$$\hat{\sigma}_0(x_i,y_j) = \int S[t,\tau_{ij}(t)]\exp[\mathrm{j}2\pi f_0\tau_{ij}(t)]\mathrm{d}t \tag{3.5}$$

其对应的处理流程如图 3.4 所示。

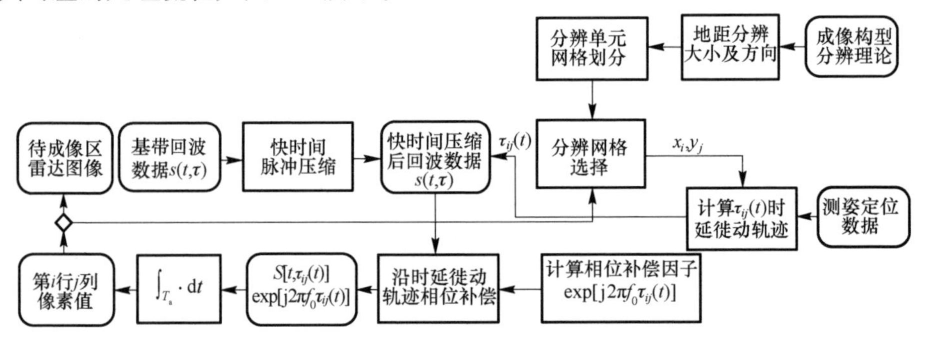

图 3.4　BP 算法流程图

从计算效率上看,假设回波数据慢时间采样点数及分辨网格两维点数均为 N,则算法计算复杂度为 $O(N^3)$。对实际应用来讲,这样的运算量仍然十分庞大,难以实时处理,因此必须研究更加高效的成像算法[2]。为此,本节将重点介绍一种针对双基 SAR 的快速因式分解 BP 算法。

3.2.1　快速 BP 成像处理过程

BP 算法计算量大,其根本原因是,不同分辨网格的时延徙动轨迹存在交叉性,这些网格的像素值计算过程之间,存在大量重复性计算。如图 3.3 所示,(t_0,τ_0)处的回波数据 $S(t,\tau)$是由不同网格的回波叠加而成,在 BP 算法处理过程中,$S(t_0,\tau_0)$被多次反投影到 B、C 等不同的网格,相应的补偿因子 $\exp[\mathrm{j}2\pi f_0\tau_0]$计算及其与 $S(t_0,\tau_0)$的相乘操作,也被多次重复。

从更直观的角度看,造成 BP 成像算法计算效率低的原因,是对每个慢时间时刻,地面等时延线穿过的各分辨网格像素值计算过程之间,存在着大量重复性计算。如图 3.5 所示,慢时间 t_0 时刻,成像区内时延为 τ_0 的等时延线上,所有的网格对 $S(t_0,\tau_0)$的值都有贡献。BP 成像算法处理过程中,回波数据 $S(t_0,\tau_0)$被反投影到该等时延线经过的所有网格,这些网格都需要重复计算相同的相位补偿因子 $\exp[\mathrm{j}2\pi f_0\tau_0]$,还需要与 $S(t_0,\tau_0)$进行相同的相乘操作 $S(t_0,\tau_0)\times\exp[2\pi f_0\tau_0]$。

所以,如果能减少这种重复计算,实现成批处理,就能够显著提高 BP 成像算法的计算效率。正是基于这种考虑,近年来出现了一类因式分解快速时域反投影算法,简称为 FFBP 成像算法。

该算法采用子孔径划分并逐级合并的思想,首先将观测时间对应的全孔径划分为若干子孔径,通过对子孔径进行反投影粗成像,再逐级将子图像合并,成像精度逐级提高,最终形成全孔径图像。采用这种方法,每一级子孔径图像慢时

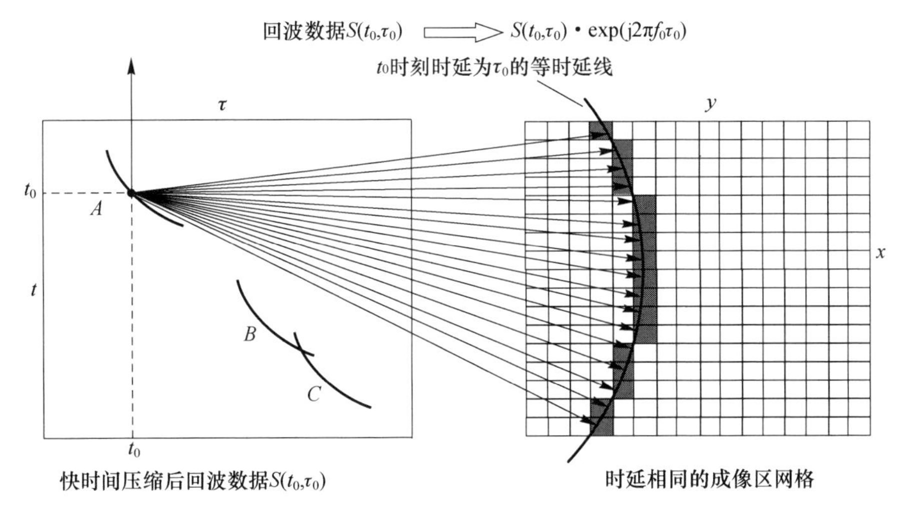

图 3.5　BP 算法的计算重复性

间分辨力较低,慢时间方向网格个数减小。而慢时间方向网格个数越少,成像场景中等时延线上的散射点反投影值重复计算次数越少,就可以大幅减小上述重复计算,提高计算效率。

将式离散化后,可以得到

$$\hat{\sigma}_0(x,y) = \sum_{n=1}^{N_t} s[t_n,\tau_n(x,y)]\exp[\mathrm{j}2\pi f_0\tau_n(x,y)] \tag{3.6}$$

式中:N_t 为合成孔径时间 T_A 内慢时间采样点的总数,代表全孔径长度;t_n 为慢时间的第 n 个采样点。首先,将整个合成孔径分解成 K 个子孔径,称 K 为合并因子,则式(3.6)可以写作

$$\begin{aligned}\hat{\sigma}_0(x,y) &= \sum_{k=1}^{K}\sum_{i=1}^{N_t/K} s[t_m,\tau_m(x,y)]\exp[\mathrm{j}2\pi f_0\tau_m(x,y)] \\ &= \sum_{k=1}^{K}\hat{\sigma}_k(x,y)\end{aligned} \tag{3.7}$$

式中:$m=(k-1)N_t/K+i$,而 $\hat{\sigma}_k(x,y)$ 为第 k 个子孔径运用 BP 算法获得的子图像。进一步地,每个子孔径可以继续分解,例如将每个子孔径再分解为 K 个子孔径,即

$$\hat{\sigma}_k(x,y) = \sum_{m=1}^{K}\hat{\sigma}_{k,m}(x,y) \tag{3.8}$$

式中:$\hat{\sigma}_{k,m}(x,y)$ 为第 k 个子孔径中,第 m 个子孔径形成的子图像。

以上的分解步骤可以逐级迭代,将孔径层层分解,直至分解为最小子孔径。如图 3.6 所示,假设全孔径长度为 16 个方位采样点,合并因子 $K=2$,合并级数 $J=4$。其中,合并因子为合成后一级新的孔径所需要前一级子孔径个数,而合并级数为形成最终全孔径图像所需要的子孔径合并次数。FFBP 成像算法为孔径

分解的逆过程,首先将整个合成孔径划分为最底层的若干个子孔径,对每个子孔径应用传统 BP 进行初始粗成像;然后将若干相邻子孔径子图像相干叠加为下一级子孔径的图像,依次迭代,直至所有子孔径合并为整个孔径,得到最终的雷达图像,具体合并过程见 3.2.3 节中的步骤 3 所示。

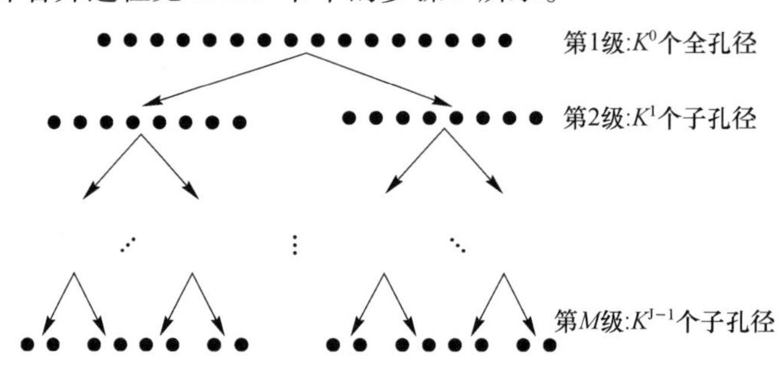

图 3.6　FFBP 算法孔径逐级分解示意图

FFBP 成像算法在每一级每一子孔径所得到的子图像,都是慢时间方向分辨力较低的粗图像,故在子图像的成像过程中,可在慢时间方向将成像区域划分更粗、更少的图像网格。如果在每一级子孔径成像时,未将成像区域的慢时间方向图像网格划分得更粗、更少,则 FFBP 运算量与 BP 成像算法相当。在每一级子孔径成像时,随着慢时间方向网格个数越少,成像场景中等时延线上的散射点反投影值重复计算次数也就越少,因此 FFBP 成像算法能够在一定程度上避免 BP 成像算法的计算冗余,提高运算效率。所以,FFBP 成像算法提高运算效率的关键,是针对每级子图像,采用适当的成像场景网格划分策略。

3.2.2　图像网格划分与分级合并

根据上节分析,使用 FFBP 算法成像时,需要确定每级子图像网格划分方法。在单基 SAR 中,FFBP 是以整个孔径中心时刻为基准,采用平台观测视线地面投影和等时延线来划分分辨单元网格,最终图像位于距离 - 方位构成的极坐标系中。而在双基 SAR 中,这种网格划分方法已不再适用,可以采用地面等时延线和发射站视线地面投影来划分分辨单元网格,最终图像位于以双基距离和与发射站视角构成的椭圆极坐标系中。当然,也可以采用接收站或者等效相位中心视线地面投影来定义图像坐标系。

子图像网格划分方式确定后,需要求解二维网格间隔。由于子图像的网格间隔必须小于其分辨力,才能完成子图像的精确合并,因此,等时延线间隔需要满足

$$\Delta\tau \leqslant 1/B_{\mathrm{r}} \tag{3.9}$$

由于子孔径合成时,只补偿网格中心点的相位,因此发射站视线间隔 $\Delta\beta$ 的确定原则,是网格两侧边界散射点在子孔径两端的投影值能够形成同相叠加。

如图 3.7 所示，T_1 和 T_2、R_1 和 R_2 为发射站和接收站某级中某一个子孔径的首尾两点，对应的时刻为 t_1 和 t_2。T_1 与 T_2 之间的距离 d_T 为发射站的子孔径长度，R_1 和 R_2 之间的距离 d_R 为接收站的子孔径长度。图中虚线所示椭圆段为 t_1 时刻的等时延线，对应的双基距离和为 r_b，该等时延线上的 A、B 两个散射点代表发射站视线角间隔的边界点，它们相对于 T_1 点的视线角间隔 $\Delta\beta=\beta_1-\beta_2$。$T_1$ 与 A、B 两点的之间的距离为 $r_T(t_1;A)$ 和 $r_T(t_1;B)$；R_1 与 A、B 两点的距离为 $r_R(t_1;A)$ 和 $r_R(t_1;B)$；T_2 与 A、B 两点的之间的距离为 $r_T(t_2;A)$ 和 $r_T(t_2;B)$；R_2 与 A、B 两点的距离为 $r_R(t_2;A)$ 和 $r_R(t_2;B)$；$\boldsymbol{B}=(bx,by,bz)$ 为 T_1 与 R_1 之间的基线向量。

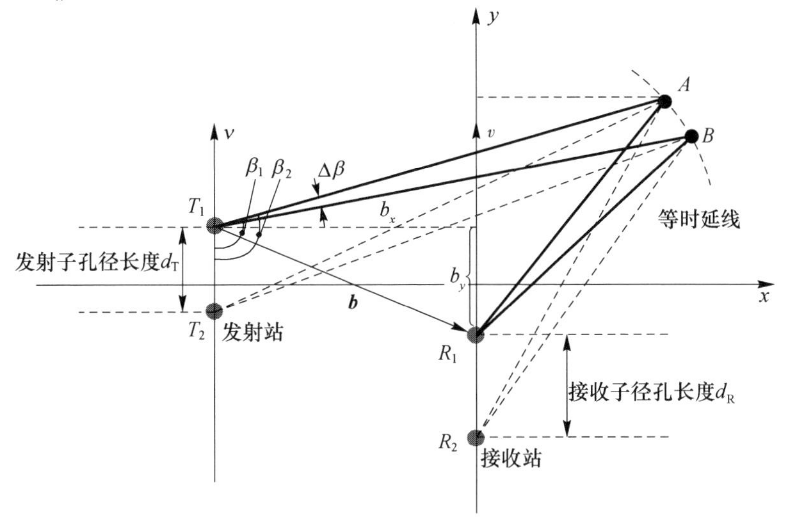

图 3.7　双基 SAR 散射点的双基距离变化

A、B 两点在 t_1 时刻于产生的双基距离和均为 r_b，A、B 两点的双基距离和之差为 0，在 t_2 时刻产生的双基距离和为

$$\begin{cases}r(t_2;A)=r_T(t_2;A)+r_R(t_2;A)\\ r(t_2;B)=r_T(t_2;B)+r_R(t_2;B)\end{cases} \tag{3.10}$$

两点的双基距离和之差为

$$\Delta r_{AB}=r(t_2;A)-r(t_2;B) \tag{3.11}$$

式中

$$\begin{cases}r_T(t_2;A)=\{r_T^2(t_1;A)+d_T^2-2\cdot d_T\cdot r_T(t_1;A)\cos\beta_1\}^{1/2}\\ r_T(t_2;B)=\{r_T^2(t_1;B)+d_T^2-2\cdot d_T\cdot r_T(t_1;B)\cos\beta_2\}^{1/2}\\ r_R(t_2;A)=\{r_R^2(t_1;A)+d_R^2-2\cdot d_R\cdot[b_y+r_T(t_1;A)\cos\beta_1]\}^{1/2}\\ r_R(t_2;B)=\{r_R^2(t_1;B)+d_R^2-2\cdot d_R\cdot[b_y+r_T(t_1;B)\cos\beta_2]\}^{1/2}\end{cases} \tag{3.12}$$

所以

$$\Delta r_{AB}=r_{\mathrm{T}}(t_2;A)-r_{\mathrm{T}}(t_2;B)+r_{\mathrm{R}}(t_2;A)-r_{\mathrm{R}}(t_2;B)$$
$$=\frac{[r_{\mathrm{T}}^2(t_1;A)-r_{\mathrm{T}}^2(t_1;B)]-2\cdot d_{\mathrm{T}}\cdot[r_{\mathrm{T}}(t_1;OA)\cos\beta_1-r_{\mathrm{T}}(t_1;B)\cos\beta_2]}{r_{\mathrm{T}}(t_2;A)+r_{\mathrm{T}}(t_2;B)}$$
$$+\frac{[r_{\mathrm{R}}^2(t_1;A)-r_{\mathrm{R}}^2(t_1;B)]-2\cdot d_{\mathrm{R}}\cdot[r_{\mathrm{T}}(t_1;A)\cos\beta_1-r_{\mathrm{T}}(t_1;B)\cos\beta_2]}{r_{\mathrm{R}}(t_2;A)+r_{\mathrm{R}}(t_2;B)} \quad (3.13)$$

根据双基地 SAR 几何构型,有如下关系式成立,即

$$\begin{cases} r_{\mathrm{T}}(t_1;A)-r_{\mathrm{T}}(t_1;B)\ll r_{\mathrm{T}}(t_2;A)+r_{\mathrm{T}}(t_2;B) \\ r_{\mathrm{R}}(t_1;A)-r_{\mathrm{R}}(t_1;B)\ll r_{\mathrm{R}}(t_2;A)+r_{\mathrm{R}}(t_2;B) \\ r_{\mathrm{T}}(t_2;A)\approx r_{\mathrm{T}}(t_2;B) \\ r_{\mathrm{R}}(t_2;A)\approx r_{\mathrm{R}}(t_2;B) \\ r_{\mathrm{T}}(t_1;A)\approx r_{\mathrm{T}}(t_1;B) \\ \cos\beta_1-\cos\beta_2\approx\Delta\beta\cdot\sin\beta_1 \end{cases} \quad (3.14)$$

所以,式(3.13)也可以写作

$$\Delta r_{AB}\approx r_{\mathrm{T}}(t_1;A)\cdot\Delta\beta\cdot\sin\beta_1\cdot\left[\frac{d_{\mathrm{T}}}{r_{\mathrm{T}}(t_2;A)}+\frac{d_{\mathrm{R}}}{r_{\mathrm{R}}(t_2;A)}\right] \quad (3.15)$$

为保证子孔径两端的回波对网格边界两个像素点 A、B 的回波投影值形成相干叠加,要求 Δr_{AB} 与雷达作用波长 $\lambda=c/f_0$ 之间应满足下式的条件

$$\Delta r_{AB}\leqslant\lambda/4 \quad (3.16)$$

由式(3.15)和(3.16)可以推导出 $\Delta\beta$ 的取值范围,即双基 SAR 的发射站视线角间隔需要满足的条件

$$\Delta\beta\leqslant\frac{\lambda}{4r_{\mathrm{T}}(t_1;A)\cdot\sin\beta_1}\left[\frac{d_{\mathrm{T}}}{r_{\mathrm{T}}(t_2;A)}+\frac{d_{\mathrm{R}}}{r_{\mathrm{R}}(t_2;A)}\right]^{-1} \quad (3.17)$$

在移不变双基 SAR 中 $d_T=d_R=d$,所以

$$\Delta\beta\leqslant\frac{\lambda}{4r_{\mathrm{T}}(t_1;A)\cdot d\sin\beta_1}\left[\frac{1}{r_{\mathrm{T}}(t_2;A)}+\frac{1}{r_{\mathrm{R}}(t_2;A)}\right]^{-1} \quad (3.18)$$

式(3.18)即为子图像视线角间隔与子孔径长度的制约关系,它由波长和子孔径长度决定,并且与子孔径长度成反比。根据该式,可以求出每级图像的分辨单元网格视线角间隔大小。

综上,公式和分别给出了双基 SAR 在 FFBP 成像算法中子图像等时延线间隔和发射站视线角间隔划分的条件,据此可以划分出每一级子图像的分辨单元网格。

根据以上 FFBP 子图像网格划分方法,划分第 J 级子孔径网格,并对各子孔径进行 BP 粗聚焦成像,逐级合并子图像,提高子图像成像精度,最终形成全孔径高精度图像。假设当前合并级数为第 j 级,即当前已经得到了第 $j+1$ 级的子图像,

需要将 $j+1$ 级中连续的 K 个子孔径合并为 1 个新的子孔径，得到第 j 级子图像。

首先，根据第 j 级的子孔径中心位置和二维采样间隔划分成像网格。根据式(3.8)可知，由于视线角间隔与子孔径长度 d 成反比，所以本级视线角间隔为第 $j+1$ 级的 $1/K$。

$$\Delta\beta_j = \Delta\beta_{j+1}/K \tag{3.19}$$

确定了子图像网格间隔后，即可将 j 级中连续的 K 个子孔径合并为 1 个新的子孔径。

在合并成新的子孔径时，由于第 $j+1$ 级中各子图像像素网格中心位置定义域不同的椭圆极坐标系，因此需要将它们转化到统一的直角坐标中。在该直角坐标系中，可利用临近插值的方法，求解第 j 级子图像各像素值，即首先找到第 j 级子图像各像素网格中心与 $j+1$ 级中 K 个子图像的临近的像素网格中心，补偿距离差导致的相位误差，并进行相干叠加插值计算，以此得到第 j 级子图像各像素灰度值。对第 j 级的每个子孔径，都进行上述插值操作，就可以得到第 j 级的 K 个子图像。因为在 j 级中，缩小了视线角采样间隔，所得到的像素灰度值，又是 $j+1$ 分辨网格临近像素值相干叠加平均的结果，所以，子图像视线角方向的分辨力较 $j+1$ 级得到了提高。最后，还需得到 j 级各子图像，两次从直角坐标系转换到各自不同的椭圆极坐标系。

3.2.3　算法流程及性能分析

3.2.1 节与 3.2.2 节分析了双基 SAR 快速 BP 成像算法和子图像网格划分及分级合并方法，据此可以给出该成像算法的处理流程，分析其计算效率，并通过数值仿真验证其成像性能。

1. 算法流程

根据式(3.9)和式(3.17)确定的图像网格划分方法和式(3.6)~(3.8)确定的子孔径划分和子图像合并方法，结合 3.2.3 节中的子图像分级合并方法，可以给出 FFBP 算法流程图如图 3.8 所示。

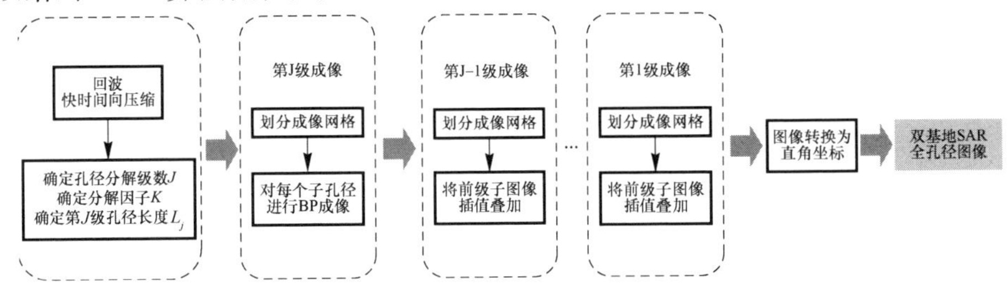

图 3.8　双基 SAR 的 FFBP 算法流程图

步骤 1：将回波进行快时间向压缩。根据整个孔径长度，确定合并级数 J 合

并因子 K,以及第 J 级子孔径长度 L_J。

步骤 2:对第 J 级各子孔径根据式(3.9)和式(3.18),确定子图像网格大小,划分成像网格,然后对每个子孔径用 BP 算法,获得 K 个子图像。

步骤 3:根据 3.2.3 节的子图像分级合并方法,将第 $j+1$ 级各子图像,根据两级子孔径隶属关系,合并为第 j 级 K 个子孔径对应的子图像。

步骤 4:重复步骤 3,直至子孔径合并为一个全孔径,此时椭圆极坐标系下的图像为 BP 全孔径成像。

步骤 5:将椭圆极坐标的图像转换到直角坐标系,输出双基 SAR 的 FFBP 成像结果。

2. 运算量分析

假设回波矩阵大小为 $N_\tau \times N_t$(快时间向 × 慢时间向),成像场景的大小为 N_y(角度向)$\times N_x$(快时间向)。考虑到场景成像尺度与慢时间采样点数处于同一数量级,这里设定 $N_y = N_x = N_t = N_\tau = N$,最小子孔径长度 $L_J = 2$,合并因子为 $K=2$,则合并级数 $J = \log_2 N$,并据此来估计 FFBP 成像算法与 BP 成像算法的浮点运算次数及相对关系。

对于传统 BP 算法来说,运算的浮点运算阶数为 $O(N^3)$,即总的浮点运算次数与 N 的 3 次方成正比关系,而对于 FFBP 成像算法操作数的计算,需要逐级计算。

(1) 第 J 级:全孔径一共被分为了 $K^{J-1} = N/2$ 个子孔径,每个子孔径由 2 个慢时间采样点组成,每个子孔径对应的子图像大小为 2(角度向)$\times N$(快时间向)。由于第 J 级需要对每个子孔径进行两次反投影形成粗图像,所以第 J 级所需的总浮点运算次数为 $2N^2$。

(2) 第 $j(j \neq J)$ 级:全孔径被分为 $N/2^{j-1}$ 个子孔径,每个子孔径由前一级的 2 个子孔径组合而成,每个子图像包含 2^{j-1}(角度向)$\times N$(快时间向)个像素点,图像由前一级的 2 个子图像插值后叠加获得,有 $2N^2$ 次插值操作,每次插值需要 $2(2M-1)$ 次浮点运算,其中 M 为插值操作所需要的临近点数目。因此,第 j 级所需的浮点运算次数为 $4(2M-1)N^2$。

由于 FFBP 算法的孔径合成级数 $J = \log_2 N$,因此,FFBP 总的浮点运算次数为 $2N^2 + 4(2M-1)N^2(\log_2 N - 1)$,其中 M 为插值操作所需要的临近点数目。所以,FFBP 算法的浮点运算阶数为 $O(N^2\log_2 N)$。相较于传统 BP 成像算法,FFBP 成像算法运算时间大大加快,运算操作数减小的倍数为

$$K = \frac{O(N^3)}{O(N^2\log_2 N)} = O\left(\frac{N}{2\log_2 N}\right) \tag{3.20}$$

这表明 FFBP 能够大幅提高运算效率。例如,当 N 为上千量级时,FFBP 成像算法的浮点运算次数比 BP 成像算法减小两个数量级左右,使成像处理算法的实时性得到明显改善。

3. 性能分析

FFBP 成像算法在子孔径图像合成中,后一级子图像像素值由前一级子图像对应像素值插值叠加形成,处理精度略有损失,但保持了足够的精度,大幅提高了计算效率。下面通过具体的仿真进行分析验证。

仿真场景由三行三列间距 100m 的 9 个点组成。发射站与接收站初始坐标分别为(-10,0,10)km 与(6, -10,10)km,速度为 100m/s,发射信号带宽 100MHz,载频 9.6GHz。

图 3.9 给出了 BP 成像算法和 FFBP 成像算法对场景目标点的成像结果,可以看出,FFBP 对场景中 9 个目标点都可以完成良好的聚焦,成像效果与 BP 成像算法基本相当。图 3.10 给出场景中心点对应图像的等高线图,可以看出 FFBP 成像算法与 BP 成像算法具有相当的聚焦效果。

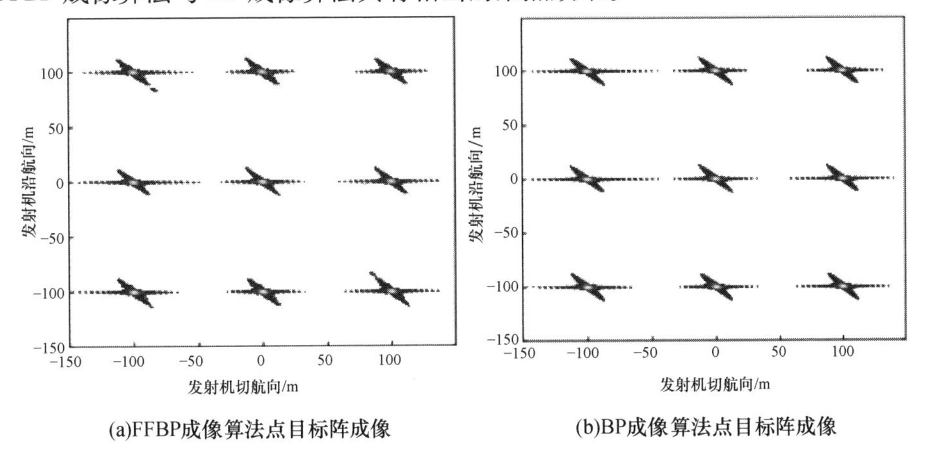

(a)FFBP成像算法点目标阵成像　(b)BP成像算法点目标阵成像

图 3.9　FFBP 成像算法与 BP 成像算法成像

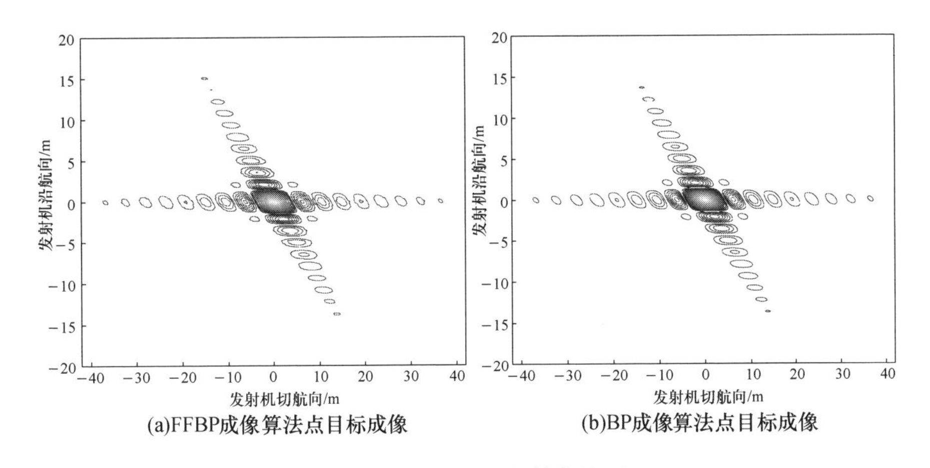

(a)FFBP成像算法点目标成像　(b)BP成像算法点目标成像

图 3.10　场景中心点等高线图

表3.1将成像性能的指标进行了对比,可以看出,FFBP算法的成像质量与BP算法非常接近,但运行时间上减小了84倍。

表3.1　BP成像算法与FFBP成像算法点目标成像性能指标

	运行时间/ms	快时间向3dB主瓣宽度/m	慢时间向3dB主瓣宽度/m	快时间向PSLR/dB	慢时间向PSLR/dB
BP	8870	1.32	1.20	-13.29	-13.30
FFBP	105	1.32	1.21	-13.31	-13.24

3.3　双基SAR频域成像算法

双基SAR频域成像算法通常与成像模式有关,但考虑到移不变模式和一站固定式模式是移变模式的特例,因此这里主要介绍移变模式的频域成像算法。

在移变双基SAR几何构型中,收发平台的速度矢量存在差异,收发平台相对位置在成像过程中是变化的,双基SAR回波存在时延徙动、二维耦合、慢时间参考函数随目标位置二维空变等问题,斜视观测时,这些问题还将变得更加严重。为克服这些问题对构建高效成像算法的影响,必须设法校正徙动、消除空变、解除耦合,为同类归集、降维处理和成批快算创造条件。

然而,现有的移变模式频域成像算法,例如二维变尺度快速傅里叶反变换(Inverse Fast Fourier Transform,IFFT)算法[3,4]、NLCS算法[5,6]、基于Loffeld模型[7]的双基RD算法和双基调频变标(Chirp Scaling,CS)算法[8],都只是简单地将沿接收站航迹空变的高阶变化量用常数因子来表征,也未考虑时延徙动的接收机沿航迹空变性,而且忽略了二维高阶耦合问题,回波模型存在较大误差,斜视观测时误差还会更大,因此,会在慢时间方向会出现显著的离心(即偏离参考点)散焦现象。为此,这里介绍一种针对移变侧/斜视模式的双基SAR频域成像算法。

3.3.1　ω-k成像处理过程

为了采用频域算法对双基侧斜视SAR进行成像处理,就必须采用更高精度的散射点回波二维频谱模型,例如2.4.4节中的广义Loffeld二维频谱模型。同时,还需对广义Loffeld模型进行二维空域线性化,实现散射点位置变量与二维频率的分离,为消除回波空变性创造条件。随后,采用二维Stolt变换来消除回波二维空变并解除二维耦合。所构造出的双基ω-k算法,可在收发站不等速、大双基地角情况下,实现双基斜前视SAR的高精度成像。

1. 散射点回波二维频谱的广义Loffeld模型

图3.11中给出了双飞移变模式侧斜视SAR的成像几何关系,其中接收站被定义在x,y,z直角坐标系中,并沿与y轴平行的方向以速度v_R飞行。发射站

定义于 x',y',z' 直角坐标系中，并沿与 y' 轴平行的方向以速度 v_{T} 飞行。两个坐标系有相同的坐标原点 O，即场景中心。y 轴与 y' 轴夹角为 α，则两个坐标系的关系为

$$\begin{bmatrix} x' \\ y' \end{bmatrix} = \begin{bmatrix} \cos\alpha & -\sin\alpha \\ \sin\alpha & \cos\alpha \end{bmatrix} \begin{bmatrix} x \\ y \end{bmatrix} \tag{3.21}$$

P 是成像区域中坐标为(x,y)的散射点，在坐标系 x',y',z' 中它的对应坐标为(x',y')。h_{T} 和 h_{R} 分别为发射站和接收站的高度。当慢时间变量为零时，发射站的坐标为$(x'_{\mathrm{T}},y'_{\mathrm{T}},h'_{\mathrm{T}})$，接收站的坐标为$(x_{\mathrm{R}},y_{\mathrm{R}},h_{\mathrm{R}})$，$r_{\mathrm{T}}(x')$ 和 $r_{\mathrm{R}}(x)$ 分别为发射站和接收站的航路捷径，$\theta_{\mathrm{sT}}(x')$ 和 $\theta_{\mathrm{sR}}(x)$ 代表发射站和接收站的斜视角，分别是 x' 和 x 的函数，$r_{\mathrm{T}}(x')$ 和 $r_{\mathrm{R}}(x)$ 分别是 x' 和 x 的函数。为了简便，使用 r_{T}，r_{R}，θ_{sT}，θ_{sR} 来表示它们。

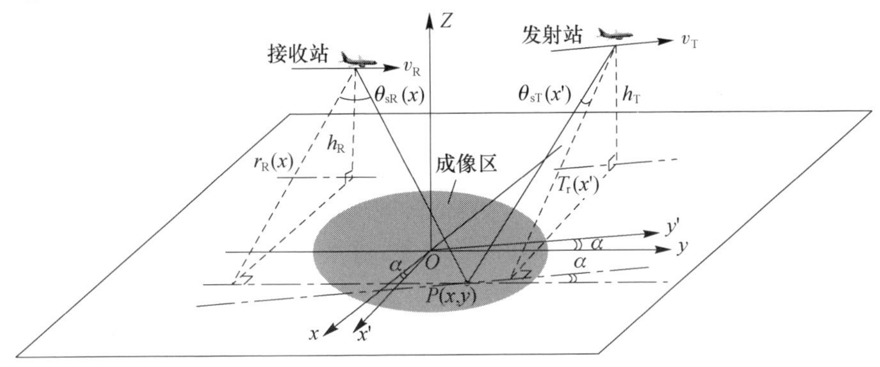

图 3.11　双飞移变双基侧/斜视 SAR 成像几何关系

根据 2.4.4 节分析，可以给出散射点 P 的回波二维频谱解析表达式即

$$S_{2\mathrm{f}}(f_{\mathrm{t}},f_{\tau};x,y) = S_0(f_{\tau})\exp\{-\mathrm{j}\Phi_{\mathrm{G}}(f_{\mathrm{t}},f_{\tau};x,y)\} \tag{3.22}$$

式中：$S_0(f_{\tau})$ 为发射基带信号的频谱，f_t 和 f_{τ} 分别为慢时间频率和快时间频率即

$$\Phi_{\mathrm{G}}(f_{\mathrm{t}},f_{\tau};x,y) = \frac{2\pi}{c}[r_{\mathrm{T}}F_{\mathrm{T}}(f_{\mathrm{t}},f_{\tau}) + r_{\mathrm{R}}F_{\mathrm{R}}(f_{\mathrm{t}},f_{\tau})] + 2\pi[f_{\mathrm{tT}}(f_{\mathrm{t}})t_{0\mathrm{T}} + f_{\mathrm{tR}}(f_{\mathrm{t}})t_{0\mathrm{R}}] \tag{3.23}$$

式中：$F_{\mathrm{T}}(f_{\mathrm{t}},f_{\tau})$、$F_{\mathrm{R}}(f_{\mathrm{t}},f_{\tau})$、$f_{\mathrm{tT}}(f_{\mathrm{t}})$ 与 $f_{\mathrm{tR}}(f_{\mathrm{t}})$ 的表达式见第 2 章式(2.70)、式(2.71)、式(2.85)和式(2.86)；$t_{0\mathrm{T}}$ 和 $t_{0\mathrm{R}}$ 分别为发射站与接收站的航路捷径。

2. 散射点回波二维频谱的空域线性化

构建移变模式双基侧斜视 SAR 的 ω-k 成像算法，需要对散射点回波二维频谱进行空域二维线性化，其目的是将关于航路捷径以及 y 轴坐标的一阶项与高阶项分开，以便分别进行分析和处理。将式沿 r_{R} 方向和接收载机飞行方向的 y 方向，对像素点(x_0,y_0)对应的航路捷径 r_{R0} 和 y 轴坐标 y_0 进行泰勒展开，暂时不考虑剩余的 Δr 和 Δy 的二阶项和它们之间的耦合项，只保留一阶项，可得

式(3.24),而剩余高阶项的影响以及相应的补偿措施,可以参考文献[9,10]。

$$
\begin{aligned}
\Phi_{\mathrm{G}}(f_{\mathrm{t}},f_{\tau}) \approx & 2\pi\left[\frac{r_{\mathrm{T0}}F_{\mathrm{T}}^{\mathrm{ref}}+r_{\mathrm{R0}}F_{\mathrm{R}}^{\mathrm{ref}}}{\mathrm{c}}+f_{\mathrm{tT}}^{\mathrm{ref}}t_{0\mathrm{T}}^{\mathrm{ref}}-\frac{y_{\mathrm{R}}f_{\mathrm{tR}}^{\mathrm{ref}}}{v_{\mathrm{R}}}\right] \\
& +2\pi\Delta r\,\frac{a_{r1}F_{\mathrm{T}}^{\mathrm{ref}}+p_{r1}(f_{\mathrm{t}},f_{\tau})r_{\mathrm{T0}}+q_{r1}(f_{\mathrm{t}},f_{\tau})r_{\mathrm{R0}}+F_{\mathrm{R}}^{\mathrm{ref}}}{\mathrm{c}} \\
& +\varsigma_{\mathrm{T}r1}(f_{\mathrm{t}})t_{0\mathrm{T}}^{\mathrm{ref}}-\frac{\varsigma_{\mathrm{R}r1}(f_{\mathrm{t}})y_{\mathrm{R}}}{v_{\mathrm{R}}}+g_{r1}f_{\mathrm{tT}}^{\mathrm{ref}}\,] \\
& +2\pi\Delta y\left[\frac{a_{y1}F_{\mathrm{T}}^{\mathrm{ref}}+p_{y1}(f_{\mathrm{t}},f_{\tau})r_{\mathrm{T0}}+q_{y1}(f_{\mathrm{t}},f_{\tau})r_{\mathrm{R0}}}{\mathrm{c}}\right. \\
& +\varsigma_{\mathrm{T}y1}(f_{t})t_{0\mathrm{T}}^{\mathrm{ref}}-\frac{\varsigma_{\mathrm{R}y1}(f_{\mathrm{t}})y_{\mathrm{R}}}{v_{\mathrm{R}}}+g_{r1}f_{\mathrm{tT}}^{\mathrm{ref}}+\frac{f_{\mathrm{tT}}^{\mathrm{ref}}}{v_{\mathrm{R}}}\Bigg] \\
& +\varsigma_{\mathrm{T}r1}(f_{\mathrm{t}})g_{y1}+\varsigma_{\mathrm{T}y1}(f_{\mathrm{t}})g_{r1}+\left.\frac{\varsigma_{\mathrm{R}r1}(f_{\mathrm{t}})}{v_{\mathrm{R}}}\right]
\end{aligned}
\tag{3.24}
$$

式中:$\Delta r=r_{\mathrm{R}}-r_{\mathrm{R0}}$,$\Delta y=y-y_{0}$,分别为散射点与参考点的航路捷径差和 y 轴位置差;a_{r1} 和 a_{r1} 是 r_{T} 对于 r_{R} 线性展开的系数;p_{r1} 和 q_{r1} 分别为 F_{T} 和 F_{R} 对 Δr 的一阶展开系数;p_{y1} 和 q_{y1} 分别为 F_{T} 和 F_{R} 对 Δy 的一阶展开系数;$\zeta_{\mathrm{T}r1}$ 和 $\zeta_{\mathrm{R}r1}$ 分别为 $f_{\mathrm{tT}}(f_{\mathrm{t}})$ 和 $f_{\mathrm{tR}}(f_{\mathrm{t}})$ 对 Δr 的一阶展开系数;$\zeta_{\mathrm{T}y1}$ 和 $\zeta_{\mathrm{R}y1}$ 分别为 $f_{\mathrm{tT}}(f_{\mathrm{t}})$ 和 $f_{\mathrm{tR}}(f_{\mathrm{t}})$ 对 Δy 的一阶展开系数;g_{r1} 和 g_{y1} 分别为 $t_{0\mathrm{T}}$ 对 Δr 和 Δy 的一阶展开系数;$F_{\mathrm{T}}^{\mathrm{ref}}=F_{\mathrm{T}}(f_{\mathrm{t}},f_{\tau};r_{\mathrm{R0}},y_{0})$;$F_{\mathrm{R}}^{\mathrm{ref}}=F_{\mathrm{R}}(f_{\mathrm{t}},f_{\tau},r_{\mathrm{R0}},y_{0})$;$f_{\mathrm{tT}}^{\mathrm{ref}}=f_{\mathrm{tT}}(f_{\mathrm{t}};r_{\mathrm{R0}},y_{0})$;$f_{\mathrm{tR}}^{\mathrm{ref}}=f_{\mathrm{tR}}(f_{\mathrm{t}};r_{\mathrm{R0}},y_{0})$;$t_{0\mathrm{T}}^{\mathrm{ref}}$ 为发射站航迹到场景中心点的航路捷径时刻。

在式(3.24)中,第一项代表空不变相位,对应于参考点除 $S_{0}(f_{\tau})$ 相位外的频谱相位,可以在二维频域内乘以参考函数进行补偿。第二项是关于 Δr 的线性空变部分,第三项是关于 Δy 的线性空变部分。到目前为止,点目标二维频谱中的空间变量已经被分离出来,式(3.24)中 Δr 和 Δy 的系数只是频率变量的函数。

3. 二维 Stolt 变换

空域线性化之后,二维 Stolt 变换是消除回波二维空变性和解除二维耦合性的关键步骤。但在变换前需要首先以参考点的二维频谱相位为基准,对整个场景二维频谱进行相位共轭相乘操作,即可在图像域中实现场景中心参考点聚焦,并保留二维频谱中与散射点位置相关的差异性相位信息。

1) 参考函数相乘

场景回波数据被变换到二维频域后,与式(3.25)参考函数相乘,可使所得到的频谱对应于图像域实现参考点的二维聚焦。这是因为,根据式(3.22)和式(3.24)与参考函数的定量关系,参考点(r_{R0},y_{0})处,$\Delta r=0$ 且 $\Delta y=0$,所以乘以参考函数后,参考点频谱相位已转化为零相位,其频谱以转化为二维矩形实函数,对应于图像域二维 sinc 函数,即完全聚焦。

$$S_{\mathrm{RFM}}(f_{\mathrm{t}},f_{\tau};r_{\mathrm{R0}})=S_0^*(f_\tau)\exp\left\{\mathrm{j}2\pi\left[\frac{r_{\mathrm{T0}}F_{\mathrm{T}}^{\mathrm{ref}}+r_{\mathrm{R0}}F_{\mathrm{R}}^{\mathrm{ref}}}{c}+f_{\mathrm{t}}^{\mathrm{ref}}t_{o\mathrm{T}}^{\mathrm{ref}}-\frac{y_{\mathrm{R}}f_{\mathrm{tR}}^{\mathrm{ref}}}{v_{\mathrm{R}}}\right]\right\} \tag{3.25}$$

但参考点以外的其他散射点(r_{R},y),$\Delta r\neq0$ 或 $\Delta y\neq0$,使用式的参考函数与回波频谱相乘后,所得到的频谱仍存在有残余相位即

$$\begin{aligned}\phi_{\mathrm{RES}}(f_{\mathrm{t}},f_\tau;r_{\mathrm{R}},y,r_{\mathrm{R0}},y_0)=&-2\pi\frac{\Delta r}{c}[a_{r1}F_{\mathrm{T}}^{\mathrm{ref}}+p_{r1}(f_{\mathrm{t}},f_\tau)r_{\mathrm{T0}}\\&+q_{r1}(f_{\mathrm{t}},f_\tau)r_{\mathrm{R0}}+F_{\mathrm{R}}^{\mathrm{ref}}\\&+\zeta_{\mathrm{T}r1}(f_{\mathrm{t}})t_{0\mathrm{T}}^{\mathrm{ref}}c-\frac{\zeta_{\mathrm{R}r1}(f_{\mathrm{t}})y_{\mathrm{R}}c}{v_{\mathrm{R}}}+g_{r1}f_{\mathrm{tT}}^{\mathrm{ref}}c]\\&-2\pi\frac{\Delta y}{v_{\mathrm{R}}}\{[a_{y1}F_{\mathrm{T}}^{\mathrm{ref}}+p_{y1}(f_{\mathrm{t}},f_\tau)r_{\mathrm{T0}}\\&+q_{y1}(f_{\mathrm{t}},f_\tau)r_{\mathrm{R0}}]v_{\mathrm{R}}/c\\&+\zeta_{\mathrm{T}y1}(f_{\mathrm{t}})t_{0\mathrm{T}}^{\mathrm{ref}}v_{\mathrm{R}}-\zeta_{\mathrm{R}y1}(f_{\mathrm{t}})y_{\mathrm{R}}\\&+g_{r1}f_{\mathrm{tT}}^{\mathrm{ref}}+f_{\mathrm{tR}}^{\mathrm{ref}}\}\end{aligned} \tag{3.26}$$

因此,在图像域只能实现部分压缩,并不能实现良好的聚焦。

2) Stolt 变换

上式中的残余相位对 Δr 和 Δy 是线性的,令 Δr 和 Δy 的系数分别为一个新的频率变量,可以得到一个二维频率变换关系即

$$\begin{cases}f'_\tau+f_0=a_{r1}F_{\mathrm{T}}^{\mathrm{ref}}+p_{r1}(f_{\mathrm{t}},f_\tau)r_{\mathrm{T0}}+F_{\mathrm{R}}^{\mathrm{ref}}+q_{r1}(f_{\mathrm{t}},f_\tau)r_{\mathrm{R0}}\\\qquad+\zeta_{\mathrm{T}r1}(f_{\mathrm{t}})t_{0\mathrm{T}}^{\mathrm{ref}}c-\zeta_{\mathrm{R}r1}(f_{\mathrm{t}})y_{\mathrm{R}}c/v_{\mathrm{R}}+g_{r1}f_{\mathrm{tT}}^{\mathrm{ref}}c\\f'_{\mathrm{t}}=a_{y1}F_{\mathrm{T}}^{\mathrm{ref}}v_{\mathrm{R}}/c+p_{y1}(f_{\mathrm{t}},f_\tau)r_{\mathrm{T0}}v_{\mathrm{R}}/c+q_{y1}(f_{\mathrm{t}},f_\tau)r_{\mathrm{R0}}v_{\mathrm{R}}/c\\\qquad+\zeta_{\mathrm{T}y1}(f_{\mathrm{t}})t_{0\mathrm{T}}^{\mathrm{ref}}v_{\mathrm{R}}-\zeta_{\mathrm{R}y1}(f_{\mathrm{t}})y_{\mathrm{R}}+g_{y1}f_{\mathrm{tT}}^{\mathrm{ref}}v_{\mathrm{R}}+f_{\mathrm{tR}}^{\mathrm{ref}}\end{cases} \tag{3.27}$$

式中:f'_τ 和 f'_{t} 分别为变换后的快时间和慢时间频率。

由此,式(3.26)中 $\phi_{\mathrm{RES}}(\cdot)$ 在快慢时间频率域中坐标为(f_{t},f_τ)处的值,可以根据式(3.27)的二维频率变换关系,映射为新的快慢时间频率域中坐标为$(f'_{\mathrm{t}},f'_\tau)$处的值。经过上述频率变换后,可以得到

$$\phi_{\mathrm{RES}}(f'_{\mathrm{t}},f'_\tau;r_{\mathrm{R}},y,r_{\mathrm{R0}},y_0)\approx-2\pi(f'_\tau+f_0)\frac{\Delta r}{c}-2\pi f'_{\mathrm{t}}\frac{\Delta y}{v_{\mathrm{R}}} \tag{3.28}$$

式中:Δr 和 Δy 反映了目标的位置信息。由于该相位对于空间和频域变量都是线性的,属于线性相移因子,根据傅里叶变换特性,该相移因子对应于散射点在图像域中相对于参考点的位置,因此,通过二维 IFFT 即可得到各散射点回波能量归位聚焦后的图像。所以,这个过程达到了在图像域消除离心(即偏离

参考点)散焦现象的目的,从而消除二维空变造成的成像景深萎缩现象。

式(3.27)的本质,是通过频谱的二维非线性仿射变换,对原频谱进行几何变形的数学操作,消除 $\phi_{RES}(\cdot)$ 中的频率非线性相位项,保留频率线性项,其直观效果是,该变换使得参考点以外的散射点回波频谱相位等值线,都由非等间隔曲线簇形态转化为等间隔平行直线簇形态,而这些平行直线簇状相位等值线的方向和密度,则对应于散射点对参考点的相对坐标 Δr 和 Δy,如图 3.12 所示。

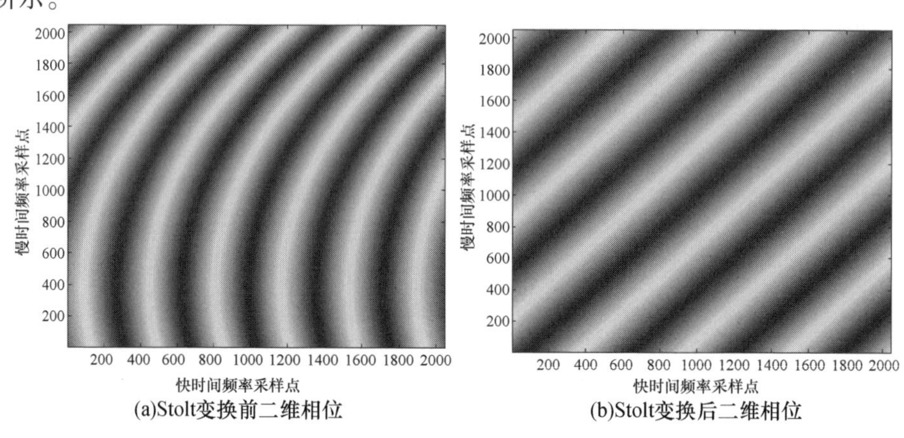

(a)Stolt变换前二维相位　(b)Stolt变换后二维相位

图 3.12　Stolt 变换相位等值线变化示意图

3）特殊几何模式的 Stolt 变换

上述移变模式双基地 SAR 的成像算法同样可以适用于一些特殊的模式,为方便双基 SAR 成像算法构建,这里给出针对一些特殊双基 SAR 模式的 Stolt 变换的表达式。

(1) 交叉飞行移变模式。在这种模式中,收发站速度矢量正交,$\alpha=\pi/2$,因此,$a_{r1}=0$ 且 $g_{y1}=0$,将这两个数值带入式,就可以得到相应的 Stolt 变换表达式。

(2) 平飞移变模式。在这种模式中,收发站沿两条平行的直线飞行,但速度大小不同,因此 $v_T \neq v_R$ 且 $\alpha=0$,相应有 $a_{y1}=0, g_{r1}=0$。此时,Stolt 变换仍为二维变换,其原因是,根据 3.1 节中的分析,这种模式虽然比交叉飞行移变模式的空变性有所减弱,但仍然是二维空变的。

(3) 一站固定移变模式。在这种模式中,一个平台是静止的,只通过另一个平台的运动来合成孔径,多普勒频率完全由运动平台提供。假设发射站是静止的,则有 $f_{tT}=0, f_{tR}=f_t$,然后有 $F_T^{ref}=f+f_0, F_R^{ref}=F_R, P_{y1}=0, q_{y1}=1/v, \zeta_{Ty1}=0$, $\zeta_{Ry1}=0, g_{y1}=0, g_{r1}=0$。此时,Stolt 变换退化为

$$\begin{cases} f'_\tau + f_0 = a_{r1}(f_\tau + f_0) + F_R \\ f'_t = a_{y1}(f_\tau + f_0) v_R / c + f_t \end{cases} \tag{3.29}$$

式中,快时间频率变换仍然是一个非线性映射,而慢时间频率变换退化为一个线性映射。

(4) 平飞移不变模式。在这种模式中,收发站飞行方向平行,速度大小相同,即 $\alpha=0$ 且 $v_{\mathrm{T}}=v_{\mathrm{R}}=v$,相应有 $a_{y1}=0,p_{y1}=0,q_{y1}=0,\zeta_{\mathrm{T}y1}=0,\zeta_{\mathrm{R}y1}=0,g_{y1}=1/v,g_{r1}=0,g_{r1}=0$。因此,Stolt 变换退化为

$$\begin{aligned}f'_\tau+f_0&=a_{r1}F_{\mathrm{T}}^{\mathrm{ref}}+p_{r1}(f_{\mathrm{t}},f_\tau)r_{\mathrm{T0}}+q_{r1}(f_{\mathrm{t}},f_\tau)r_{\mathrm{R0}}+F_{\mathrm{R}}^{\mathrm{ref}}\\&\quad+\zeta_{\mathrm{T}r1}(f_{\mathrm{t}})t_{0\mathrm{T}}^{\mathrm{ref}}c-\zeta_{\mathrm{R}r1}(f_{\mathrm{t}})y_{\mathrm{R}}c/v\end{aligned}\tag{3.30}$$

所以,这时的 Stolt 变换已退化为一维变换,只需要沿快时间频率方向进行频率变换即可。这是因为,根据 3.1 节中的分析,这种模式是一维空变的。

(5) 单基地移不变模式。这种模式可看作平飞移不变模式的特例,且 $f_{\mathrm{tT}}=f_{\mathrm{tR}}=f_{\mathrm{t}}/2,p_{r1}=0,q_{r1}=0,\zeta_{\mathrm{T}r1}=0,\zeta_{\mathrm{R}r1}=0,a_{r1}=1,a_{y1}=0,p_{y1}=0,q_{y1}=0,\zeta_{\mathrm{T}y1}=0,\zeta_{\mathrm{R}y1}=0,g_{y1}=1/v,g_{r1}=0$,。此时,Stolt 变换退化为

$$f'_\tau+f_0=2\sqrt{(f_\tau+f_0)^2-\left(\frac{cf_{\mathrm{t}}}{2v}\right)^2}\tag{3.31}$$

将式(3.31)与第 2 章文献[10]中单基地 SAR 的 ω-k 算法中所采用的 Stolt 变换式比较,可以看出两者是完全一致的。这表明,式(3.27)是单/双基 Stolt 变换的统一表达式。

3.3.2　二维 Stolt 变换的作用

二维 Stolt 变换是上述成像算法的核心步骤,进一步明确上述二维 Stolt 变换的物理意义,对于理解成像算法,实现去空变和解耦合的过程具有重要作用。为了方便解释,考虑成像场景中的三个散射点,分别为 P_0、P_M 和 P_N,它们的位置如图 3.13 所示,其中 P_0 是参考点,它的位置坐标是(r_{R0},y_0)。对于 P_M,$\Delta y=0$,只有快时间频率变换才会影响 P_M 点的聚焦性能。对于 P_N,$\Delta r=0$,只有慢时间频率变换才会影响 P_N 点的聚焦性能。

1. 快时间频率变换

将 $F_{\mathrm{T}}^{\mathrm{ref}}$、$F_{\mathrm{R}}^{\mathrm{ref}}$、$p_{r1}(f_{\mathrm{t}},f_\tau)$ 和 $q_{r1}(f_{\mathrm{t}},f_\tau)$ 对 f_τ 在零频处进行二阶泰勒展开,可以得到

$$\begin{aligned}f'_\tau+f_0\approx{}&\Big[a_{r1}D_{\mathrm{T}}(f_{\mathrm{tT}}^{\mathrm{ref}})f_0+D_{\mathrm{R}}(f_{\mathrm{tR}}^{\mathrm{ref}})f_0+p_{r1}(0,f_{\mathrm{t}})r_{\mathrm{T0}}+q_{r1}(0,f_{\mathrm{t}})r_{\mathrm{R0}}\\&+\zeta_{\mathrm{T}r1}(f_{\mathrm{t}})t_{0\mathrm{T}}^{\mathrm{ref}}c-\frac{\zeta_{\mathrm{R}r1}(f_{\mathrm{t}})y_{\mathrm{R}}c}{v_{\mathrm{R}}}+g_{r1}f_{\mathrm{tT}}^{\mathrm{ref}}c\Big]\\&+\left[\frac{a_{r1}}{D_{\mathrm{T}}(f_{\mathrm{tcT}}^{\mathrm{ref}})}+\frac{1}{D_{\mathrm{R}}(f_{\mathrm{tcT}}^{\mathrm{ref}})}+\rho_{\mathrm{T}r1}(f_{\mathrm{tcT}}^{\mathrm{ref}})r_{\mathrm{T0}}+\rho_{\mathrm{R}r1}(f_{\mathrm{tcR}}^{\mathrm{ref}})r_{\mathrm{R0}}\right]f_\tau\end{aligned}$$

$$
\begin{aligned}
&+\left[\frac{a_{r1}}{D_{\mathrm{T}}(f_{\mathrm{tT}}^{\mathrm{ref}})}-\frac{a_{r1}}{D_{\mathrm{T}}(f_{\mathrm{tcT}}^{\mathrm{ref}})}+\frac{1}{D_{\mathrm{R}}(f_{\mathrm{tT}}^{\mathrm{ref}})}-\frac{1}{D_{\mathrm{R}}(f_{\mathrm{tcT}}^{\mathrm{ref}})}\right]f_{\tau}\\
&+\{[\rho_{\mathrm{T}r1}(f_{\mathrm{t}})-\rho_{\mathrm{T}r1}(f_{\mathrm{tcT}}^{\mathrm{ref}})]r_{\mathrm{T0}}+[\rho_{\mathrm{R}r1}(f_{\mathrm{t}})-\rho_{\mathrm{R}r1}(f_{\mathrm{tcR}}^{\mathrm{ref}})]r_{\mathrm{R0}})f_{\tau}\\
&+[\rho_{\mathrm{T}r2}(f_{\mathrm{t}})r_{\mathrm{T0}}+\rho_{\mathrm{R}r2}(f_{\mathrm{t}})r_{\mathrm{R0}}\\
&-\frac{a_{r1}c^{2}(f_{\mathrm{tT}}^{\mathrm{ref}})^{2}}{2D_{\mathrm{T}}^{3}(f_{\mathrm{tT}}^{\mathrm{ref}})v_{\mathrm{T}}^{2}f_{0}^{3}}-\frac{c^{2}(f_{\mathrm{tR}}^{\mathrm{ref}})^{2}}{2D_{\mathrm{R}}^{3}(f_{\mathrm{tR}}^{\mathrm{ref}})v_{\mathrm{R}}^{2}f_{0}^{3}}\Bigg]f_{\tau}^{2}
\end{aligned}
\tag{3.32}
$$

式中：$D_{\mathrm{T}}(f_{\mathrm{tT}}^{\mathrm{ref}})=\sqrt{1-(cf_{\mathrm{tT}}^{\mathrm{ref}}/v_{\mathrm{T}}f_{0})^{2}}$；$D_{\mathrm{R}}(f_{\mathrm{tR}}^{\mathrm{ref}})=\sqrt{1-(cf_{\mathrm{tR}}^{\mathrm{ref}}/v_{\mathrm{T}}f_{0})^{2}}$；$\rho_{\mathrm{Tt1}}(f_{\mathrm{t}})$和$\rho_{\mathrm{Rt1}}(f_{\mathrm{t}})$为$p_{r1}(f_{\mathrm{t}},f_{\tau})$和$q_{r1}(f_{\mathrm{t}},f_{\tau})$关于$f_{\tau}$的线性项；$\rho_{\mathrm{T}r2}(f_{\mathrm{t}})$和$q_{\mathrm{R}r2}(f_{\mathrm{t}})$为$\rho_{r1}(f_{\mathrm{t}},f_{\tau})$和$q_{r1}(f_{\mathrm{t}},f_{\tau})$关于的二阶项；$f_{\mathrm{tcT}}^{\mathrm{ref}}=f_{\mathrm{tcT}}(r_{\mathrm{R0}},y_{0})$，$f_{\mathrm{tcR}}^{\mathrm{ref}}=f_{\mathrm{tcR}}(r_{\mathrm{R0}},y_{0})$，$f_{\mathrm{tcT}}$与$f_{\mathrm{tcR}}$分别为发射站与接收站多普勒贡献的质心。

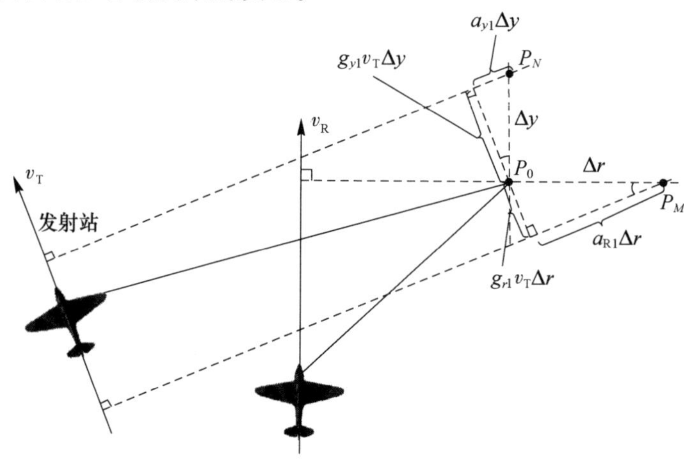

图 3.13　移变双基斜前视 SAR 俯视结构图

在式(3.32)中，第一项是一个关于快时间频率的常数，它代表参考函数相乘后残余的多普勒偏移和多普勒调制。

在 2.4.4 节中分析过，移变双基地 SAR 的散射点二维频谱可以分解为两个部分，分别对应发射站和接收站的贡献。经过参考函数匹配后，P_M 被部分压缩，$a_{r1}D(f_{\mathrm{tT}}^{\mathrm{ref}})f_0$ 是由发射站造成的残余慢时间压缩因子，a_{r1} 代表由发射站到 r_{R} 方向上的投影因子。对于 P_M，发射站的最短斜距的差为 $a_{r1}\Delta r$。$D(f_{\mathrm{tR}}^{\mathrm{ref}})f_0$ 为由接收站造成的残余慢时间压缩因子。$g_{r1}f_{\mathrm{tT}}^{\mathrm{ref}}$ 为 P_0 和 P_M 沿发射站飞行方向的位置差。在快时间频率变换后，P_0 和 P_M 落入相同的慢时间单元。

第二项代表快时间频率轴的拉伸变换，该尺度变换会导致快时间轴的线性尺度变换，使双基地距离和 r_{bi} 变为最短接收距离 r_{R}，其中双基地距离和 $r_{\mathrm{bi}}=r_{\mathrm{T}}+r_{\mathrm{R}}$。

第三项和第四项也是关于快时间频率的线性项，但是不同的是，这些尺度因子是随慢时间频率变化的，它代表残余的时延徙动因子。其中，第三项代表由距离坐标变化导致的残余时延徙动因子，而第四项代表由多普勒参数变化导致的残余时延徙动因子。

第五项代表残余的二次快时间压缩因子。

从以上的分析可以看出，快时间频率变换可以去除沿 r_{R} 的空变性，包括残余的时延徙动、残余的慢时间压缩因子和二次快时间压缩因子。

2. 慢时间频率变换

将 $f_{\mathrm{T}}^{\mathrm{ref}}$、$f_{\mathrm{R}}^{\mathrm{ref}}$、$p_{r1}(f_{\mathrm{t}},f_{\tau})$ 和 $q_{r1}(f_{\mathrm{t}},f_{\tau})$ 对 f_{τ} 在零频处进行二阶泰勒展开，并代入式(3.27)，可以得到

$$\begin{aligned} f_{\mathrm{t}}' \approx & [a_{y1}D_{\mathrm{T}}(f_{\mathrm{tT}}^{\mathrm{ref}})f_0 v_{\mathrm{R}}/c + p_{y1}(0,f_{\mathrm{t}})r_{\mathrm{T0}}v_{\mathrm{R}}/c + q_{y1}(0,f_{\mathrm{t}})r_{\mathrm{R0}}v_{\mathrm{R}}/c \\ & + \zeta_{\mathrm{Ty1}}(f_{\mathrm{t}})t_{0\mathrm{T}}^{\mathrm{ref}}v_{\mathrm{R}} - \zeta^{\mathrm{Ry1}}(f_{\mathrm{t}})y_{\mathrm{R}} + g_{y1}f_{\mathrm{tT}}^{\mathrm{ref}}v_{\mathrm{R}} + f_{\mathrm{tT}}^{\mathrm{ref}}] \\ & + \frac{v_{\mathrm{R}}}{c}\left[\frac{a_{y1}}{D_{\mathrm{T}}(f_{\mathrm{tcT}}^{\mathrm{ref}})} + \rho_{\mathrm{Ty1}}(f_{\mathrm{tcT}}^{\mathrm{ref}})r_{\mathrm{T0}} + \rho_{\mathrm{Ry1}}(f_{\mathrm{tcR}}^{\mathrm{ref}})r_{\mathrm{R0}}\right]f_{\tau} \\ & + \frac{v_{\mathrm{R}}}{c}\left[\frac{a_{y1}}{D_{\mathrm{T}}(f_{\mathrm{tT}}^{\mathrm{ref}})} - \frac{a_{y1}}{D_{\mathrm{T}}(f_{\mathrm{tcT}}^{\mathrm{ref}})}\right]f_{\tau} + \frac{v_{\mathrm{R}}}{c}\{[\rho_{\mathrm{Ty1}}(f_{\mathrm{t}}) - \rho_{\mathrm{Ty1}}(f_{\mathrm{tcR}}^{\mathrm{ref}})]r_{\mathrm{T0}} \\ & + [\rho_{\mathrm{Ry1}}(f_{\mathrm{t}}) - \rho_{\mathrm{Ry1}}(f_{\mathrm{tcR}}^{\mathrm{ref}})]r_{\mathrm{R0}}\}f_{\tau} \\ & + \frac{v_{\mathrm{R}}}{c}\left[\rho_{\mathrm{Ty2}}(f_{\mathrm{t}})r_{\mathrm{T0}} + \rho_{\mathrm{Ry2}}(f_{\mathrm{t}})r_{\mathrm{R0}} - \frac{a_{y1}c^2(f_{\mathrm{tT}}^{\mathrm{ref}})^2}{2D_{\mathrm{T}}^3(f_{\mathrm{tT}}^{\mathrm{ref}})v_{\mathrm{T}}^2 f_0^3}\right]f_{\tau}^2 \end{aligned} \tag{3.33}$$

在式(3.33)中，第一项与快时间频率无关，代表慢时间偏移和残余慢时间压缩因子。对于 P_N 而言，在参考函数相乘后，慢时间压缩因子的接收站部分已经被完全补偿，其原因是 P_N 和 P_0 有相同的 r_{R}。该项中 $a_{y1}D_{\mathrm{T}}(f_{\mathrm{tT}}^{\mathrm{ref}})f_0 v_{\mathrm{R}}/c$ 的作用，是补偿由发射站造成的剩余慢时间压缩相位，其中 a_{y1} 代表 y 和 r_1 之间的映射关系。

第二项是一个关于慢时间频率的线性项，它代表由收发站之间不同的速度矢量造成的沿 Δr 的位置偏移校正。由于存在接收站切航迹方向的空变性，在乘以参考函数 $S_{\mathrm{RFM}}(f_{\mathrm{t}},f_{\tau};r_{\mathrm{R0}})$ 之后，P_N 和 P_0 落入不同的快时间单元，而 P_N 和 P_0 分别所在快时间单元对应的双基距离和之差为

$$\begin{aligned} \Delta r_{bi}(r_{\mathrm{R0}},y;y_0) = & \frac{r_{\mathrm{T2}}}{D_{\mathrm{T}}[f_{\mathrm{tcT}}(r_{\mathrm{R0}},y)]} - \frac{r_{\mathrm{T0}}}{D_{\mathrm{T}}(f_{\mathrm{tcT}}^{\mathrm{ref}})} \\ & + \frac{r_{\mathrm{R0}}}{D_{\mathrm{R}}[f_{\mathrm{tcR}}(r_{\mathrm{R0}},y)]} - \frac{r_{\mathrm{R0}}}{D_{\mathrm{R}}(f_{\mathrm{tcR}}^{\mathrm{ref}})} \end{aligned}$$

$$= \frac{a_{y1}}{D_{\mathrm{T}}(f_{\mathrm{tcT}}^{\mathrm{ref}})} - \frac{r_{\mathrm{T0}}\kappa_{\mathrm{T}y}(f_{\mathrm{tcT}}^{\mathrm{ref}})}{D_{\mathrm{T}}^{2}(f_{\mathrm{tcT}}^{\mathrm{ref}})} - \frac{r_{\mathrm{R0}}\kappa_{\mathrm{R}y}(f_{\mathrm{tcR}}^{\mathrm{ref}})}{D_{\mathrm{R}}^{2}(f_{\mathrm{tcR}}^{\mathrm{ref}})}$$

$$= \left[\frac{a_{y1}}{D_{\mathrm{T}}(f_{\mathrm{tcT}}^{\mathrm{ref}})} + r_{\mathrm{T0}}\rho_{\mathrm{T}y1}(f_{\mathrm{tcT}}^{\mathrm{ref}}) + r_{\mathrm{R0}}\rho_{\mathrm{R}y1}(f_{\mathrm{tcR}}^{\mathrm{ref}})\right]\Delta y \tag{3.34}$$

式中:r_{T2}为发射站到$P_N(r_{\mathrm{R0}},y)$的最短斜距。可以发现式(3.33)第二项可以校正P_N和P_0双基距离和之差。经过慢时间频率变换后,P_N和P_0落入同样的快时间单元。

事实上,移变斜前视 SAR 的回波是在(t,r_{bi})域内获取的。快时间 Stolt 变换可以将回波从(t,r_{bi})域变换到(t,r_{R})域,而慢时间频率变换可以将回波从(t,r_{R})域变换到(r_{R},y)域。

第三项和第四项代表剩余的时延徙动校正因子。第五项代表剩余的二次快时间压缩因子。

从上面的分析可以看出,慢时间频率变换可以去除沿接收站沿航迹方向的空变性。与快时间频率变换相结合,本节的二维频率 Stolt 变换可以消除移变模式的二维空变。

3.3.3 算法流程及性能分析

3.3.1 与3.3.2 节分析了基于二维频谱广义 Loffeld 模型和二维 Stolt 变换的$\omega-k$成像算法所涉及的主要数学操作,据此可以给出该成像算法的处理流程,分析其计算效率,并通过数值仿真验证其成像性能。

1. 算法流程

图3.14 给出了本节中所阐述频域成像算法的流程图,其中虚框内部分为核心理过程,而虚框外的部分的作用是提供处理过程所需的信号频谱参数。其中参考函数$S_{\mathrm{RFM}}(\cdot)$的表达式由式(3.25)给定,参考函数相乘的操作对应于参考点在图像域实现二维聚焦。二维 Stolt 变换表达式由式(3.27)给出,其目的是消除二维空变造成的成像景深萎缩。高阶误差补偿的作用是消除频谱空域线性化时剩余高阶项的影响,进一步提高成像精度。

2. 计算复杂度

根据图3.14 所示,移变双基斜视 SAR 的ω-k成像算法需要两次沿慢时间方向的 FFT 和 IFFT,二次沿快时间方向的 FFT 和 IFFT,一次快时间插值作,一次慢时间插值操作,一次参考函数相乘操作[12]。假设快时间方向的采样点为N_{r},慢时间方向的采样点为N_{a},该算法需要的总的实浮点操作数为

$$10N_{\mathrm{a}}N_{\mathrm{r}}\log_2(N_{\mathrm{a}}) + 10N_{\mathrm{a}}N_{\mathrm{r}}\log_2(N_{\mathrm{r}}) + 2N_{\mathrm{a}}N_{\mathrm{r}} + 4(2M_{\mathrm{ker}}-1)N_{\mathrm{a}}N_{\mathrm{r}} \tag{3.35}$$

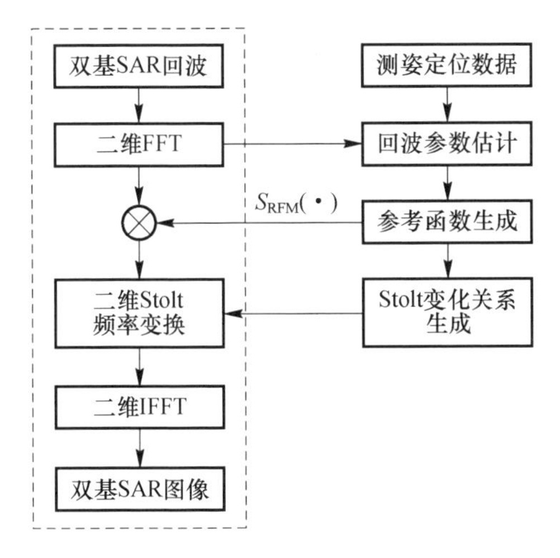

图 3.14　移变双基斜视 SAR 的 ω-k 成像算法流程图

式中：M_{ker} 为插值操作需要的临近点数目。如果 $N_{\mathrm{a}}=N_{\mathrm{r}}=N$，则算法的复杂度为 $O(N^2\log_2 N)$。

与 FFBP 算法相比，本方法总的浮点运算次数略少，计算复杂度相当。但本方法更易结合参数估计、运动补偿，在实际处理中应用价值更高。与单基 SAR 的 ω-k 算法相比，移不变模式双基 SAR 的 ω-k 算法的运算量相近，而在移变模式中，增加了一次方位 Stolt 变换的插值操作。

3. 算法性能

为说明本节算法的有效性，以下给出机载双基 SAR 成像处理仿真模拟实例，模式一为斜飞移变斜视模式，模式二为平飞移变斜视模式，仿真参数如表 3.3 所列。

成像场景由 3 行 5 列 15 个等间距散射点组成，沿 x 轴方向间距 500m，沿 y 轴方向间距 100m。中心散射点及为 O，坐标为(0,0)；位于顶点的两个散射点记为 P_1 和 P_2，它们的坐标分别为(−1000，−100)m 和(1000,100)m。

1）模式一

该模式中发射机与接收机飞行方向不同，成像场景位于发射站和接收站的侧前方，因此，该模式属于斜飞移变斜视模式。以下介绍仿真过程中算法的处理步骤和成像性能。

（1）处理步骤。

二维频率 Stolt 变换是算法的主要步骤。图 3.15(a)给出了乘以参考函数 $S_{\mathrm{RFM}}(f_{\mathrm{t}},f_{\tau};r_{\mathrm{R0}})$ 之后，二维频率 Stolt 变换前回波的二维频谱模值，呈平行四边形分布形态。参考点处多普勒带宽为 455Hz，但是由于多普勒质心的空变性，整个场景的多普勒带宽为大约 480Hz。频谱分布形态呈倾斜状是因为多普勒质心

表 3.3　仿真参数

仿真参数	发射站	接收站
载频	9.65GHz	
带宽	120MHz	
PRF	1000Hz	
合成孔径时间	3s	
模式一：$v_T \neq v_R, \alpha \neq 0$		
位置(x,y,z)	(−10，−3，10)km	(−5，−2，7)km
x 方向速度	100m/s	0m/s
y 方向速度	200m/s	140m/s
斜视角	30°	13°
双基角	9.3°	
速度角	27°	
模式二：$v_T \neq v_R, \alpha = 0$		
位置	(−20，−20，10)km	(−10，5，5)km
x 方向速度	0m/s	0m/s
y 方向速度	300m/s	200m/s
斜视角	42°	−24°
双基角	66°	

是快时间频率的函数。为了分别展示慢时间频率变换和快时间频率变换的效果，图 3.15(c)和图 3.15(e)给出了只进行慢时间频率 Stolt 变换和只进行快时间频率 Stolt 变换的二维频谱模值。慢时间频率变换稍微减小了二维频谱分布的倾斜程度，而快时间频率变换则将二维频谱的形态由平行四边形变成了倾斜弯曲的形态。图 3.15(g)给出了经过快时间和慢时间频率 Stolt 变换后的二维谱，其形状与图 3.15(e)相似。图 3.15(g)与图 3.15(a)相比，反映出了频谱分布形状的明显变化，但这种形状变化真正的本质，是频谱相位分布和等相位线形态的变化，而正是这种变化消除了各散射点非线性相位项，从而去除了空变性的影响。图 3.15(b)、图 3.15(d)、图 3.15(f)和图 3.15(h)给出了与图 3.15(a)、图 3.15(c)、图 3.15(e)和图 3.15(g)对应的图像域的聚焦情况。在乘以式中的参考函数 $S_{RFM}(f_t, f_\tau; r_{R0})$ 后，成像区域的形状从一个矩形变成了一个平行四边形。并且目标位置沿图 3.15(b)横轴方向有严重的偏移，沿图 3.15(b)纵轴方向有一定的倾斜，慢时间频率 Stolt 变换主要完成了沿图 3.15(d)横轴方向的位置校正。在图 3.16 中给出了图 3.15(b)和图 3.15(d)中间一列 3 个散射点图像域响应的聚焦情况。在该图中，与 O 有相同横轴值的目标点被提取出来，可

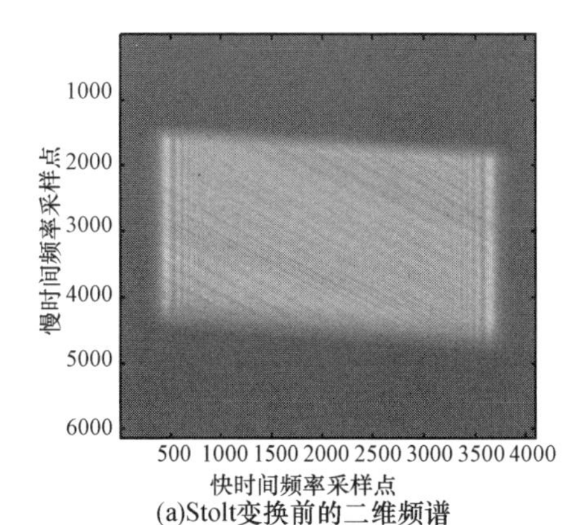

(a)Stolt变换前的二维频谱

慢时间采样点
2200 2400 2600 2800 3000 3200 3400 3600 3800
1400 1600 1800 2000 2200 2400 2600 2800
快时间采样点

(b)Stolt变换前的聚焦情况

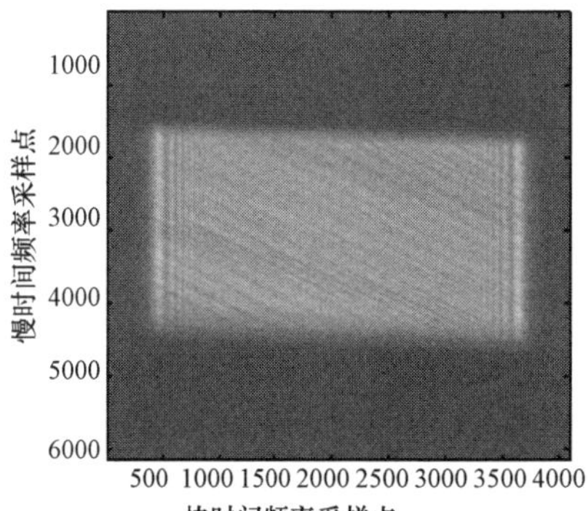

(c)慢时间频率Stolt变换后的二维频谱

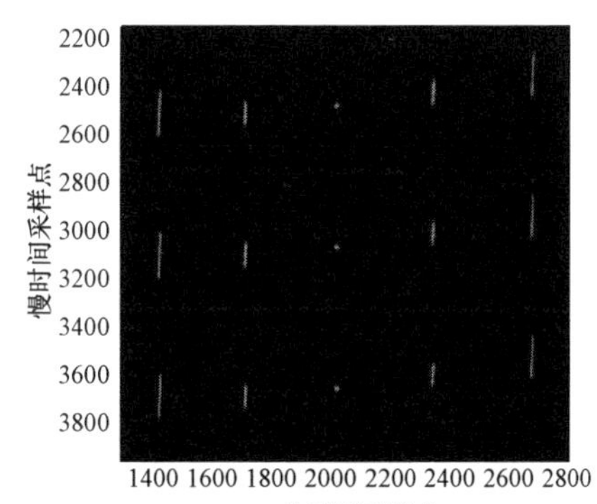

(d)慢时间频率Stolt变换后的聚焦情况

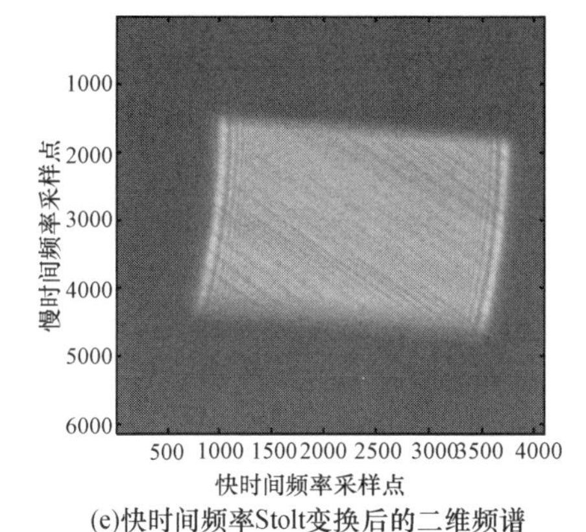

(e)快时间频率Stolt变换后的二维频谱

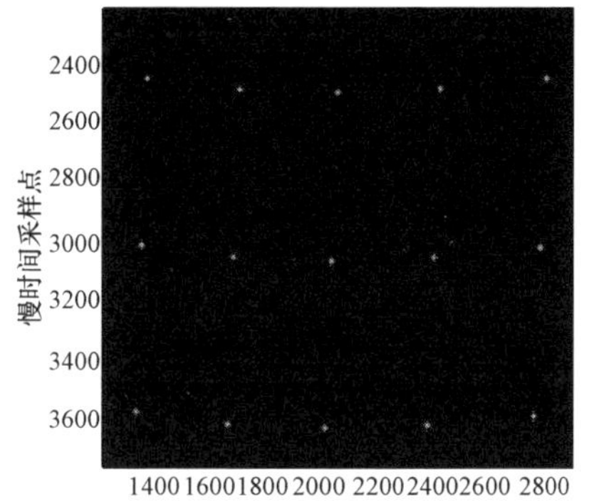

(f)快时间频率Stolt变换后的聚焦情况

图 3.15 成像处理过程中二维频谱分布和图像域聚焦情况

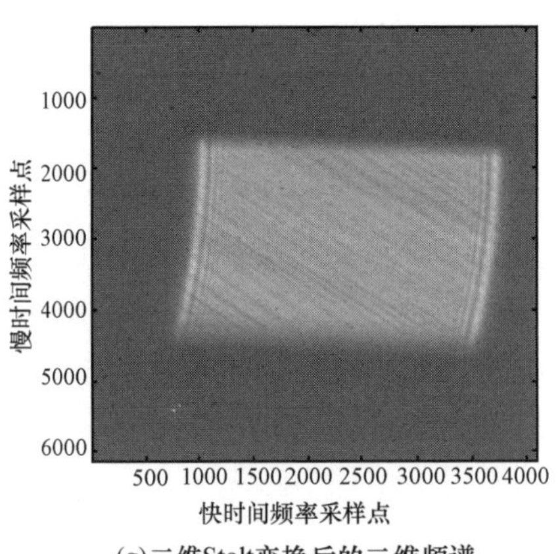

(g)二维Stolt变换后的二维频谱

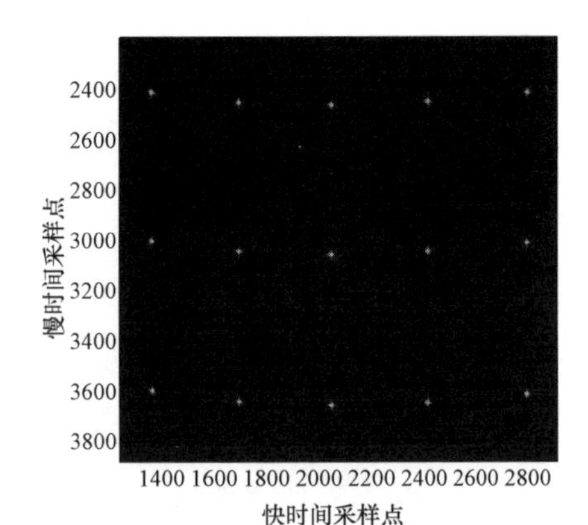

(h)二维Stolt变换后的聚焦情况

图 3.15　成像处理过程中二维频谱分布和图像域聚焦情况

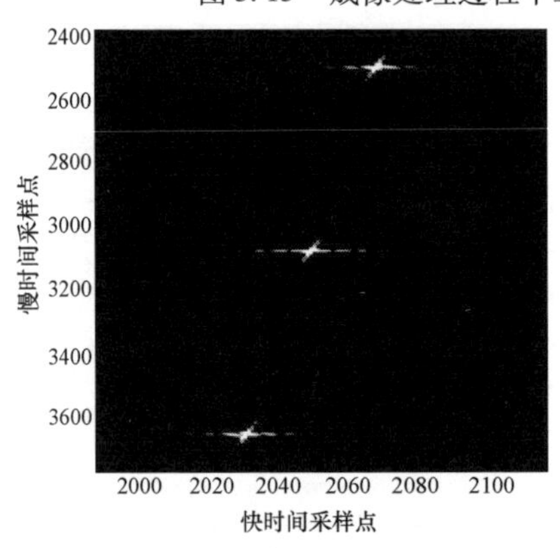

(a)慢时间Stolt变换前的聚焦情况

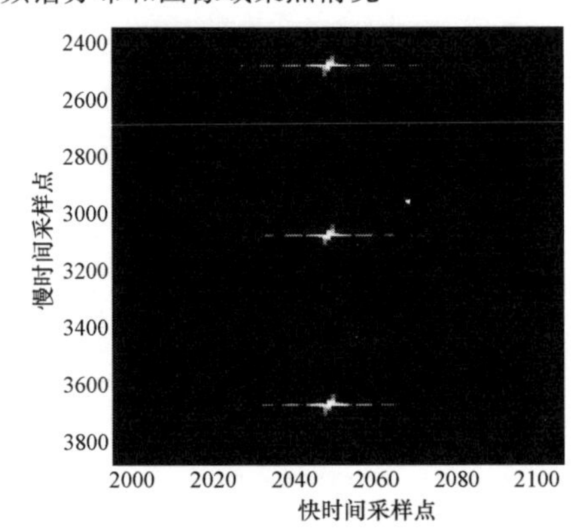

(b)慢时间Stolt变换后的聚焦情况

图 3.16　慢时间频率 Stolt 变换空域相位聚焦的效果

以发现,慢时间频率变换可以校正目标的图 3.15(d)纵轴方向位置,以使它们落入同样的快时间单元,而快时间频率变换可以实现剩余的慢时间压缩和纵轴方向位置校正。

由于该算法中采用了二阶近似,二维频率 Stolt 变换后,在图像域有一个二阶位置误差,如图 3.15(h)所示。在校正相位误差后,对应的聚焦图像如图 3.17 所示,对于 P_1 点聚焦图像,沿纵轴和横轴方向的位置误差变为 -1.5m 和 -0.75m;P_2 点沿纵轴和横轴方向的位置误差变为 -1.5m 和 -0.5m。剩余的位置误差可以在几何定标的时候进行校正。

(2) 聚焦性能。

图 3.18 给出了 P_1、O 和 P_2 点聚焦图像的等高线图,为了展现细节部分,进

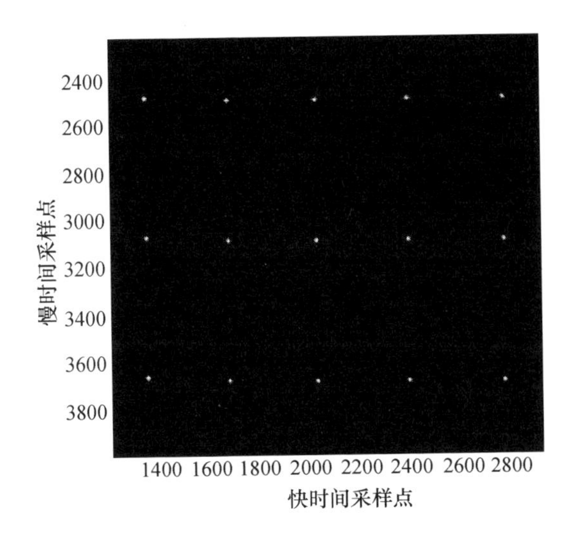

图3.17　误差补偿后的成像结果

行了9倍插值。可以发现,这三个散射点的回波可以被同时聚焦,这是因为,本节的算法考虑了 y 方向(即接收载机沿航向)的空变性和高阶耦合,在推导Stolt变换时,只进行了空间域线性化,频率的高阶项都得以保留,因此该算法可以同时消除多普勒参数二维空变性的影响。

根据梯度理论,可以得到本节算法对应的时延向地距分辨力理论值为1.09m,多普勒向地距分辨力理论值为0.31m。表3.3给出了本节算法的定量指标分析。可以看出,采用本方法,时延地距分辨力与理论值相符,多普勒地距分辨力有最大2%的展宽,而PSLR和ISLR都与理论值相符。

表3.4　成像性能参数(模式一)

		时延向			多普勒向		
		分辨力/m	PSLR/dB	ISLR/dB	分辨力/m	PSLR/dB	ISLR/dB
本算法	目标 P_1	1.11	-13.21	-10.23	0.32	-13.24	-10.21
	目标 O	1.10	-13.29	-10.27	0.31	-13.25	-10.24
	目标 P_2	1.12	-13.25	-10.24	0.33	-13.23	-10.17

2）模式二

在该模式中,发射站和接收站有相同的飞行方向,但是速度大小不同,因此属于平飞移变斜视模式。图3.19给出了 P_1、O 和 P_2 三个散射点聚焦图像和等高线图,表3.4给出了成像指性能标。

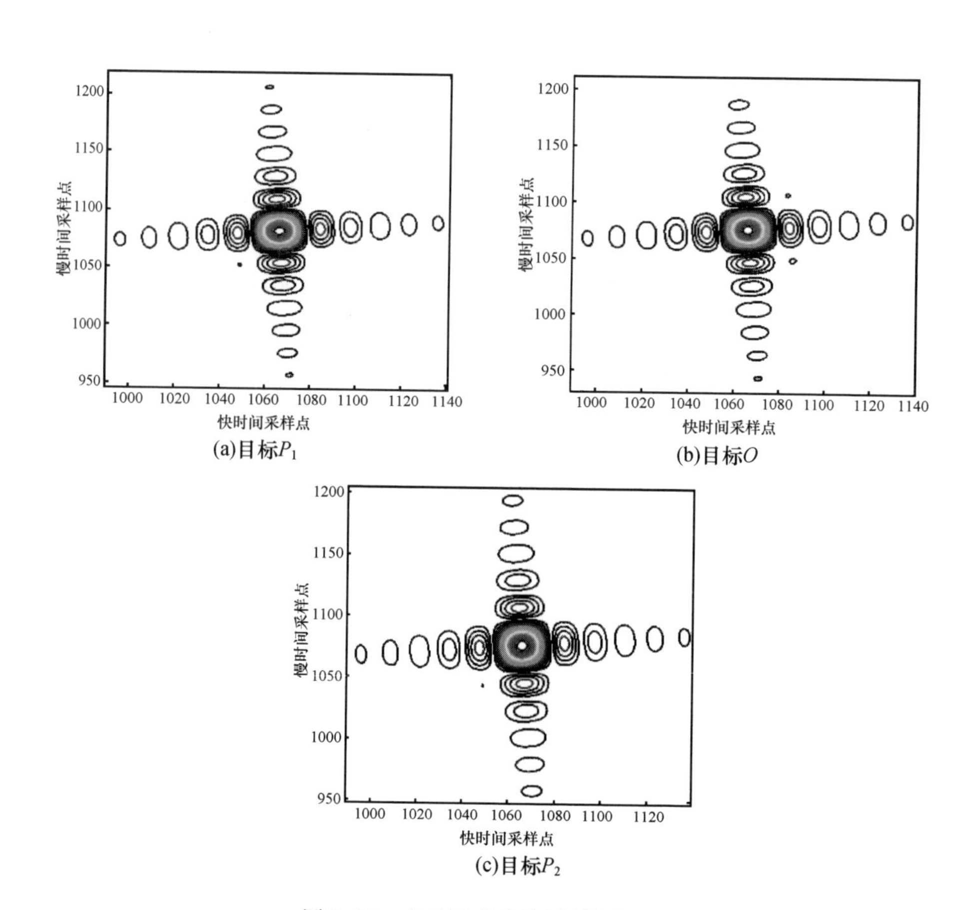

(a)目标P_1

(b)目标O

(c)目标P_2

图 3.18　点目标成像结果(模式一)

表 3.4　成像质量参数(模式二)

		时延向			多普勒向		
		IRW/m	PSLR/dB	ISLR/dB	IRW/m	PSLR/dB	ISLR/dB
本算法	目标 P_1	1.38	-13.26	-10.23	0.47	-13.25	-10.26
	目标 O	1.39	-13.31	-10.27	0.49	-13.27	-10.24
	目标 P_2	1.39	-13.29	-10.16	0.49	-13.23	-10.23

可以发现,本节算法仍然可以实现各散射点回波在图像域的良好聚焦。根据梯度理论,多普勒理论地距分辨力为 0.39m、0.42m 和 0.45m,处理结果与理论值吻合度很好。

以上分析和仿真表明该算法通过采用高效二维频谱模型空域线性化处理和二维频率 Stolt 变换等处理,不仅大幅度提高了计算效率,而且有效地消除了空变,解除了耦合,即使在较大斜视角的移变双基模式下,也能实现场景中心和边缘的一致性聚焦。

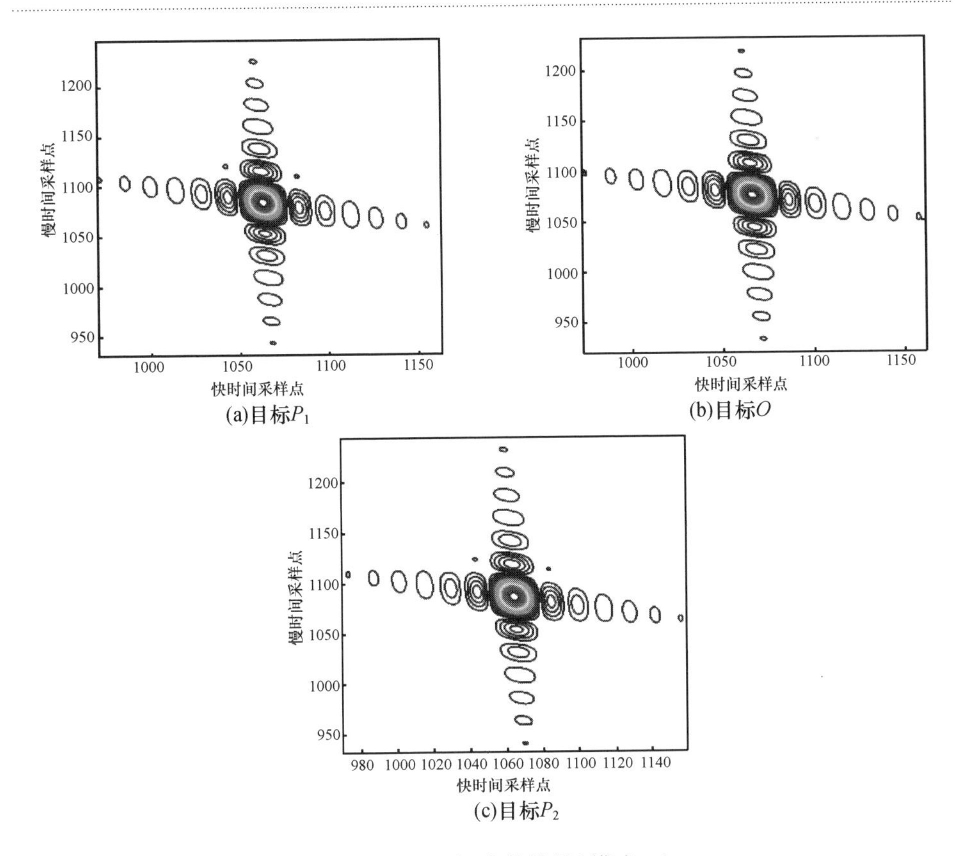

(a)目标P_1　(b)目标O　(c)目标P_2

图3.19　点目标成像结果(模式二)

参考文献

[1] Shi J, Ma L, Zhang X. Streaming BP for Non-linear motion compensation SAR imaging based on GPU[J]. IEEE Journal of Selected Topics in Applied Earth Observations and Remote Sensing, 2013, 6(4): 2035 – 2050.

[2] Shi J, Zhang X, Yang J. Principle and methods on bistatic SAR signal processing via time correlation [J]. IEEE Transactions on Geoscience and Remote Sensing, 2008, 46 (10): 3163 – 3178.

[3] Natroshvili K, Loffeld O, Nies H, et al. Focusing of general bistatic SAR configuration data with 2 – D inverse scaled FFT[J]. Geoscience and Remote Sensing, IEEE Transactions on, 2006, 44(10): 2718 – 2727.

[4] Liu Z, Yang J, Zhang X, et al, Study on spaceborne/airborne hybrid bistatic SAR image formation in frequency domain[J]. IEEE Geoscience and Remote Sensing Letters, 2008, 5(4): 578 – 582.

[5] Wong F H, Cumming I G, Neo Y L. Focusing bistatic SAR data using the nonlinear chirp scal-

ing algorithm [J]. Geoscience and Remote Sensing, IEEE Transactions on, 2008, 46(9): 2493 - 2505.

[6] Liu Z, Dai C, Zhang X, et al. Elevation-dependent frequency-domain imaging for general bistatic SAR[J]. IEEE Journal of Selected Topics in Applied Earth Observations and Remote Sensing, 2015, 8(12): 5553 - 5564.

[7] Wang R, Loffeld O, Neo Y, et al. Extending Loffeld's bistatic formula for the general bistatic SAR configuration[J]. Radar, Sonar & Navigation, IET, 2010, 4(1): 74 - 84.

[8] Wang R, Deng Y K, Loffeld O, et al. Processing the azimuth-variant bistatic SAR data by using monostatic imaging algorithms based on two-dimensional principle of stationary phase [J]. Geoscience and Remote Sensing, IEEE Transactions on, 2011, 49(10): 3504 - 3520.

[9] Wu J J, Li Z Y, Huang Y L, et al. A generalized omega-K algorithm to process translationally variant bistatic SAR data based on two-dimensional stolt mapping[J]. IEEE Transactions on Geoscience and Remote Sensing, 2014.

[10] Wu J J, Li Z Y, Huang Y L, et al. An omega-k imaging algorithm for one-stationary bistatic SAR[J]. IEEE Transactions on Aerospace and Electronic Systems, 50(1), 2014.

第4章 双基 SAR 参数估计

SAR 成像过程中的徙动校正和方位压缩处理,需要精确掌握目标回波徙动轨迹和多普勒信号各阶参数;在进行运动误差补偿时,还需要准确掌握运动误差引入的高阶项参数。由于这些参数由 SAR 承载平台的实际运动轨迹、姿态及其与成像地域的几何关系决定,因此需要通过运动测量装置,对平台实际运动情况进行测量、记录和计算,得到徙动校正和方位压缩处理所需的各阶参数,以及运动误差补偿所需的高阶项参数。当运动测量装置精度不够时,还需要利用回波数据各阶项在相应变换域的能量聚集性,估计出更为精确的各阶参数。

实际成像过程中,SAR 承载平台涉及到复杂的三维质心运动,以及偏航、俯仰、横滚等姿态变化,自由度大,估计难度高。双基 SAR 收发分置,双平台独立运动,自由度更大,误差来源众多,要在同一坐标系下同时精确掌握两个平台的位置和姿态变化,在实际中将更加困难。因此,利用回波数据直接估计出相关参数,就显得更加重要。

由于目标回波距离历程与多普勒相位史是导数关系,SAR 的参数估计问题,可归结为多普勒参数估计问题。只是对于不同构型的双基 SAR,需要估计的多普勒参数阶次存在差别。比如,在双基 SAR 平飞的正侧视观测模式中,多普勒信号可建模为二阶多项式相位信号,所以,对于徙动校正和方位压缩,只需估计出二阶及其以下阶次的参数,对于运动误差补偿,则需要估计出三阶及其以上阶次的参数;而在双基 SAR 的其他观测模式中,所需估计的参数阶次会相应升高。

本章介绍双基 SAR 多普勒参数测量、计算和估计方法,分析精度要求,并着重从回波规律、迭代自聚焦两个方面着手,分别阐述双基 SAR 多普勒质心、多普勒调频率以及多普勒调频变化率估计的典型方法,并给出若干实例。

4.1 运动测量、参数计算与精度要求

多普勒信号的规律和参数,源自运动几何关系,所以利用平台上的运动传感

装置,测量和记录天线相位中心运动历史,然后通过计算,获得多普勒信号参数,是一种自然和合理的技术思路。

4.1.1 运动测量

目前 SAR 平台中应用较多的运动传感设备,有 GPS、INS、IMU 及它们的组合形态,它们可以实时测量平台的位置和姿态信息,并用于多普勒参数的计算。

GPS 能够通过接收多个导航卫星的伪距和解算,提供平台的实时位置信息,如经度、纬度、高度、速度等信息。其具有测量精度不依赖于时间及不受重力影响等优点,长时精度高,但数据更新率低,属于非自主系统,且容易出现周跳与失锁的情况,导致导航信息间断。

INS 是以陀螺仪和加速度计为敏感器件的导航参数解算系统。其中陀螺仪用来形成一个导航坐标系,给出航向和姿态角信息;加速度计则用来测量平台加速度,再经一次、二次积分得到速度和距离。惯性导航系统属于自主式系统,导航信息连续、噪声低、更新率高、短期精度和稳定性好。

IMU 主要由 3 个加速计和 3 个陀螺仪组成,陀螺仪和加速度计直接固联在天线上。加速度计检测天线的 3 个线加速度,陀螺仪检测 3 个角速率,并通过捷联计算单元对这 6 个量进行计算,实现平台坐标系、导航坐标系和惯性坐标系之间的数学变换,提供加速度、速度、偏航、横滚、俯仰角等信息。可以认为 IMU 提供了天线相位中心高频运动的短期相对精确测量。

由于惯性测量系统存在系统误差,并随着时间迁延而增大,长期精度较差,所以通常需要利用 GPS 等外部信息进行辅助,实现组合导航,以同时保证长期的运动测量的长期精度和短期精度。比如,目前应用较多的有 GPS/INS 组合、GPS/IMU 组合以及 POS 测量系统。

4.1.2 参数计算

多普勒参数与成像过程的运动几何关系,存在明确的定量关系。这种定量关系,是根据运动测量数据计算多普勒参数的依据。本节以双基前视 SAR 为例,给出根据运动几何关系,计算多普勒质心、多普勒调频率以及多普勒调频率变化率的方法。

要求解多普勒参数,需要先求解瞬时多普勒频率。而要求解瞬时多普勒频率,需要先得到目标相位史或距离史。根据如图 4.1 所示几何关系,双基前视 SAR 点目标 P 的距离历史为

$$r(t)=r_{\mathrm{T}}(t)+r_{\mathrm{R}}(t) \tag{4.1}$$

式中:$r_{\mathrm{T}}(t)$ 和 $r_{\mathrm{R}}(t)$ 分别为发射站与接收站的距离历程,根据余弦定理,可分别求得

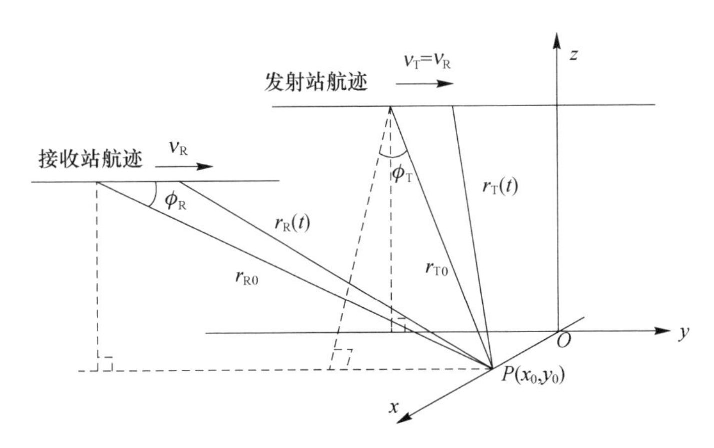

图4.1　移不变双基平飞前视 SAR 几何模型

$$r_T(t) = \sqrt{r_{T0}^2 + (vt)^2 - 2r_{T0}vt\sin\phi_T} \tag{4.2}$$

$$r_R(t) = \sqrt{r_{R0}^2 + (vt)^2 - 2r_{R0}vt\cos\phi_R} \tag{4.3}$$

式中：v_R 和 v_T 为收/发平台速度（对于移不变的情况，均用 v 表示）；r_{R0} 和 r_{T0} 分别为收/发波束中心穿过目标时的斜距；ϕ_T 为发射站斜视角；ϕ_R 为接收站下视角。

双平台运动带来的多普勒相位为 $\varphi(t) = -2\pi r(t)/\lambda$，多普勒频率为 $f_d(t) = \varphi'(t)/2\pi = -r'(t)/\lambda$，将 $r(t)$ 的表达式代入，进行泰勒展开取至二阶项，可得多普勒频率为

$$\begin{aligned} f_d(t) \approx & \frac{v_T\sin\phi_T}{\lambda} - \frac{v_T^2\cos^2\phi_T}{\lambda r_{T0}}t - \frac{3}{2}\frac{v_T^3\cos^2\phi_T\sin\phi_T}{\lambda r_{T0}^2}t^2 \\ & + \frac{v_R\cos\phi_R}{\lambda} - \frac{v_R^2\sin^2\phi_R}{\lambda r_{R0}}t - \frac{3}{2}\frac{v_R^2\sin^2\phi_R\cos\phi_R}{\lambda r_{R0}^2}t^2 \end{aligned} \tag{4.4}$$

从而可以分别得到多普勒质心 f_{dc}，多普勒调频率 f_{dr} 及多普勒调频率变化率 f_{dt} 的数学表达式为

$$f_{dc} = \frac{v_T\sin\phi_T}{\lambda} + \frac{v_R\cos\phi_R}{\lambda} \tag{4.5}$$

$$f_{dr} = -\frac{v_T^2\cos^2\phi_T}{\lambda r_{T0}} - \frac{v_R^2\sin^2\phi_R}{\lambda r_{R0}} \tag{4.6}$$

$$f_{dt} = -\frac{3v_T^2\cos^2\phi_T\sin\phi_T}{\lambda r_{T0}^2} - \frac{3v_R^2\sin^2\phi_R\cos\phi_R}{\lambda r_{R0}^2} \tag{4.7}$$

可以看出，双基前视 SAR 多普勒参数与收/发平台速度、视角、斜距及发射

信号波长有关。其他构型的双基 SAR,可以经过类似推导,得出相应公式,其多普勒参数也与上述因素有关。

对于单站固定的双基 SAR,相应的多普勒将仅由运动平台提供;对于双基正侧视 SAR,由于 ϕ_R 为 $\pi/2$,ϕ_T 为零,因而多普勒质心为零;对于星载平台的情况,受曲率和地球自转的影响,多普勒参数的计算稍显复杂[1]。

此外,与单基 SAR 类似,由于采样率(即脉冲重复频率 F_r)限定了可观测到的最高多普勒频率,只有$[-F_r/2, F_r/2)$之间的频率能以不模糊的方式被观测到。在此频率范围内,多普勒信号频谱能量中心一般称为基带多普勒质心。对于双基斜视 SAR 或者双基前视 SAR 等几何构型,多普勒质心往往比较大,当其大于 F_r 时,就会出现多普勒质心模糊,此时多普勒质心 f_{dc} 由基带多普勒质心 f'_{dc} 和多普勒模糊数 M_{amb} 两部分决定。

$$f_{dc} = f'_{dc} + M_{amb} \cdot F_r \tag{4.8}$$

4.1.3 精度要求

多普勒参数的计算和估计精度要求,是选择运动测量装置和评估参数估计方法的依据。而不同阶次的多普勒参数,对成像质量的影响不同。从成像性能指标出发,对多普勒参数估计精度提出相应要求,是自然的思路。

1. 多普勒质心

多普勒质心,即多普勒中心频率或者多普勒频率多项式中的常数项,是 SAR 成像处理的重要参数。多普勒质心估计,又称为杂波锁定,其是从传统的机载脉冲多普勒雷达中借鉴而来的。

当多普勒质心估计存在误差时,所构建的方位匹配滤波器的中心频率将偏离信号频谱能量中心,造成失配,从而降低目标响应的能量,提高模糊区的能量,恶化信号模糊比;与此同时,由于噪声频谱是平坦的,能量并不发生变化,所以还将降低信噪比;此外,多普勒质心误差所引入的线性相位误差,将造成图像错位和定位偏差。因此,多普勒质心的估计精度应处于目标定位、模糊比和信噪比的容许范围内。

如图 4.2 所示,给出了在 sinc 平方型天线波束方向图以及过采样率为 1.1 的条件下,多普勒质心误差造成的信号第一模糊比和信噪比下降情况。

根据以上结果,可以看出信号第一模糊比随质心误差呈线性下降趋势,信噪比损失呈二次曲线变化趋势,并且可分别拟合为

$$\mathrm{SFAR} = 22 - \frac{44}{F_r} \cdot \Delta f_{dc}, \Delta f_{dc} \in \left[0, \frac{F_r}{2}\right] \tag{4.9}$$

$$\mathrm{SNR_d} = 20\left(\frac{\Delta f_{dc}}{F_r}\right)^2, \Delta f_{dc} \in \left[0, \frac{F_r}{2}\right] \tag{4.10}$$

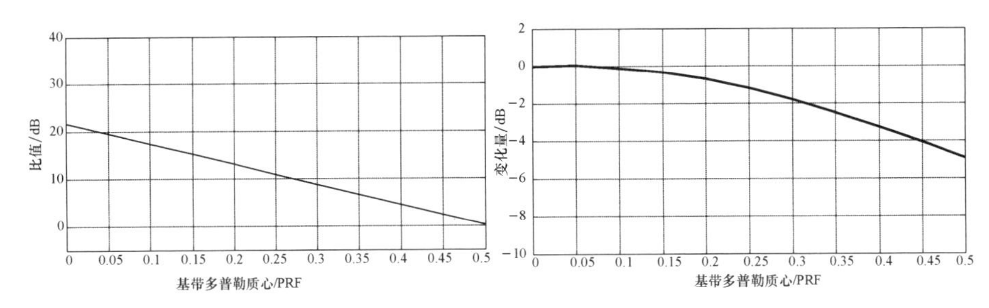

(a)模糊比随多普勒质心误差的恶化情况　(b)信噪比随多普勒质心误差的恶化情况

图 4.2　多普勒质心误差的影响

式中：SFAR 为信号第一模糊比；F_r 为脉冲重复频率；SNR_d 为信噪比损失。

比如，当要求信号第一模糊比恶化不超过 2dB 时，估计误差必须低于脉冲重复频率的 4.6%；当要求信噪比恶化不超过 2dB 时，则估计误差必须低于脉冲重复频率的 32%。当然，也可以从信噪比、图像配准或定位精度的角度，对多普勒质心估计提出精度要求。

2. 多普勒调频率

多普勒调频率，即多普勒频率多项式一次项对应的系数，是 SAR 成像处理的核心参数，也是影响 SAR 聚焦质量最重要的因素。所以，多普勒调频率估计，某些情况下又称为"自聚焦"。

多普勒调频率误差将导致方位匹配滤波参考函数或补偿因子中的相位误差，造成目标脉冲响应的散焦现象，出现主瓣展宽、峰值下降、旁瓣抬高等问题，从而严重影响成像质量。图 4.3 给出了 0% 调频率误差、5% 调频率误差时的方位聚焦情况，以及图像对比度随调频率误差的变化情况。

由于孔径边缘处的二次相位误差最大，可表示为

$$\Delta\varphi_{\text{quadic}} = \pi\Delta f_{\text{dr}}\left(\frac{T_{\text{a}}}{2}\right)^2 \tag{4.11}$$

式中 T_a 为合成孔径时间；Δf_{dr} 为多普勒调频率误差。

可见，二次相位误差与多普勒调频率误差紧密相关。在典型参数下，从主瓣展宽的角度，可给出多普勒调频率估计误差的精度要求。如图 4.4 所示，对于低于 2% 的主瓣展宽，$\Delta\varphi_{\text{quadic}}$ 应控制在 $\pi/4$ 以内，根据式(4.11)和合成孔径时间，即可由下式给出多普勒调频率 f_{dr} 的估计精度要求

$$|\Delta f_{\text{dr}}| \leqslant \frac{1}{T_{\text{a}}^2} \tag{4.12}$$

$$\left|\frac{\Delta f_{\text{dr}}}{f_{\text{dr}}}\right| \leqslant \frac{1}{T_{\text{a}}B_{\text{a}}} \tag{4.13}$$

式中：B_a 为多普勒带宽。可见方位时带积越大，多普勒调频率估计相对精度要求越高。例如，当方位时带积为 20 时，f_{dr} 相对估计精度应小于 5%。

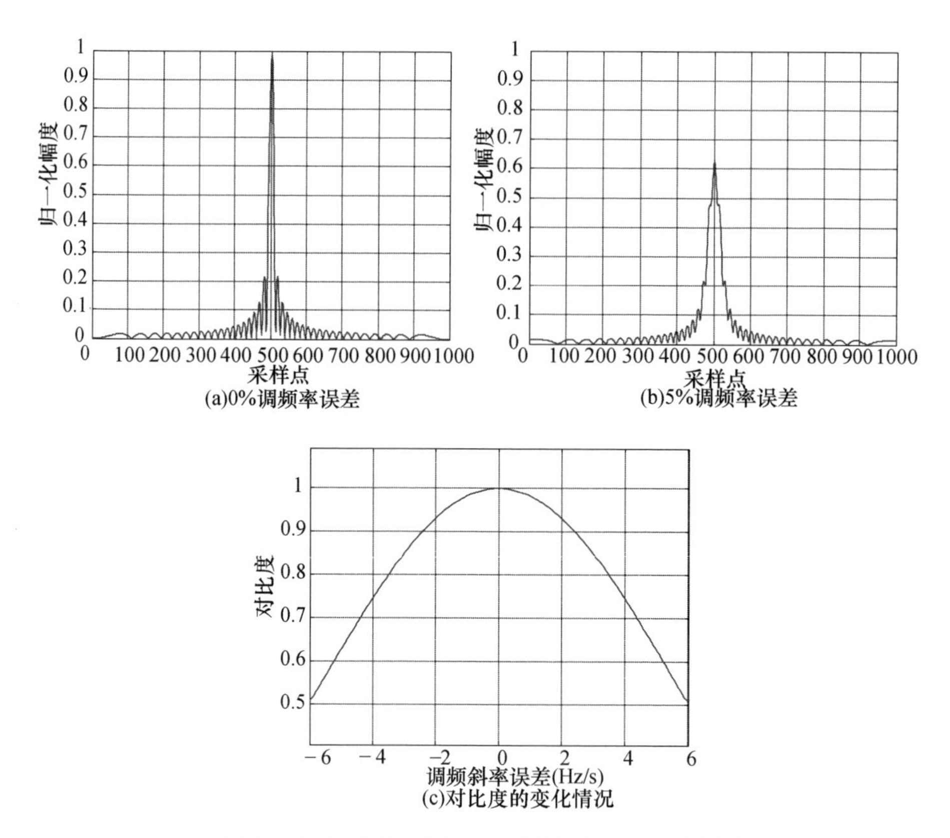

图 4.3　点目标调频率误差对图像聚焦对比度的影响

此外，也可以从 PSLR 和 ISLR 等角度，给出多普勒调频率的估计精度要求。

4.2　基于回波规律的参数估计

不同的双基 SAR 几何构型，经过徙动校正后，多普勒信号呈现的规律不同，有些可以建模为线性调频信号，有些需建模为二次或三次调频信号。可以利用信号的各阶项在相应变换域的能量聚集特性，根据聚集峰值所在位置，实现多普勒参数估计。常用的有多项式相位变换、变换域斜率检测或方位信号相关等方法。这些参数估计方法使用的某些变换域与成像算法涉及的变换域相同，所以在实际应用中，多普勒参数估计可嵌入到成像处理的过程中，以减少重复计算，提高计算效率。

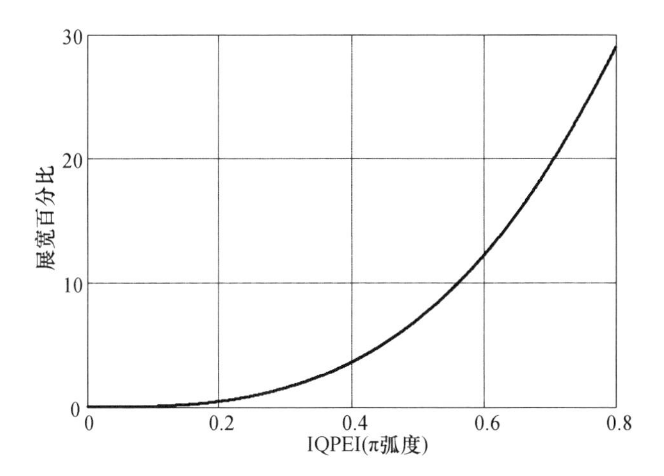

图 4.4　多普勒调频率误差对主瓣展宽的影响

4.2.1　多项式相位变换方法

该类方法将徙动校正后的多普勒信号建模为多项式相位信号。例如,对于双基正侧视 SAR 或者双基小斜视 SAR 而言,建模为线性调频信号;而双基大斜视 SAR,则建模为二次调频信号。它们都可以采用多项式相位变换方法实现多普勒参数估计,且具有运算量小,易于实现的特点。

1. 多项式相位变换机理[4]

假设 $z(n)$ 是一个阶数为 M、采样点数为 N、采样间隔为 Δ、系数为 $a_m, m=0, 1, \cdots, M$ 的复多项式相位信号,则有

$$z(n) = \exp\left\{ \mathrm{j}\sum_{m=0}^{M} a_m (n\Delta)^m \right\} \tag{4.14}$$

对 $z[n]$ 定义如下操作算子

$$\begin{cases} \mathrm{DP}_1[z(n), t_\mathrm{d}] = z(n) \\ \mathrm{DP}_2[z(n), t_\mathrm{d}] = z(n) z^*(n - t_\mathrm{d}) \\ \mathrm{DP}_M[z(n), t_\mathrm{d}] = \mathrm{DP}_2[\mathrm{DP}_{M-1}(z, t_\mathrm{d}), t_\mathrm{d}] \end{cases} \tag{4.15}$$

式中:t_d 为时延,为整数;$(\cdot)^*$ 为取共轭算子。可以发现,M 阶多项式相位信号经过操作算子 $\mathrm{DP}_M(z(n), t_\mathrm{d})$ 运算后,将会得到一个频率与系数 a_M 有关的单频信号,因而只要找到对应的信号频点,即可求出对应的系数 a_M。为此,将 M 阶多项式相位变换定义为操作算子 $\mathrm{DP}_M(z(n), t_d)$ 的离散傅里叶变换[4]

$$\begin{aligned} \mathrm{DP}_M[z(n), \omega, t_\mathrm{d}] &= \mathrm{DFT}\{\mathrm{DP}_M[z(n), t_\mathrm{d}]\} \\ &= \sum_{n=(M-1)t_\mathrm{d}}^{N-1} \mathrm{DP}_M[z(n), t_\mathrm{d}] \exp(-\mathrm{j}\omega n\Delta\} \end{aligned} \tag{4.16}$$

式中:ω 为频率。特别地,$\mathrm{DPT}_1[z(n),\omega,t_{\mathrm{d}}]=\mathrm{DFT}\{z(n)\}$,即一阶多项式相位变换就是离散傅里叶变换;而 $\mathrm{DPT}_2[z(n),\omega,t_{\mathrm{d}}]=\mathrm{DFT}\{z(n)z^*(n-t_{\mathrm{d}})\}$,因此,二阶多项式相位变换就是离散模糊函数。

2. 估计流程

假定双基 SAR 多普勒信号的相位可用三阶多项式来拟合近似,即

$$\varphi(t)\approx-\frac{2\pi}{\lambda}(r_{\mathrm{T0}}+r_{\mathrm{R0}})+2\pi f_{\mathrm{dc}}t+\pi f_{\mathrm{dr}}t^2+\frac{1}{3}\pi f_{\mathrm{dt}}t^3 \tag{4.17}$$

根据前述讨论,双基 SAR 多普勒参数可通过三阶多项式相位变换进行估计,具体流程如下。

首先,针对距离压缩及徙动校正后的数据,提取某一距离门信号,进行三阶多项式相位变换,得到具有单频信号特征的单峰频谱。

然后,根据谱峰对应的频点位置与式中多普勒三阶项 f_{dt} 的关系,实现三阶多普勒调频变化率的估计值 $\hat{f}_{\mathrm{dt}}$。

最后,可以对信号采用降阶的方法,逐次估计出多普勒调频率和多普勒质心。具体为:对提取方位信号乘以 $\exp(-\mathrm{j}\pi\hat{f}_{\mathrm{dt}}t^3/3)$,把信号降阶为二阶多项式相位信号,做二阶多项式相位变换,估计得到多普勒调频率 $\hat{f}_{\mathrm{dr}}$;依此类推,再对二阶多项式相位信号乘以 $\exp(-\mathrm{j}\pi\hat{f}_{\mathrm{dr}}t^2)$,使其降阶为单频信号,随后通过傅里叶变换,得到多普勒质心。

需要指出的是,从估计流程来看,该类方法存在误差传播效应,低阶多普勒参数的估计精度相对不高。另外,也可以采用其它类型的多项式相位信号参数估计方法,比如乘积型三阶相位函数[5]、积分型三阶相位函数等[6]。

另外还需要指出的是,当双基 SAR 回波的多普勒参数存在空变时,往往需要首先进行去空变操作,如 NLCS 均衡或方位分块;或者研究多分量多项式相位信号参数估计方法。

4.2.2 变换域斜率检测方法

基于变换域斜率检测的方法,是利用多普勒信号能量在变换域的线性聚集的特征,通过 Radon 变换等直线检测的方法,生成截距－斜率域,进一步将多普勒信号能量聚集为单峰,然后根据峰值位置估计出多普勒参数。从本质上讲这类方法属于基于回波规律的估计方法,对于多普勒质心、多普勒调频率以及多普勒调频变化率估计,均可适用。

1. 多普勒质心

基于斜率检测的多普勒质心估计方法的重点,是要找出变换域斜率与多普勒质心(或者模糊数)的解析关系。本节基于该思路,从距离压缩时域－方位时

域回波数据出发，讨论回波几何特征与多普勒质心（或者模糊数）之间的映射关系，然后给出估计方法的机理、流程与仿真。

（1）距离压缩时域－方位时域几何特征。

在斜视或前视双基 SAR 构型中，距离徙动分量中的距离走动远大于距离弯曲和高阶徙动量。距离徙动主要表现为大的距离走动。因此在距离压缩时域－方位时间域，点目标回波轨迹将表现显著倾斜的直线，如图 4.5 所示。

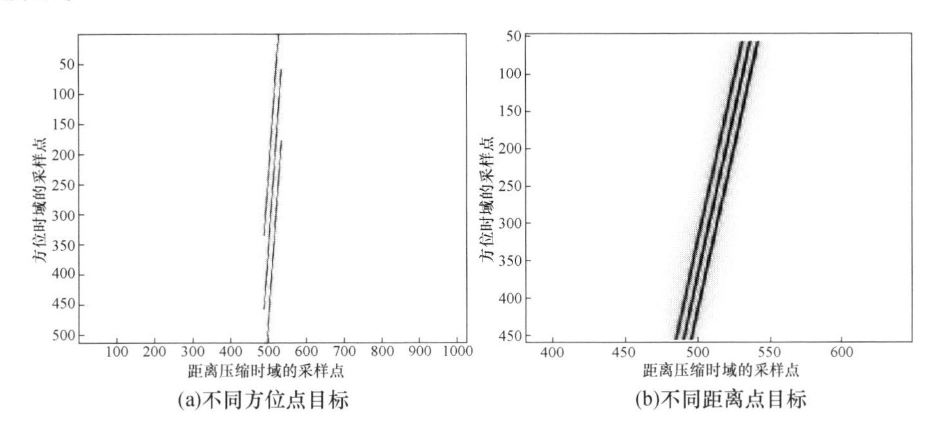

图 4.5　不同方位、距离点目标在距离压缩时域－方位时域的回波特征

（2）方法机理。

根据多普勒质心的计算方法，有

$$f_{\mathrm{dc}} = -\frac{1}{\lambda}\frac{\mathrm{d}r(t)}{\mathrm{d}t}\Big|_{t=t_0} = -\frac{1}{\lambda}K \tag{4.18}$$

式中：λ 为信号波长；$r(t)$ 为距离徙动轨迹；t_0 为表示波束中心穿越目标时刻；K 为距离走动斜率。

可以看出，通过检测距离压缩时域－方位时域回波几何特征的斜率，可估计出具有大距离徙动回波的多普勒质心。因此，如何得到这个斜率的测量计算值或估计值，就成为多普勒质心的关键。将双基前视 SAR 多普勒质心理论值式（4.5）代入式（4.18），可得

$$K = -v_{\mathrm{T}}\sin\phi_{\mathrm{T}} - v_{\mathrm{R}}\cos\phi_{\mathrm{R}} \tag{4.19}$$

即距离走动斜率与收发平台速度、角度有关，所以从概念上讲，可以采用平台运动测量设备的测量值，按式（4.19）计算得到距离走动斜率值，但这样得到的斜率值通常精度较低，达不到成像所需的精度要求，要得到更为精确的斜率估计值，往往需要从回波数据中进行估计。

由于估计过程的操作对象是二维数组，所以首先得到的是无量纲斜率 $\tilde{K}$，它

与斜率 K 的关系是

$$K=\frac{N_r\cdot\Delta r}{N_a\cdot\Delta t_a}=\frac{N_r\cdot(c\Delta t_r)}{N_a\cdot\Delta t_a}=\tilde{K}\cdot\frac{c\Delta t_r}{\Delta t_a}=\tilde{K}\cdot F=\tan\eta\cdot F \tag{4.20}$$

式中:N_r 和 N_a 分别为距离向和方位向采样点数;$\tilde{K}$ 为无量纲的距离走动斜率;Δr 为距离采样间隔;Δt_r 为距离时间采样间隔,等于 $1/f_s$;c 为光速;Δt_a 为方位采样时间间隔;F 为单位转换因子;η 为量纲距离走动斜率对应的倾角。

根据以上分析,通过检测二维平面内的直线,即可实现多普勒质心估计。而目前直线检测的手段较多,比如常用的 Radon 变换或者 Hough 变换。实际中,由于直接操作的对象是灰度数据,再加上两者均涉及二维搜索过程,计算量较大。因而通常首先利用惯导系统提供的先验信息,确定粗搜索区间,然后在粗估计的基础上,设定精搜索区间并进行精估计。另外,在回波信噪比较强时,还可以通过对灰度数据二值化(稀疏化)操作,实现节省存储空间与运算时间的目的。

搜索的步长可根据估计精度需求来确定。由式(4.18),可得

$$\Delta f_{dc}=-\frac{1}{\lambda}\cdot\Delta K=-\frac{1}{\lambda}\cdot\Delta\tilde{K}\cdot F=-\frac{1}{\lambda}\cdot\Delta\eta\cdot\cot\eta\cdot F \tag{4.21}$$

假设估计精度需求为 Δf_{dc},则精细步长 $\Delta\alpha_2$ 可设为

$$\Delta\alpha_2=\left|\Delta f_{dc}/\frac{1}{\lambda}\cdot\cot\eta\cdot F\right| \tag{4.22}$$

一般,粗搜索步数等于精搜索步数,即粗略步长为

$$\Delta\alpha_1=\sqrt{2\beta\Delta\alpha_2} \tag{4.23}$$

式中:β 为 Radon 变换粗搜索角度最大变化量,可由惯导先验信息确定。

(3) 仿真与实测结果。

为了验证方法的有效性,首先对双基前视 SAR 进行仿真;然后,对同样具有明显距离走动特征的星载斜视 SAR 实测数据(来源于加拿大遥感中心)进行评估。处理过程与结果如图 4.6 ~ 图 4.8 所示。

从仿真与实测数据结果可以看出,在 Radon 变换中回波信号能量出现明显的聚集现象,根据图 4.6 ~ 图 4.8 分图(c)中聚焦峰位置,可确定其对应的角度,从而得到η的估计值,然后利用式(4.20)和式(4.18)计算出无模糊多普勒质心 f_{dc}。分析表明,这种估计方法具有较高的精度[7]。

此外,对于方位压缩时域 - 距离频域以及方位压缩时域 - 距离时域的前视和斜前视双基 SAR 的点目标回波,包络能量也呈现线状分布特征,通过理论分析和仿真可以得到印证,如图 4.9 所示。因此,也可以导出包络能量分布斜率与多普勒质心或者多普勒模糊数的关系,进而实现多普勒质心解模糊。但该方法往往需同

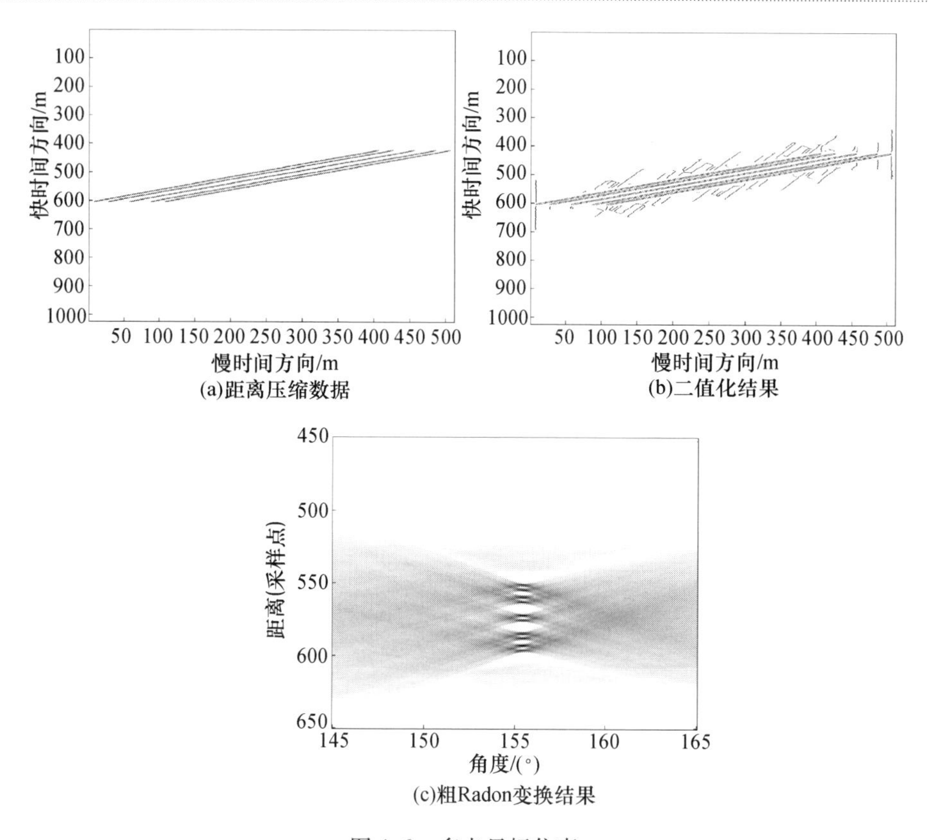

(a)距离压缩数据

(b)二值化结果

(c)粗Radon变换结果

图 4.6　多点目标仿真

时估计多普勒调频率和几何斜率,因而不可避免存在误差传递或积累效应。

2. 多普勒调频率估计

对于双基侧视 SAR 或者具有小斜视角的双基 SAR 几何构型,经过距离徙动校正后的多普勒信号,通常可以建模为线性调频信号。可以利用线性调频信号在时频域表现为沿倾斜直线聚集的特征,通过时频域直线检测的方法,实现多普勒调频率估计。

线性调频信号的时频分析方法较多,如常见的短时傅里叶变换(Short Time Fourier Transform, STFT)和 Wiener-Ville 分布(Wiener-Ville Distribution, WVD)等。其中 WVD 方法具有较高的时频分辨力,实际应用较多,但由于 WVD 本质上是一种双线性变换,应用于多分量信号时,将出现"交叉项干扰"。因此,要将此方法应用于存在方位空变的双基 SAR 构型,就需要研究交叉项抑制方法。

对于不存在方位空变的双基 SAR 构型,由于多普勒参数不存在差异,无需考虑交叉项的影响。多普勒调频率 f_{dr} 与数字计算时,离散时频平面内的直线斜率 K_2 存在以下关系

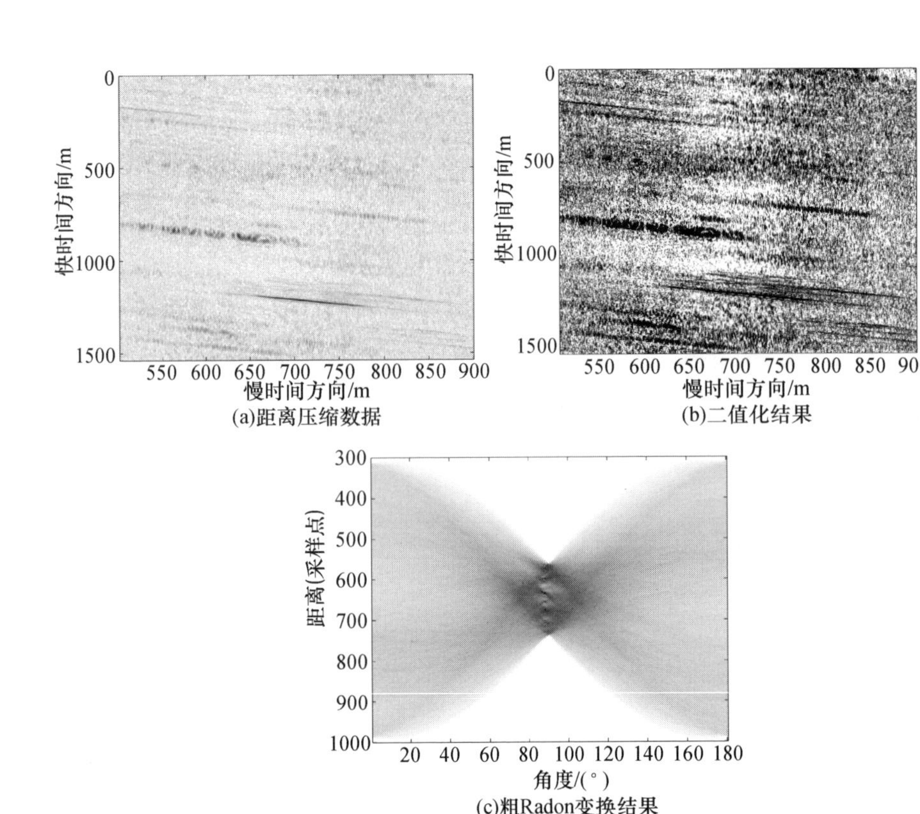

图 4.7 实测数据结果(一)

$$f_{\mathrm{dr}} = K_2 \cdot \frac{\Delta f}{\Delta t_{\mathrm{a}}} = K_2 \cdot \frac{F_{\mathrm{r}}/2N_{\mathrm{a}}}{T_{\mathrm{a}}/N_{\mathrm{a}}} = K_2 \cdot \frac{F_{\mathrm{r}}}{2T_{\mathrm{a}}} \tag{4.24}$$

式中:Δf 和 Δt_{a} 分别为 WVD 时频平面频率和时间间隔;F_{r} 为脉冲重复频率;T_{a} 为合成孔径时间;N_{a} 为方位采样脉冲数。

如图 4.10 所示,为采用 WVD 方法得到的线性调频信号的时频图及 Radon 变换结果。在 Radon 变换域通过峰值位置对应的角度坐标 K_2,即可根据式(4.24)计算出多普勒调频率估计值。

图 4.11 和图 4.12 给出了实测星载 SAR 数据的处理结果。该实测数据方位向可表示为线性调频信号,在时频平面上,点目标回波 WVD 的能量沿倾斜直线状聚集,而在 WVD 的 Radon 变换域,则呈单峰状聚集,其峰值对应角度坐标即为 K_2,由此可利用式(4.24)计算出多普勒调频估计值。这种估计方法能够达到的估计精度,与数据信噪比及 Radon 变换的搜索步长等因素有关[8]。

4.2.3 方位信号相关方法

基于方位信号相关的方法,通过求解方位信号的相关函数,利用相关函数与

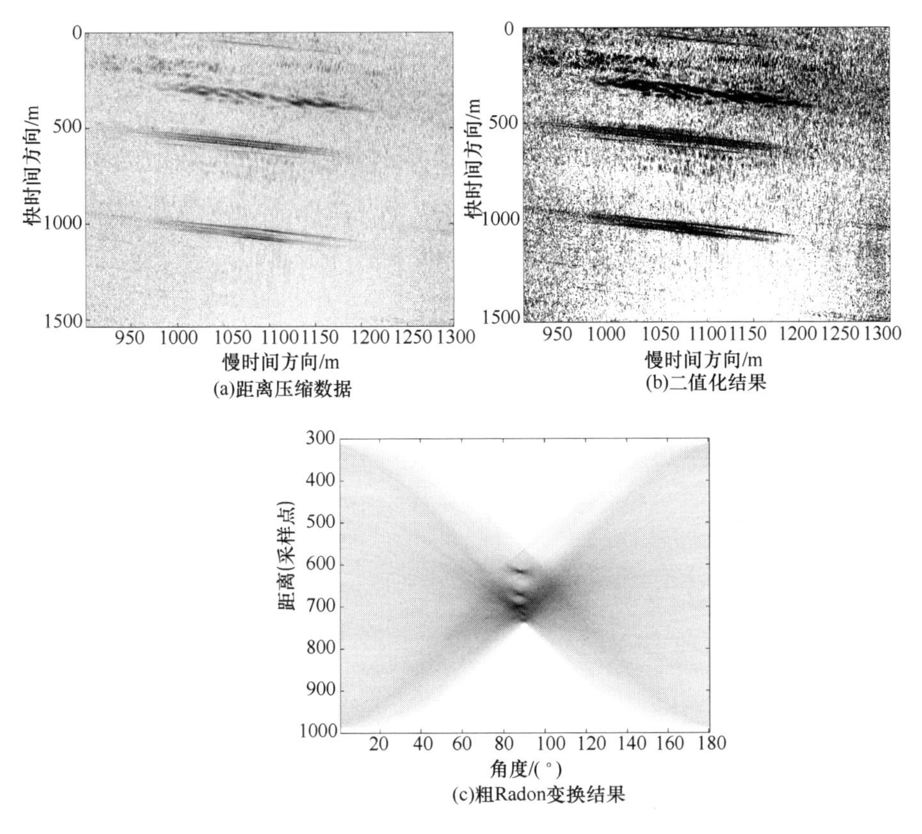

(a)距离压缩数据

(b)二值化结果

(c)粗Radon变换结果

图4.8 实测数据结果(二)

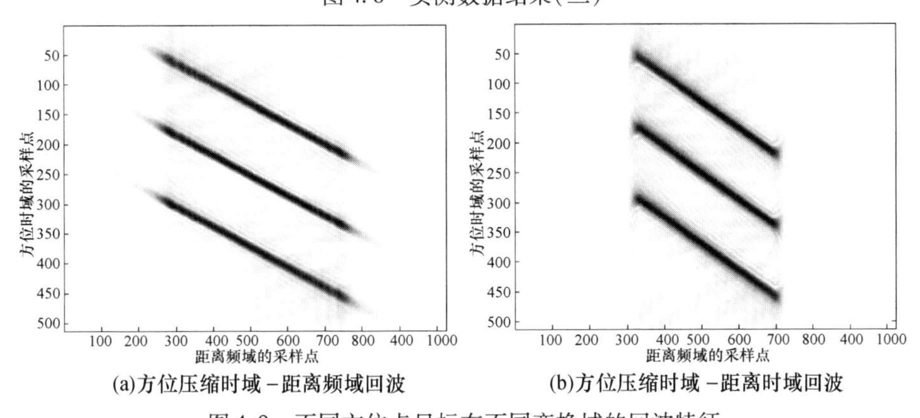

(a)方位压缩时域–距离频域回波

(b)方位压缩时域–距离时域回波

图4.9 不同方位点目标在不同变换域的回波特征

多普勒参数之间的内在联系,实现多普勒参数估计。本质上也是利用回波信号的规律来实现参数估计。这类方法,如时域相关多普勒质心估计方法[9]、子孔径相关多普勒调频率估计方法[10]等,在合成孔径雷达的参考书中比较常见,这里不再赘述。

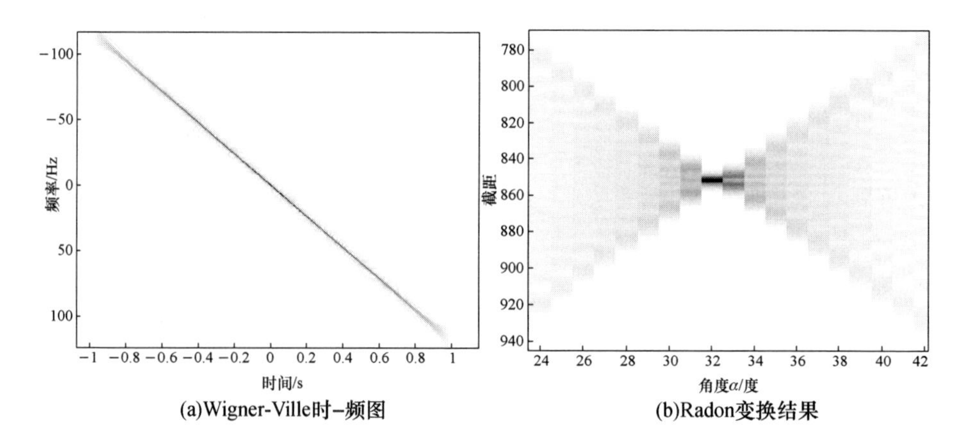

(a)Wigner-Ville时-频图 (b)Radon变换结果

图 4.10 线性调频信号的 Wigner-Ville 分布及斜率检测结果

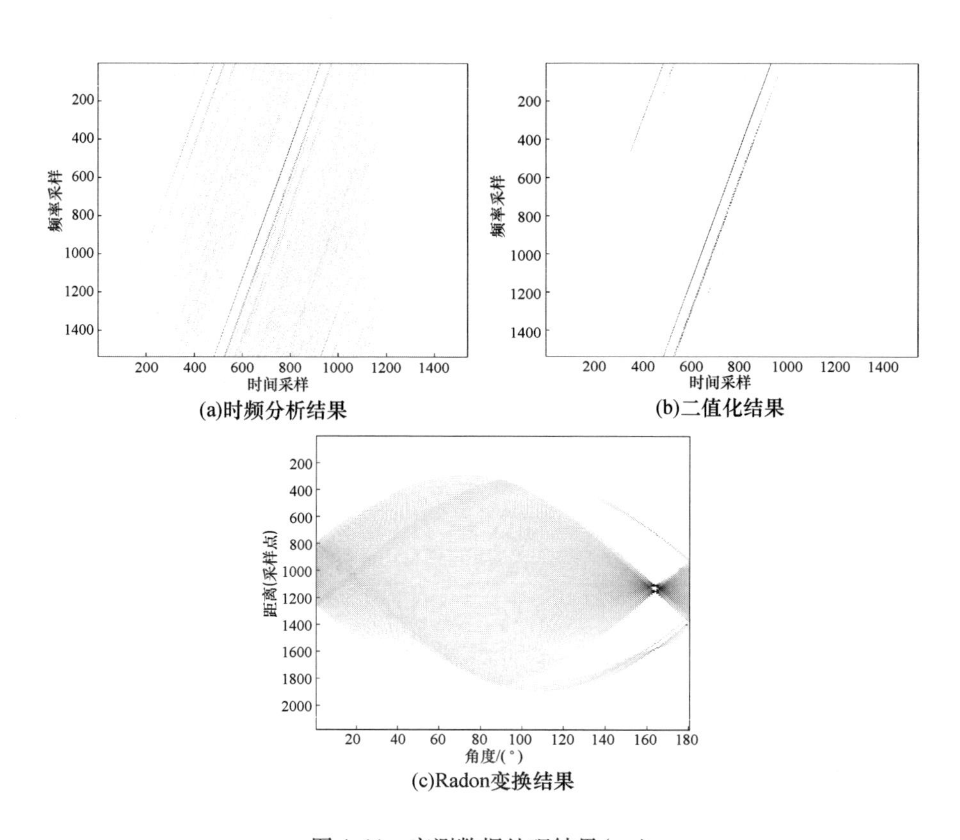

(a)时频分析结果 (b)二值化结果

(c)Radon变换结果

图 4.11 实测数据处理结果(一)

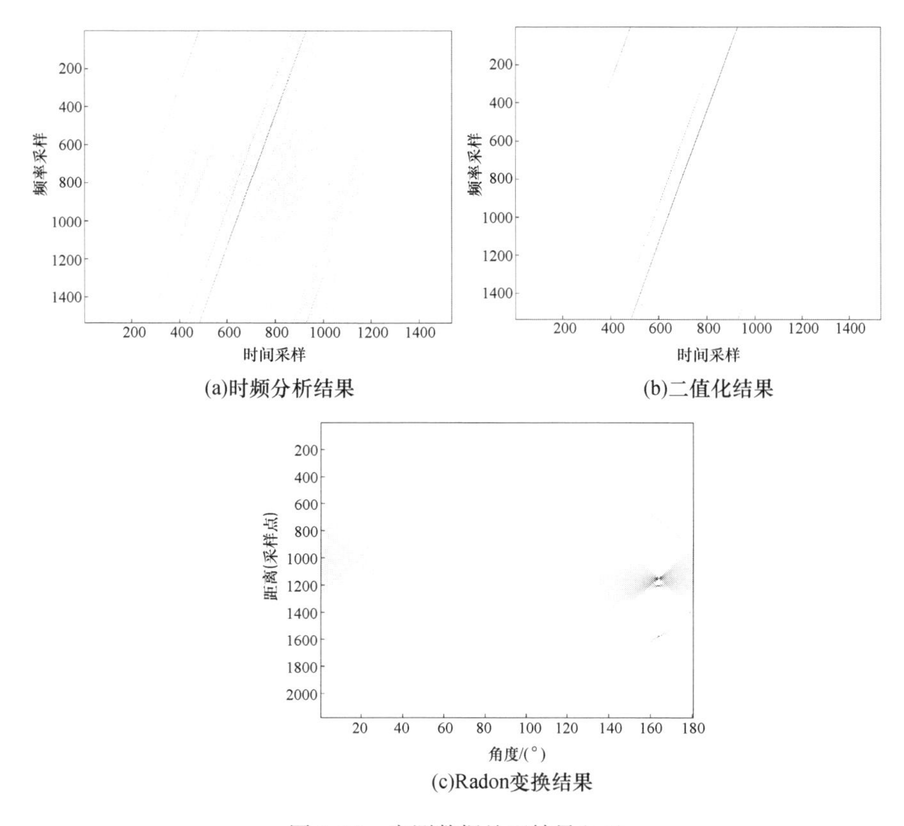

图 4.12　实测数据处理结果(二)

4.3　基于迭代自聚焦的参数估计

实际应用中,为了得到准确的估计结果,往往需要进行迭代,形成闭环过程,并根据设定门限与准则,逐步减小估计误差。其中具有代表性的方法是基于图像质量评估的迭代自聚焦参数估计方法。

4.3.1　图像质量评价标准

通常 SAR 成像质量好坏的评价方法有两种,即主观视觉评价和客观参数评价。由于主观视觉的判断不能精确的表示 SAR 图像质量,再加上考虑成像阶段的自适应性,通常需要选择合适的客观评价标准来考察图像的聚焦质量。

根据测定方法,图像质量评价主要可以分为基于点目标和基于面目标的评价。如空间分辨力、积分旁瓣比、峰值旁瓣比,以及辐射分辨力和模糊比等指标。

但这些指标大多用于成像完成后的评价。而在成像处理阶段,目前应用较多的有 Shannon 熵、对比度等。

图像 Shannon 熵 H 定义为

$$\begin{cases} H = -\sum\limits_{m,n} p_{mn} \ln p_{mn} \\ p_{mn} = \dfrac{|x_{mn}|^2}{\sum\limits_{m,n} |x_{mn}|^2} \end{cases} \tag{4.25}$$

式中:x_{mn}为图像 x 第(m,n)个采样单元的值,m 和 n 分别为方位和距离采样点。通常可以认为,图像熵越小,图像聚焦质量越好。此外当 x 为一维序列时,H 又称为波形熵。

而对比度的量化方式有很多,比如可将图像的灰度差最大值定义为图像的对比度,也可将图像灰度值的标准偏差与均值之比定义为对比度。对于聚焦理想的图像,黑白分明、明暗有致、层次丰富,目标突出于背景之上,图像幅度相较于周围场景有剧烈的波动;而对于散焦的图像,由于目标主瓣展宽,目标的幅度和周围背景的幅度差异变小,较难从背景中分辨出清晰的目标轮廓。因而,一般来说,图像对比度越大,则图像聚焦质量越好。

4.3.2 基于图像质量评估的方法

基于图像质量评估的方法,就是根据图像质量评估结果,不断更新成像所需的参数估计值,直至得到满意成像质量,同时获得精确参数估计值的过程。下面分别阐述基于质量评估的多普勒质心与调频率估计机理与流程。

1. 多普勒质心估计

具有大距离走动的双基 SAR 构型,徙动轨迹在二维时域往往主要表现为明显的倾斜的直线状聚集特征。前面已说明,距离走动直线的斜率与多普勒质心呈正比关系,因此,通过预判直线斜率后进行距离走动校正迭代,并以走动校正的质量最佳作为迭代终止准则,可以得到直线斜率和无模糊多普勒质心的估计值。该方法从数学本质上与回波二维时域的直线检测方法相同,但二维搜索过程转变成了一维搜索过程。

1) 算法原理

以发射站固定双基前视 SAR 几何构型为例,由于接收站下视角的影响,其距离弯曲及高阶徙动量远小于走动量,并且通常可以认为在一个距离单元内。因此,距离徙动校正的首要任务就是距离走动校正。根据信号频域乘以线性相位因子对应时域相应时移的关系,可以通过对距离频域的距离压缩回波数据,乘以距离走动校正函数的方法实现距离走动校正。

根据距离走动斜率与距离走动项的对应关系,距离走动校正函数 $H_0(f_r,t)$

可以表示为

$$H_0(f_r,t)=\exp\left[\mathrm{j}2\pi\cdot f_r\cdot\left(\frac{K\cdot t}{c}\right)\right] \tag{4.26}$$

式中：f_r 为距离向频率；t 为慢时间；c 为光速；K 为距离走动斜率，满足以下关系，即

$$K=-v\cos\phi_R \tag{4.27}$$

式中：ϕ_R 为接收平台下视角；v 为平台速度。

由于平台速度 v 和下视角难以被平台运动测量装置精确测定，所以需要通过回波来寻找精确的距离走动斜率。

根据距离徙动特性的分析，当徙动轨迹校正扳平时，对应精确的距离走动斜率，所以问题可转化为距离走动轨迹何时校正扳平的问题。为此，需要研究衡量距离徙动轨迹是否被扳平。可以首先利用平台运动测量装置获得的信息，计算距离走动斜率，进行初步的距离走动校正，然后对经过初校正后的数据，沿慢时间方向积分，得到一波形序列，然后通过计算，判断波形熵大小，从而衡量距离走动校正质量。

理论上讲，当波形熵最小时，校正质量最好，距离走动斜率也最精确。否则，应更新距离走动斜率估计值，重新计算并比较波形熵，至于更新步长大小，可以依据估计精度确定，也可以采用先粗后细的策略。

因为涉及斜率估计值的一维搜索过程，需要从以下两个方面着手考虑减小计算量的措施。

（1）根据平台运动测量装置提供的信息，得到初始距离走动斜率；并根据最大误差先验信息，确定距离走动斜率的最大变化范围。

（2）首先判断距离走动斜率更新方向；然后在距离走动斜率更新过程中，采用对分搜索法。策略如下：设第 m 次迭代时的搜索区间为 $[a_m,b_m]$，①计算搜索区间的中点 $(a_m+b_m)/2$；②如果 $H(a_m)\geqslant H(b_m)$，令 $a_{m+1}=(a_m+b_m)/2$，$b_{m+1}=b_m$；③如果 $H(a_m)\leqslant H(b_m)$，令 $b_{m+1}=(a_m+b_m)/2$，$a_{m+1}=a_m$，依次类推，直至搜索区间长度小于所要求的估计精度时，停止搜索（$H(\cdot)$ 表示波形熵取值）。

2）算法仿真

为了说明方法的有效性，这里给出了发射站固定双基前视 SAR 的仿真实例，并采用具有较大距离走动特征的斜视 SAR 实测数据进行了验证。

（1）仿真数据验证。

理想情况下单点及多点目标仿真结果分别如图 4.13（a）、图 4.13（b）、图 4.14（a）和图 4.14（b）所示，其中，两图的分图（a）为距离压缩数据；分图（b）为最小熵对应的距离走动校正数据；分图（c）为分图（a）沿慢时间方向的能量积累结果；分图（d）为分图（b）沿慢时间方向的能量积累结果。

可以看出,当距离徙动主要表现为走动时,该方法能够很好的实现距离走动校正。根据最小波形熵对应的距离走动斜率校正量,结合发射信号波长,可得到多普勒质心估计值。这里没考虑噪声的影响,因此估计误差由初始斜率与搜索步长决定。

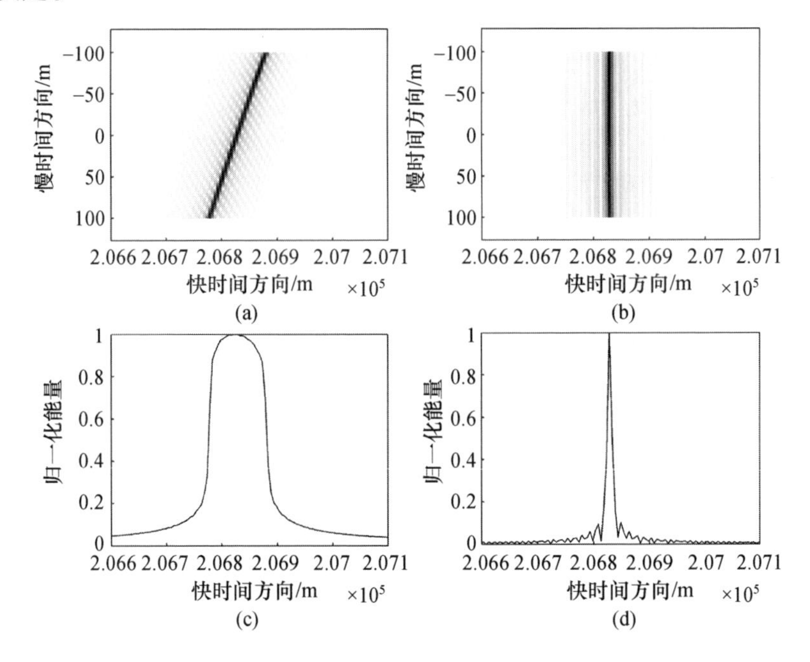

图 4.13　单点目标仿真结果

(2) 实测数据验证。

由于该方法适用于具有大距离走动的任意 SAR 构型,这里采用加拿大遥感中心的星载斜视 SAR 数据来验证该方法的有效性,其中两组数据的处理结果如图 4.15 和图 4.16 所示。两图中分图(a)为距离压缩回波数据;分图(b)为最小熵对应的距离走动校正后回波数据;分图(c)为分图(a)沿慢时间方向的能量积累结果;分图(d)为分图(b)沿慢时间方向的能量积累结果。

最小波形熵对应的距离走动斜率为 -397.13m/s,结合发射信号波长,可得多普勒质心为 -7020.15Hz。考虑到脉冲重复频率为 1256.98Hz,可解得多普勒模糊数为,与文献[2]给出的结果是一致的,详细分析可参考文献[11]。

2. 多普勒调频率

与单基 SAR 类似,多普勒调频率,是影响双基 SAR 成像质量最重要的参数,因此通过迭代评估图像聚焦质量,实现多普勒调频率估计,也是非常自然的思路。

如果一个点目标聚焦良好,则大部分信号能量将被聚集至一起,否则信号能

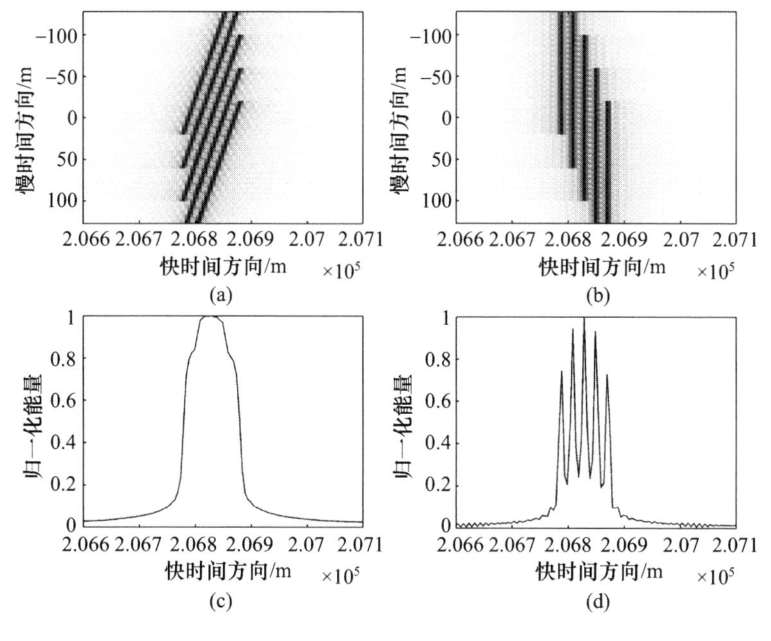

图4.14 多点目标仿真结果

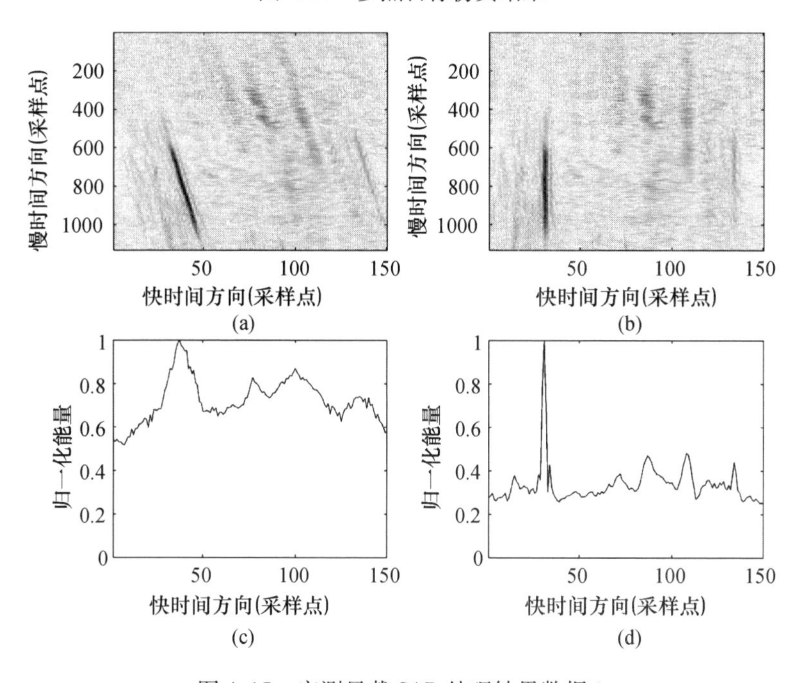

图4.15 实测星载SAR处理结果数据1

量将会弥散开来。或者说,如果聚焦良好,则对比度大,当聚焦恶化时,对比度也随之下降。

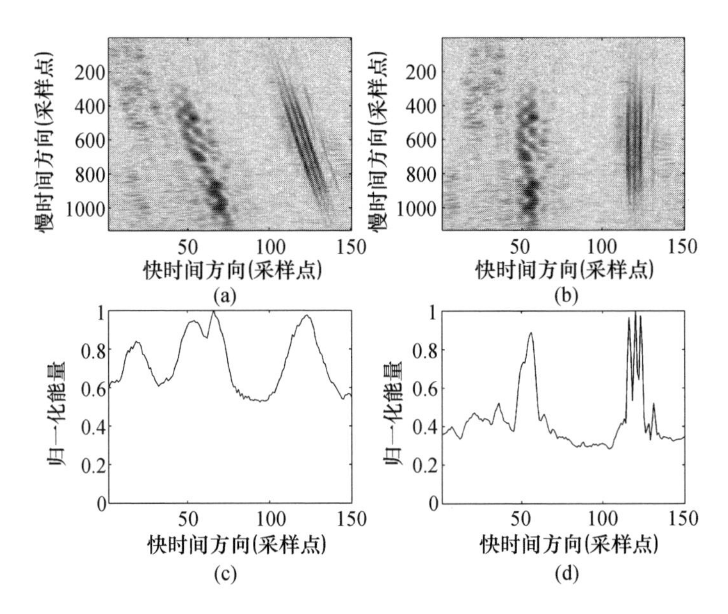

图 4.16 实测星载 SAR 处理结果数据 2

对于仅需估计多普勒调频率的双基 SAR 构型,可以将图像对比度表示为关于多普勒调频率的函数

$$C(f'_{\mathrm{dr}})=\frac{\sqrt{E\{[I^2(n,f'_{\mathrm{dr}})-E[I^2(n,f'_{\mathrm{dr}})]]^2\}}}{E[I^2(n,f'_{\mathrm{dr}})]},0\leqslant n\leqslant N \tag{4.28}$$

式中:$E(\cdot)$为数字期望;$I(n,f'_{\mathrm{dr}})$为多普勒调频率估计值为f'_{dr}时的方位向一维图像幅度;N为方位向采样点数。

基于图像对比度的多普勒调频率估计方法,是通过调整f'_{dr}来改善对比度使之达到最大值,此时所对应的f'_{dr}可以认为是多普勒调频率的正确估计值。具体步骤如下。

步骤 1 用平台运动测量装置测得的信息,计算出初始调频斜率,构造参考函数,对距离压缩后的回波数据进行方位压缩,选取适当的场景区域,计算其对比度,并设定初始多普勒调频率迭代步长 Δ 及迭代终止预设门限 ε。

步骤 2 利用$f'^{(i+1)}_{\mathrm{dr}}=\Delta^{(i)}+f'^{(i)}_{\mathrm{dr}}$对参考函数进行更新校正,重新对所选场景进行成像并计算其对比度。

步骤 3 比较前后两次所成图像的对比度,按照以下三种情况修改迭代步长:

① $C(f'_{\mathrm{dr}})_{校正后}>C(f'_{\mathrm{dr}})_{校正前}$,迭代步长 $\Delta^{(i+1)}=\Delta^{(i)}$。

② $C(f'_{\mathrm{dr}})_{校正后}<C(f'_{\mathrm{dr}})_{校正前}$,迭代步长 $\Delta^{(i+1)}=-\Delta^{(i)}/2$。

③ $C(f'_{\mathrm{dr}})_{校正后}>C(f'_{\mathrm{dr}})_{校正前}$,迭代步长 $\Delta^{(i+1)}=\Delta^{(i)}/2$。

步骤 4　重复步骤 2 和步骤 3，直至迭代步长小于预设门限 ε。

该类算法对场景中强点的要求不严格，但应当综合评估不同区域的对比度。此外，该类方法也可以用于高阶多普勒参数的估计。

基于迭代的自聚焦估计方法还有很多，比如常见的相位梯度自聚焦算法以及改进方法等[12]。需要指出的是，由于环迭代过程的收敛性和以收敛速度都会直接影响成像处理效率和实时性，应当给予重点考虑。一般来说，是否收敛与场景的选取有很大关系，而收敛的速度则受到多个因素的影响，比如估计初值的选择、迭代步长的选择以及误差门限的选择等。

参考文献

[1] 袁孝康．星载合成孔径雷达导论[M]. 北京：国防工业出版社，2002.

[2] Cumming I G, Wang F H. Digital processing of synthetic aperture radar data algorithms and implementation [M]. Norwood: Artech House, 2005.

[3] Carrara W C, Goodman R S, Majewski R M. Spotlight synthetic aperture radar: signal processing algorithms[M]. Boston: Artech House, 1995.

[4] Peleg S, Friedlander B. The discrete polynomial-phase transform [J]. IEEE Transaction on Signal Processing, 1995, 43(8): 1901 – 1914.

[5] Wang P, Yang J Y. Multicomponent chirp signals analysis using product cubic phase function [J]. Digital Signal Processing, 2006, 16(6): 654 – 669.

[6] Wang P, Li H B, Igor D. Integrated cubic phase function for linear FM signal analysis[J]. IEEE Transactions on Aerospace and Electronic Systems, 46(3): 963 – 975.

[7] Li W C, Huang Y L, Yang J Y, et al, An improved radon-transform-based scheme of doppler centroid estimation for bistatic forward-looking SAR[J]. IEEE Geoscience and Remote Sensing Letters, 2011, 8(2): 379 – 383.

[8] Li W C, Yang J Y, Huang. Y L. Improved doppler parameter estimation of squint SAR based on slope detection[J]. International Journal of Remote Sensing, 2014, 35(4): 1417 – 1431.

[9] Madsen S N. Estimating the doppler centroid of SAR data [J]. IEEE Trans on AES, 1989, 25(2): 134 – 140.

[10] 保铮，邢孟道，王彤. 雷达成像技术[M]. 北京：电子工业出版社，2005.

[11] Li W C, Yang J Y, Huang Y L, et al. A geometry-based doppler centroid estimator for bistatic forward-looking SAR [J]. IEEE Geoscience and Remote Sensing Letters, 2012, 9(3): 388 – 392.

[12] Zhou S, Xing M, Xia X G, et al. An azimuth-dependent phase gradient autofocus (APGA) algorithm for airborne/stationary BiSAR imagery [J]. IEEE Geoscience and Remote Sensing Letters, 2013, 10(6): 1290 – 1294.

第5章 双基 SAR 运动补偿

在前述章节中讨论和构建回波模型和成像算法时,为简化分析和处理,将平台运动设定为规则运动状态。但在实际飞行过程中,由于气流扰动、飞行操控等原因,SAR 承载平台的瞬时位置和飞行姿态会出现偏离规则运动状态的运动误差,从而导致回波产生相对于规则运动时的时延、幅度和相位误差,若不加以补偿,将造成成像质量严重下降。运动补偿的目的,就是通过控制或校正措施,消减非规则运动产生的回波误差,使得经过补偿后的回波,被尽可能修复到规则运动时的状态,从而可以借助规则运动状态对应的成像处理方法和流程,实现高质量成像。

SAR 运动补偿,主要分为两个方面,即基于运动传感信息的运动补偿和基于回波数据的运动补偿。利用运动传感设备提供的运动和姿态参数信息,可以对空间采样均匀性进行实时控制和波束指向稳定,从源头上减小回波误差,还可用于对剩余回波误差进行初步校正;而利用从回波数据中估计出的运动误差信息,可以对回波时延和相位剩余误差进行精细校正。实际应用中,由于运动传感设备测量精度受限,往往是两种补偿方法相结合,采用先粗后精或者先硬后软的补偿思路。

与单基 SAR 相比,双基 SAR 收发分置,双平台独立运动,几何构型多样,误差来源更多,误差规律呈现新的特点,分析和补偿也更为复杂和困难。但从本质上讲,双基 SAR 运动补偿的核心任务仍然是对回波徙动轨迹误差的校正和对多普勒信号相位误差的修复。

本章在分析运动误差来源和影响的基础上,给出运动误差容限,着重讨论运动补偿方法,并给出仿真和实验验证示例。

5.1 运动误差来源及影响

双基 SAR 运动误差来源众多,又相互耦合,为简化分析过程,得到简洁清晰和物理意义明确的结论,需要对不同来源的运动误差进行分门别类的分析,并讨论其影响,从而为分析运动误差容限和实现运动误差控制与回波误差补偿奠定基础。

5.1.1　运动误差来源

在平台实际飞行过程中,受气流、横向风等各种随机力的作用,不可避免地存在位置误差和姿态误差,特别是对于机载平台,误差影响更加严重。平台运动误差可用 6 个自由度的参量来描述。其中 3 个自由度描述平台质心运动状态,称为位置误差,反映平台实际位置与应在位置的三维误差;另外 3 个自由度描述平台绕质心的转动状态,称为姿态误差,反映平台实际姿态与预定姿态的三维误差。双基 SAR 涉及两个独立的平台,需要用 12 个自由度表征其运动误差,但还是可以分为位置误差和姿态误差两个方面。

以双基侧视 SAR 为例,位置误差和姿态误差可用图 5.1 表示,其中实线为理想的规则运动航迹,对应于平台规则运动,虚线表示真实航迹,对应于平台实际飞行,与理想航迹比较,真实航迹在三个方向上均存在一定的误差。

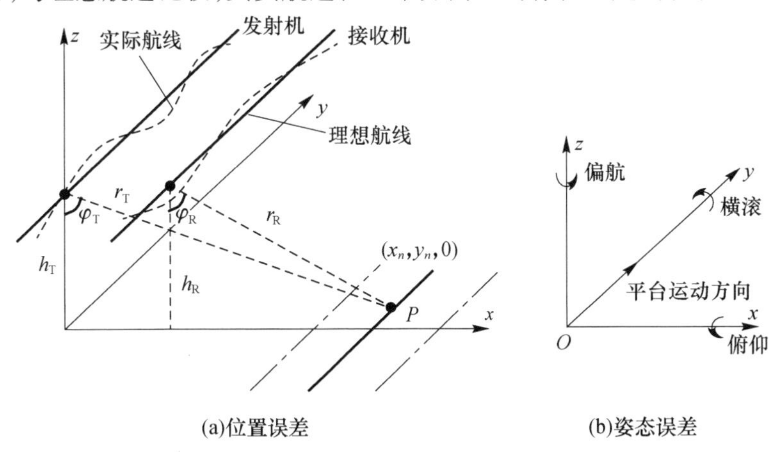

图 5.1　存在运动误差的双基侧视 SAR 示意图

运动误差也可以根据其特征进行分类,比如可以分为确定误差和随机误差。还可以按照误差随时间的变化规律,分为低频、高频和宽带误差。低频误差是指周期大于合成孔径时间的误差,包括线性、二次和高次误差,多由平台速度误差引起的,比如线性速度误差和非线性速度误差。高频误差则是指变化周期小于合成孔径时间的误差,多由平台规律性震动或抖动引起,比如正弦误差。此外,还可以根据运动误差是否与场景中散射点空间位置有关,将运动误差分为空变误差和空不变误差[1]。

需要指出的是,上述分类方式是相互交叉的,比如宽带误差属于随机误差,而低频和高频误差属于确定误差。

5.1.2 运动误差影响

地面散射点回波除与发射信号波形有关外，主要取决于散射点相对于平台的空间位置变化和波束调制效应。而平台位置误差和姿态误差会造成天线相位中心的位置误差，从而产生距离误差，引起各脉冲回波时延、初相产生误差；姿态误差还将影响天线波束指向并产生附加波束调制，造成回波幅度误差。这些回波误差都会对成像产生不利影响。

1. 位置误差

平台位置误差，可以分解为沿航向、高度向和水平向三个分量，主要来源于不同方向上的平台速度误差。如图 5.2 所示，由于脉冲重复频率通常与平台速度并不同步，沿航向速度随机误差将造成空间采样的非均匀性，从而使慢时间方向按照均匀间隔存储的回波数据出现非线性压缩或拉伸现象，产生回波相位误差。水平向或者高度向速度随机误差会造成散射点斜距产生误差，从而使回波数据出现时延和初相误差。

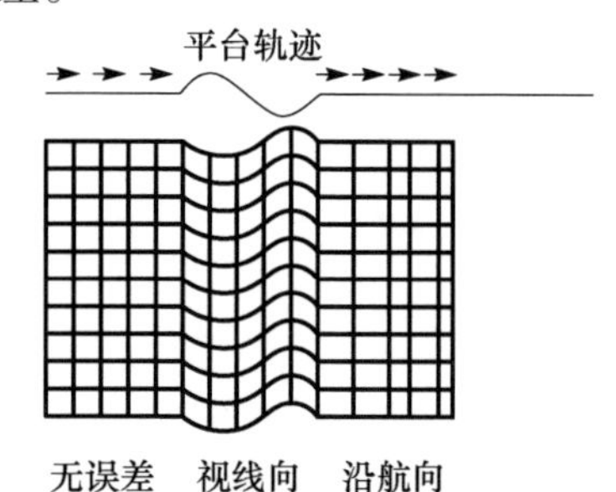

图 5.2 位置误差影响示意图

这里以最为简单的双基平飞正侧视 SAR 为例，说明双平台位置误差带来的影响。根据图 5.1 所示的几何关系，收/发天线相位中心到点目标 P 的距离可表示为

$$r_{\mathrm{R}}(t)=\sqrt{[x_{\mathrm{R}}(t)-x_n]^2+[y_{\mathrm{R}}(t)-y_n]^2+[z_{\mathrm{R}}(t)-0]^2} \tag{5.1}$$

$$r_{\mathrm{T}}(t)=\sqrt{[x_{\mathrm{T}}(t)-x_n]^2+[y_{\mathrm{T}}(t)-y_n]^2+[z_{\mathrm{T}}(t)-0]^2} \tag{5.2}$$

式中：x_n 和 y_n 分别为 P 点横纵坐标；$x_{\mathrm{R}}(t)$、$y_{\mathrm{R}}(t)$ 和 $z_{\mathrm{R}}(t)$ 为 t 时刻的接收平台位置；$x_{\mathrm{T}}(t)$、$y_{\mathrm{T}}(t)$ 和 $z_{\mathrm{T}}(t)$ 为 t 时刻的发射平台位置。对式(5.1)和式(5.2)式分别进行泰勒展开和近似，平台误差引入的距离史误差可以表示为

$$\Delta r(t)\approx\frac{(v_{\mathrm{R}}ty_n)\Delta y_{\mathrm{R}}(t)}{r_{\mathrm{R}}}+\frac{v_{\mathrm{T}}t-y_n\Delta y_{\mathrm{T}}(t)}{r_{\mathrm{T}}}+\Delta r_{\mathrm{LOS\_R}}(t)+\Delta r_{\mathrm{LOS\_T}}(t) \tag{5.3}$$

式中：v_{T} 和 v_{R} 分别为发射平台和接收平台理想运动速度；r_{T} 和 r_{R} 为 P 点至发射平台和接收平台理想航迹的最近距离。式(5.3)中第 1 项和第 2 项分别为收发

站对应的沿航向误差,第 3 项和第 4 项分别为收/发站对应的视线向误差,满足以下关系

$$\Delta r_{\mathrm{LOS\_R}}(t) = -\Delta x_{\mathrm{R}}(t)\sin\varphi_{\mathrm{R}} + \Delta z_{\mathrm{R}}(t)\cos\varphi_{\mathrm{R}} \tag{5.4}$$

$$\Delta r_{\mathrm{LOS\_T}}(t) = -\Delta x_{\mathrm{T}}(t)\sin\varphi_{\mathrm{T}} + \Delta z_{\mathrm{T}}(t)\cos\varphi_{\mathrm{T}} \tag{5.5}$$

式中:φ_{T} 和 φ_{R} 为发射平台和接收平台下视角;$\Delta x_{\mathrm{T}}(t)$、$\Delta y_{\mathrm{T}}(t)$、$\Delta z_{\mathrm{T}}(t)$ 和 $\Delta x_{\mathrm{R}}(t)$、$\Delta y_{\mathrm{R}}(t)$、$\Delta z_{\mathrm{R}}(t)$ 分别为发射接收平台在 x 轴、y 轴和 z 轴方向偏离规则运动的大小。图 5.3 所示为接收站 x 轴方向偏差与 z 轴方向偏差在视线向的投影,即式(5.4)的示意图。

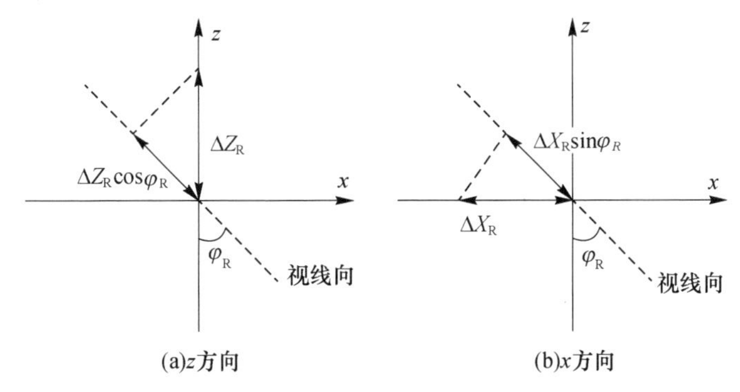

图 5.3　接收站 z 轴方向和 x 轴方向偏差在视线向的投影

根据上述分析,收/发平台的位置误差将引起目标斜距史误差、回波空间采样不均匀和回波相位误差。其中的线性相位误差将造成频谱平移和成像时目标位置误差,二阶相位误差将造成频谱伸缩和成像时目标图像散焦。

2. 姿态误差

平台姿态的不稳定将导致天线指向误差,进而带来目标方向天线增益的变化,从而对回波信号的功率产生不利的随机调制,在双基 SAR 中还会影响收发波束空间同步,造成回波信噪比显著下降,甚至接收不到回波;同时也会引起天线相位中心位置产生误差,导致斜距均值和回波时延产生误差,并对回波相位产生不利的随机调制。因此,平台姿态的不稳定,将会对成像质量造成显著影响。

在不同的双基 SAR 构型中,姿态误差对回波和成像的影响有不同的特点,这里仍以双基平飞正侧视 SAR 为例,分别讨论平台偏航、俯仰及横滚对成像的影响。

1) 偏航

如图 5.4 所示,分别为有无偏航时的情况。可以看出,偏航将引起收发波束指向变化和波束印迹偏移,造成回波幅度变化,严重时甚至接收不到回波。回波还会使收/发平台间的距离发生变化,进而影响回波信号相位和在数据平面中的轨道。

无偏航时,接收平台速度是沿 y 轴方向的;发生偏航后,在偏航角很小时,可

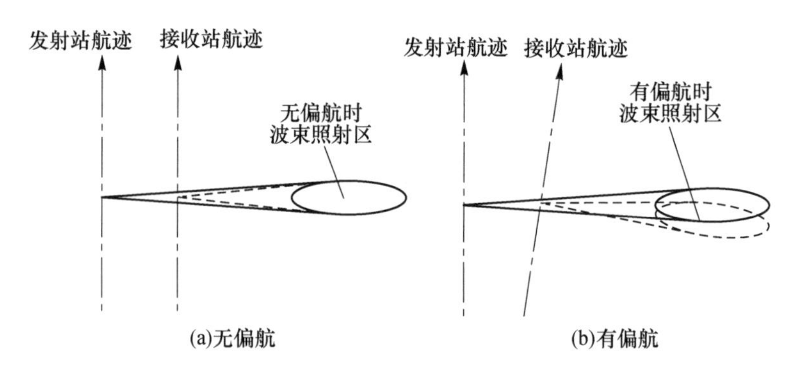

图 5.4 有无偏航误差时的双基平飞正侧视 SAR

得两个平台速度的 3 个分量的表达式,即

$$v_{Rx} \approx v_R \cdot \beta_R, v_{Ry} \approx v_R, v_{Rz} = 0 \tag{5.6}$$

$$v_{Tx} \approx v_T \cdot \beta_T, v_{Ty} \approx v_T, v_{Tz} = 0 \tag{5.7}$$

式中:v_{Tx}、v_{Ty}、v_{Tz}和 v_{Rx}、v_{Ry}、v_{Rz}分别为发射和接收平台速度在 x 轴、y 轴、z 轴方向的分量。

根据平台速度与多普勒频率之间的关系,可以得到平台偏航造成的多普勒频率误差$f_{d\varepsilon}$和多普勒调频率误差$f_{dr\varepsilon}$分别为

$$f_{d\varepsilon} = -\frac{1}{\lambda}(v_T\beta_T\sin\varphi_T + v_R\beta_R\sin\varphi_R) \tag{5.8}$$

$$f_{dr\varepsilon} = -\left(\frac{v_{Tx}^2}{\lambda r_T} + \frac{v_{Rx}^2}{\lambda r_R}\right) = -\left(\frac{\beta_T^2 v_T^2}{\lambda r_T} + \frac{\beta_R^2 v_R^2}{\lambda r_R}\right) \tag{5.9}$$

式中:β_T、β_R 分别为发射站和接收站偏航角。

可见,平台偏航引起沿航向速度发生变化,偏航角的大小和方向决定了多普勒频率和多普勒调频率误差的大小。

2）俯仰

如图 5.5 所示,当平台存在俯仰误差时,也会引起收发波束指向和波束印迹位置发生变化,造成回波幅度误差。另一方面,俯仰误差导致高度产生误差,使目标点至收/发平台的斜距均值产生误差,进而影响回波信号时延和相位。

平台俯仰对双基 SAR 成像的影响与偏航类似,收/发平台俯仰使雷达波束中心绕 ox 轴旋转,形成 y 轴和 z 轴方向的速度误差,则俯仰引起的多普勒频率误差和多普勒调频率误差分别为

$$f_{d\varepsilon} = -\frac{1}{\lambda}(v_T\alpha_T\cos\varphi_T + v_R\alpha_R\cos\varphi_R) \tag{5.10}$$

$$f_{dr\varepsilon} = -\left(\frac{v_{Tz}^2}{\lambda r_T} + \frac{v_{Rz}^2}{\lambda r_R}\right) = -\left(\frac{\alpha_T^2 v_T^2}{\lambda r_T} + \frac{\alpha_R^2 v_R^2}{\lambda r_R}\right) \tag{5.11}$$

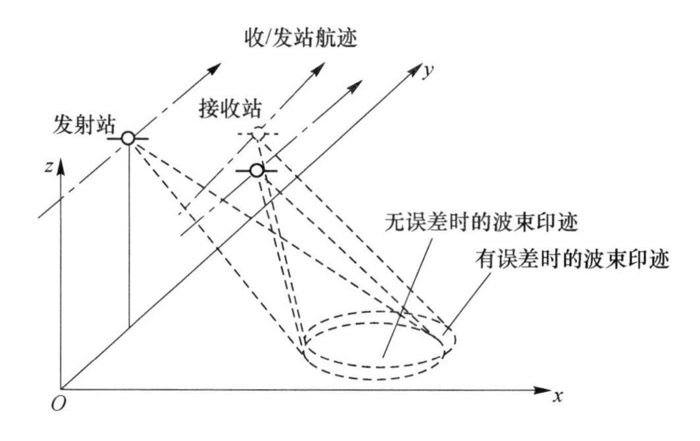

图 5.5　接收站存在俯仰误差时的双基侧视 SAR

式中：α_T 和 α_R 分别为发射站和接收站的俯仰角。

可见平台俯仰也会引起航向速度变化，俯仰角的大小和方向决定了多普勒频率误差和多普勒调频率误差的大小。

3）横滚

图 5.6 是有无横滚情况下的对比图，可以看出，若不考虑天线相位中心杠杆效应，当平台出现小角度横滚扰动时，目标距离历史不会产生变化，即不会引入相应的时延和相位误差；但是，横滚使得天线波束印迹移动，导致回波幅度产生误差，同时也会使收/发站波束印迹重叠区缩小，从而使成像区的范围缩小，严重时不能接收到回波。

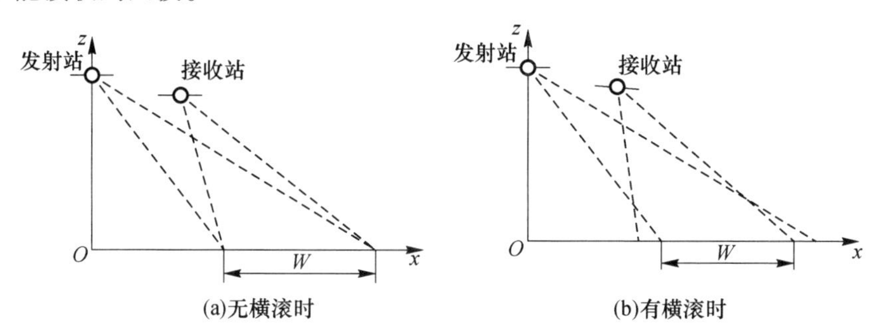

图 5.6　双平台理想情况与发生横滚误差情况下的示意图

5.2　运动误差容限

位置和姿态误差导致回波时延误差和幅相失真，从而使双基 SAR 成像质量下降，各种成像指标相应恶化，因此运动误差与成像质量指标间存在定量的对应关系。所以，可以根据成像质量指标要求，导出相应的运动误差容限，作为是否需要进行运动补偿的判决门限,或作为运动补偿后残余误差的容许上界,这对双基 SAR 系统设计和运动补偿能力设计具有重要的实际指导意义。

5.2.1 位置误差

根据前面分析,位置误差主要来源于三个方向的速度误差。从数学上看,可使用幂级数、贝塞尔函数、勒让德函数等多种形式来表示位置误差,然后根据成像结果的主瓣展宽、积分旁瓣比、峰值旁瓣比等图像质量指标,来定量评估相应误差容限[2]。需要指出的是,不同的双基 SAR 几何构型,运动误差的来源及其影响机制不同,因而运动误差容限也有明显差异,需要分别加以分析。

以双基平飞正侧视 SAR 为例,假设空间几何模型如图 5.7 所示。

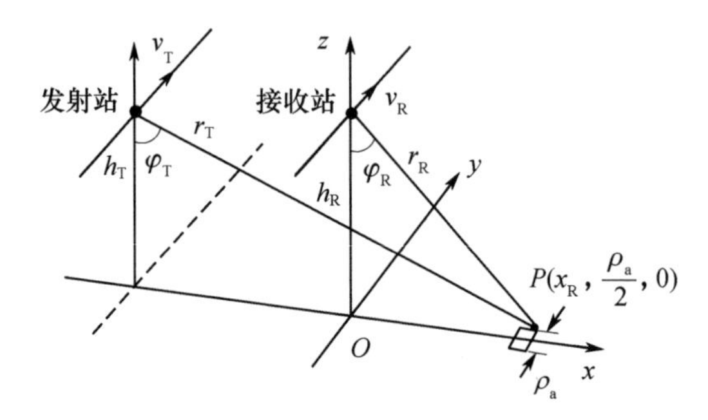

图 5.7 双基平飞正侧视 SAR 空间几何模型

在该模型中,以接收站位置为参考,确定空间坐标系,各变量定义如图 5.7 中所示。根据图中几何关系,发射站、接收站到目标的距离矢量 $\boldsymbol{r}_T$ 和 $\boldsymbol{r}_R$ 分别为

$$\begin{cases}\boldsymbol{r}_T = r_T \sin\varphi_T \boldsymbol{i} + 0.5\rho_a \boldsymbol{j} - h_T \boldsymbol{k} \\ \boldsymbol{r}_R = r_R \sin\varphi_R \boldsymbol{i} + 0.5\rho_a \boldsymbol{j} - h_R \boldsymbol{k}\end{cases} \tag{5.12}$$

式中:$\boldsymbol{i}$、$\boldsymbol{j}$ 和 $\boldsymbol{k}$ 分别是 x 轴和 y 轴和 z 轴方向的单位矢量;ρ_a 为方位分辨力。

假设平台速度矢量为 $\boldsymbol{v}$,加速度矢量为 $\boldsymbol{a}$,则速度和加速度可分解为

$$\begin{aligned}\boldsymbol{v} &= v_x \boldsymbol{i} + v_y \boldsymbol{j} + v_z \boldsymbol{k} \\ \boldsymbol{a} &= a_x \boldsymbol{i} + a_y \boldsymbol{j} + a_z \boldsymbol{k}\end{aligned} \tag{5.13}$$

式中:v_x、v_y、v_z 和 a_x、a_y、a_z 分别为速度和加速度在 x 轴、y 轴、z 轴三个方向的分量。

于是,与点 $P(x_R, \rho_a/2, 0)$ 有关的多普勒频率 f_d 和多普勒调频率 f_{dr} 为

$$\begin{cases}f_d = -\dfrac{1}{\lambda}\dfrac{d}{dt}(\boldsymbol{r}_T + \boldsymbol{r}_R) = -\dfrac{\boldsymbol{r}_T \cdot \boldsymbol{v}_T}{\lambda r_T} - \dfrac{\boldsymbol{r}_R \cdot \boldsymbol{v}_R}{\lambda r_R} \\ f_{dr} = -\dfrac{1}{\lambda}\dfrac{d^2}{dt^2}(\boldsymbol{r}_T + \boldsymbol{r}_R) = -\dfrac{\boldsymbol{r}_T \cdot \boldsymbol{a}_T + \boldsymbol{v}_T^2}{\lambda r_T} - \dfrac{\boldsymbol{r}_R \cdot \boldsymbol{a}_R + \boldsymbol{v}_R^2}{\lambda r_R}\end{cases} \tag{5.14}$$

式中：$\boldsymbol{v}_{\mathrm{T}}$、$\boldsymbol{v}_{\mathrm{R}}$ 和 $\boldsymbol{a}_{\mathrm{T}}$、$\boldsymbol{a}_{\mathrm{R}}$ 分别为发射平台和接收平台速度矢量和加速度矢量。

（1）速度误差约束

结合式(5.12)、式(5.13)和式(5.14)，可得

$$f_{\mathrm{d}} = f_{\mathrm{d}}^{\mathrm{T}} + f_{\mathrm{d}}^{\mathrm{R}} = f_{\mathrm{d0}} + f_{\mathrm{d}\varepsilon} \tag{5.15}$$

式中

$$\begin{cases} f_{\mathrm{d0}} = -\dfrac{1}{\lambda}\left(\dfrac{v_{\mathrm{T}y}\rho_{\mathrm{a}}}{2r_{\mathrm{T}}} + \dfrac{v_{\mathrm{R}y}\rho_{\mathrm{a}}}{2r_{\mathrm{R}}}\right) \\ f_{\mathrm{d}\varepsilon} = -\dfrac{1}{\lambda}(v_{\mathrm{T}x}\sin\varphi_{\mathrm{T}} - v_{\mathrm{T}z}\cos\varphi_{\mathrm{T}} + v_{\mathrm{R}x}\sin\varphi_{\mathrm{R}} - v_{\mathrm{R}z}\cos\varphi_{\mathrm{R}}) \end{cases} \tag{5.16}$$

式(5.15)中的 $f_{\mathrm{d}}^{\mathrm{T}}$ 和 $f_{\mathrm{d}}^{\mathrm{R}}$ 分别为发射站、接收站对应的多普勒频率，f_{d0}是由航向方向速度引起的多普勒频率，是期望的多普勒频率（不考虑沿航向速度误差）。而$f_{\mathrm{d}\varepsilon}$则是垂直于航向的两个速度分量引起的多普勒频率，属于误差分量。当收发平台速度矢量互相叠加时，可能使多普勒频率误差增大；而当速度矢量互相抵消时，多普勒频率误差可能减小。

一般地，要求经过补偿后的剩余多普勒频率误差满足[3]

$$f_{\mathrm{d}\varepsilon} < \varepsilon B_{\mathrm{f}} \tag{5.17}$$

式中：$B_{\mathrm{f}} = 2f_{\mathrm{d0}}$对应于分辨力$\rho_{\mathrm{a}}$ 的 SAR 匹配跟踪滤波器带宽，而 ε 通常取 0.1 ~ 0.5。根据式(5.17)可以得到速度误差的容限。

2）加速度误差约束

结合式(5.12)、式(5.13)和式(5.14)，忽略速度项，可得发射站和接收站加速度引起的多普勒调频率误差

$$f_{\mathrm{dr}\varepsilon}^{\mathrm{a}} = f_{\mathrm{dr}\varepsilon}^{\mathrm{ac}} + f_{\mathrm{dr}\varepsilon}^{\mathrm{as}} \tag{5.18}$$

式中

$$\begin{cases} f_{\mathrm{dr}\varepsilon}^{\mathrm{ac}} = -\dfrac{1}{\lambda}\left(\dfrac{a_{\mathrm{T}y}\rho_{\mathrm{a}}}{2R_{\mathrm{T}}} + \dfrac{a_{\mathrm{R}y}\rho_{\mathrm{a}}}{2R_{\mathrm{R}}}\right) \\ f_{\mathrm{dr}\varepsilon}^{\mathrm{as}} = -\dfrac{1}{\lambda}(a_{\mathrm{T}x}\sin\varphi_{\mathrm{T}} - a_{\mathrm{T}z}\cos\varphi_{\mathrm{T}} + a_{\mathrm{R}x}\sin\varphi_{\mathrm{R}} - a_{\mathrm{R}z}\cos\varphi_{\mathrm{R}} \end{cases} \tag{5.19}$$

式中：$a_{\mathrm{T}x}$、$a_{\mathrm{T}y}$、$a_{\mathrm{T}z}$和 $a_{\mathrm{R}x}$、$a_{\mathrm{R}y}$、$a_{\mathrm{R}z}$分别为发射站和接收站加速度在 x 轴、y 轴、z 轴三个方向的分量；$f_{\mathrm{dr}\varepsilon}^{\mathrm{ac}}$为沿航线 y 轴方向的加速度引起的多普勒调频率误差；$f_{\mathrm{dr}\varepsilon}^{\mathrm{as}}$为 x 轴和 z 轴方向的加速度引起的多普勒调频率误差。

实际中，除非是机动飞行的情况，平台沿航向速度变化较慢，加速度影响可以忽略，通常经过补偿后，多普勒频率偏移满足下式即可

$$T_{\mathrm{f}} \cdot f_{\mathrm{dr}\varepsilon}^{\mathrm{as}} < \varepsilon B_{\mathrm{f}} \tag{5.20}$$

式中：$T_{\mathrm{f}} = 1/B_{\mathrm{f}}$。根据式(5.20)可以得到加速度误差的约束条件。

对于典型机载平台，假设波长 λ 为 3cm，B_{f} 为 2Hz，取 $\varepsilon = 0.1$，由式(5.16)

和式(5.20)可以得到

$$\begin{cases} v_{Tx}\sin\varphi_T - v_{Tz}\cos\varphi_T + v_{Rx}\sin\varphi_R - v_{Rz}\cos\varphi_R \leqslant 6\times10^{-3}\,\mathrm{m/s} \\ a_{Tx}\sin\varphi_T - a_{Tz}\cos\varphi_T + a_{Rx}\sin\varphi_R - a_{Rz}\cos\varphi_R \leqslant 1.2\times10^{-2}\,\mathrm{m/s^2} \end{cases} \tag{5.21}$$

这对平台运动误差是非常严格的要求,也就是说,运动补偿是绝对必要的。

5.2.2 姿态误差

根据5.1节的分析,平台姿态误差,将造成多普勒频率或相位误差,进而影响成像质量,因此需要根据多普勒参数精度要求,对姿态误差提出约束;另外,也可参照位置误差的分析思路,对偏航、俯仰和横滚误差提出约束。

对于典型的星载平台,容许的偏航角 β 和偏航角速度 $\dot{\beta}$ 为[3]

$$\begin{aligned} &\beta < (0.1 \sim 0.5)\times 0.00019^\circ \\ &\dot{\beta} < (0.1 \sim 0.5)\times 0.42\times10^{-4}\,\mathrm{rad/s} \end{aligned} \tag{5.22}$$

对于双基SAR而言,考虑到两个平台均存在姿态误差,右端约束将变为式(5.22)一半。这些约束需要稳定平台和高精度控制才能实现。

5.3 运动误差测量与感知

对运动误差所致回波幅度、相位和时延误差进行补偿的前提,是直接或间接地掌握各种误差的大小和方向,即对运动误差的测量和感知。在实际应用中,通常有两类方法来测量和感知运动误差:第一,利用SAR承载平台中的运动测量设备,测量运动误差信息,并据此计算出回波时延相位误差信息;第二,根据运动误差在回波变换域中表现出的特殊性状,利用信号检测与估计算法,直接从回波数据中估计出时延、相位和多普勒误差信息;或者根据运动误差在成像结果中表现出的特殊性状,利用成像迭代处理,在图像域实现各散射点归位聚焦,同时隐式地估计出回波误差信息。

5.3.1 运动感知信息

运动感知信息反映平台实际位置和姿态变化情况,由运动感知设备在平台运动过程中进行感知和记录,包括平台的经度、纬度、高度、速度、加速度、姿态角等。这些信息经过预处理后,可以作为成像处理时计算回波参数的依据,并用于提取出运动误差信息,作为运动补偿的依据。

1. 运动感知设备

高精度的运动补偿需要利用运动感知设备准确地测量平台运动误差。目前,最常见的运动感知设备有INS、GPS及IMU。实际应用中,为了提高运动感知的精度，往往将这几种技术组合应用，例如目前应用较多的 GPS/INS 组合、GPS/IMU 组合及 POS 测姿定位系统等。

在 GPS/INS 组合中，GPS 天线和 INS 安装在同一平台上，测量数据流经过 INS 信号处理单元融合之后，提供飞机的偏航角、横滚角、俯仰角、航向角、3 个速度以及 3 个加速度等信息。SAR 系统的控制单元，依据这些信息调整天线波束指向，使其保持恒定，减小姿态误差影响，同时调整发射脉冲重复频率，减小沿航向速度误差影响，以达到目标区稳定照射和空间等间隔采样条件。

需要指出的是，在非刚体运动或 INS 距离雷达天线相位中心较远时，平台惯导测出的运动信息并不代表天线相位中心的运动状态，必须进行杠杆校正，即需要安装辅助的惯性测量单元（IMU），测量天线相位中心的运动。

此外，INS 和 IMU 是基于陀螺和加速度计的系统，都存在定位误差漂移问题，长期定位精度较差，需采用全球定位系统（GPS 等）进行修正，但补偿精度最终还是取决于 INS 或 IMU 的短期测量精度。比如，美国 Sandia 国家实验室研制的 Lynx SAR，为了实现 0.1m 的超高分辨力单基 SAR 成像，采用了高精度运动测量器件 SIMU 与载波相位差分 GPS 组合，其陀螺漂移小于 0.01°，加速度计精度为 50μg，可使高频位置精度小于 0.025mm、速度精度小于 1cm/s[4]。

2. 测量数据预处理

运动感知设备获得的测量信息，通常需要先进行预处理，才能用于 SAR 运动补偿。这主要源自于以下四个方面的因素：其一，由于测量设备获得的信息都是大地坐标系中的坐标及其变化情况，需要进行双平台坐标时空变换，将其转换到双基 SAR 成像坐标系，并分解为规则运动信息和运动误差信息；其二，由于测量设备的数据更新率远低于雷达脉冲重复频率，需要对测量数据进行插值处理；其三，测量数据通常包含高频随机噪声，需要对测量数据进行平滑滤波等处理；其四，如果运动测量数据与 SAR 回波在时间上未同步，还需要将测量数据与数据回波在时间轴上对齐。

以捷联航姿仪为例，可以说明所涉及到的预处理。该航姿仪由 3 个速率陀螺、3 个加速度计、高速导航计算机及 GPS 组成；陀螺测得的平台角速度信息和加速度计测得的平台加速度信息，由数据采集器进行模/数转换后，被送入导航计算机；导航计算机运用卡尔曼滤波技术，将 INS 和 GPS 的测量信息进行融合，提高导航系统的测量精度，并得到平台飞行过程中的航向角、俯仰角和滚动角等运动信息，处理过程如图 5.8 所示。

1）坐标转换

坐标转换包含大地坐标系与北东坐标系之间的转换、参考航迹的拟合以及北东坐标系与航向坐标系之间的转换。

首先，将运动测量设备记录的大地坐标系下的两平台经度、纬度、高度数据，

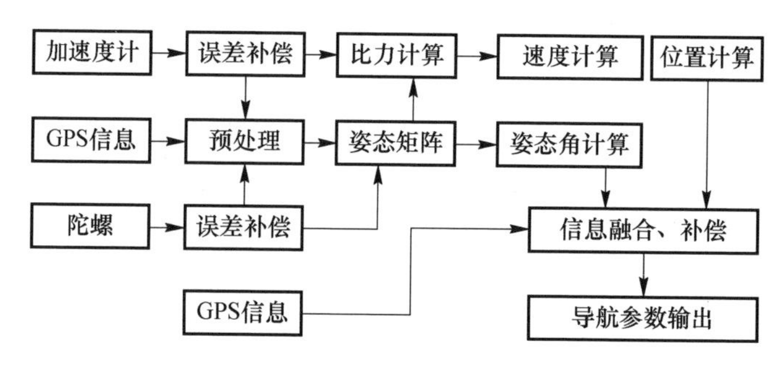

图 5.8　捷联航姿仪导航解算原理与过程

转换为北东坐标系（正东为 x 轴，正北为 y 轴），以消除球面坐标系与笛卡儿坐标系的误差。需要指出的是，转换到北东坐标系后，测量数据的高度通常要减去场景的海拔高度。如图 5.9 所示，为某次外场试验时，转换为北东坐标系下的航姿仪数据，其中两条线表示飞机的往返飞行航迹。

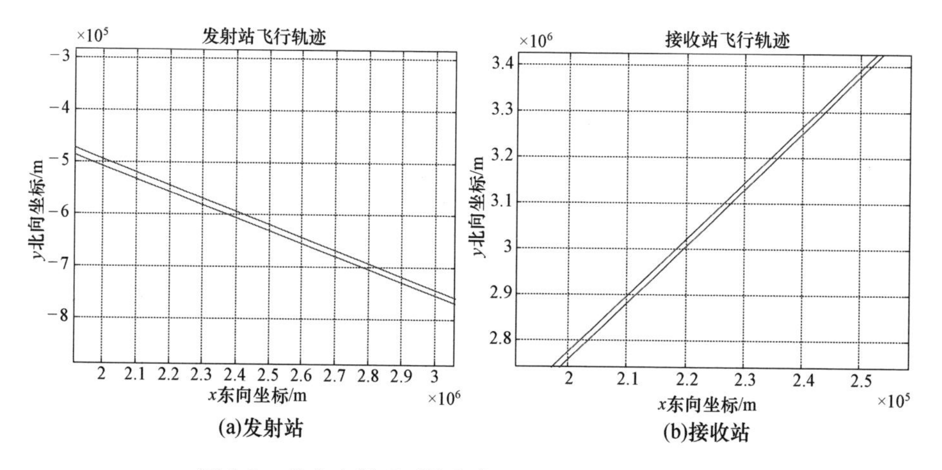

图 5.9　北东坐标系下航姿仪记录的收发站飞行轨迹

然后，根据北东坐标系下的实测航迹数据，进行参考航迹拟合，确定平台参考航迹为一条直线。其中参考航迹反映了平台的规则运动轨迹，是成像处理时距离徙动参数和多普勒参数的计算依据，而偏离参考航迹的部分被归结为运动误差，是后续运动补偿的依据。图 5.10 为某次外场数据中，实际运动轨迹与拟合出的参考轨迹。

由于成像处理通常都是在航向坐标系进行的，因此还要将北东坐标系下的飞行轨迹转换到航向坐标中，以方便运动补偿处理。航向坐标系指的是，以接收站参考航迹方向为 x 轴，竖直向上方向为 z 轴的右手坐标系，且规定 $x=0$ 表示第一个脉冲发射时刻。

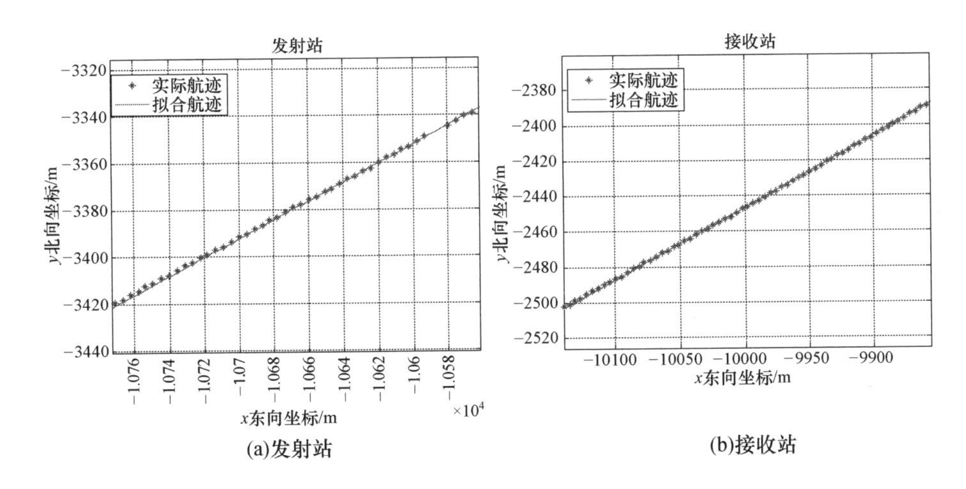

(a)发射站 (b)接收站

图5.10 收发两站航迹拟合

至此,完成了坐标系转换过程。需要指出的是,以上只是提供了其中一种方法,实际中也可以采用其它思路进行,只要将测量数据坐标系与成像坐标系进行统一即可。

2) 平滑与插值

根据拟合出的参考航迹,可以计算偏航向、高度向的运动误差。为了消除运动测量数据中包含的高频噪声,需要采用邻域平均或者卡尔曼滤波等方法对数据进行平滑处理,如图5.11所示。

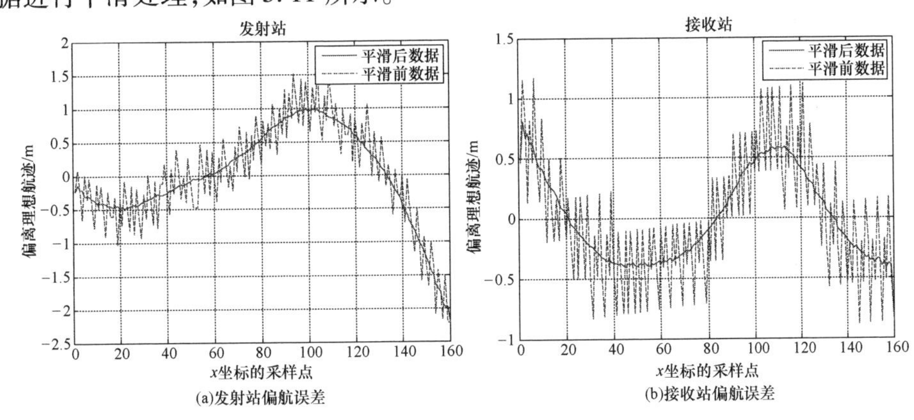

(a)发射站偏航误差 (b)接收站偏航误差

图5.11 平滑前后的收发站偏航误差

另外,测量数据更新率通常为10~100Hz,而脉冲重复频率通常为几百赫兹,乃至上千赫兹,测量数据更新率明显较低,为实现一一对应,须对测量数据进行插值。

3）数据同步

双基 SAR 收发分置，两个平台都需要安装运动测量设备，因此必然涉及两平台运动测量数据的时间同步问题，因为测量数据的时间同步误差，将造成测量数据错误配对，使得平台位置和姿态信息出现与同步时差有关的误差，使用有明显误差的测量数据处理回波，将严重影响时延徙动校正、慢时间压缩和运动补偿的效果。所以，必须采取同步技术措施，减少同步时差，并在同步时差已知或可测的情况下，依据该时差作数据对齐配对处理。另一方面，测量数据与回波数据的时间同步也是必须解决的问题，因为同步时差将造成两者之间错误配对，使用这种错位的测量数据处理回波数据，也将严重影响徙动时延校正、慢时间压缩及运动补偿的效果。

由于运动测量数据要用于回波数据的参数估计和误差估计，因此应与回波数据达到脉冲重复间隔量级的时间同步精度。脉冲重复频率通常在几百至几千赫兹之间，两平台测量数据之间及其与回波数据之间的时间同步误差精度达到微秒量级即可。实际上，对双基 SAR 来讲，收发站的时间同步是实现成像和测距必须要解决的问题，当收发站都安装同步分机，实现了收发站各分机时间同步后，一般可以达到纳秒级的时间同步精度，以上的两类数据同步问题也就同时得到解决。

5.3.2 回波提取信息

在双基 SAR 中，利用运动感知设备测量两个平台的位置姿态信息的最终目的，是为了能够通过测量值和双平台坐标转换，计算得到回波的信号参数和误差信息。但由于运动感知设备的测量精度有限，所得到的参数值和误差值，通常还达不到高精度成像和高精度运动补偿的要求，因此需要以这些参数值和误差值作为初值，利用规则及非规则运动在回波数据变换域和图像域表现出的特殊性状，估计出更加精确的参数值和误差值。一般通过多普勒参数估计或者自聚焦方法，提取相位或运动误差，详见第 4 章多普勒参数估计以及本章末节自聚焦的相关内容。

需要指出的是，由于双基 SAR 通常涉及两个独立平台的运动，运动误差的分离将会比较复杂。实际中，基于回波的运动信息提取方法，往往是将发射平台与接收平台融为一体看待，不再区分运动误差来自于哪个平台，并进行统一补偿，这其中暗含等效收发相位中心运动误差和等效单站的思路。

5.4 运动误差控制与回波误差补偿

SAR 运动补偿实际上包含运动误差控制和回波误差补偿两大环节。在实际应用中,往往根据具体情况,对这两大环节所涉及的技术,进行适当裁减,并组合运用。

运动误差控制的目的,是通过实时调控措施,使得信号发射和回波接收时,天线收发相位中心能够尽可能处于规则运动对应的空间位置,天线波束尽可能指向恒定姿态对应的方向,从而隔离和减小平台非规则运动和姿态随机变化对回波的影响。其基本的实现途径,是借助于运动测量设备及杂波锁定技术,实时测量得到误差信息,利用重频控制装置,以非均匀的脉冲重复间隔,补偿非均匀平台速度的影响,实现均匀空间采样;同时利用天线稳定平台,自动地实现波束指向的稳定。对双基 SAR 而言,收发波束指向稳定问题,已转化为收发波束空间同步问题,详见第 6 章。

回波误差补偿是本节重点讨论的内容,其目的是依据已掌握的运动误差信息,对回波数据进行快慢时间轴的预处理,减小或消除运动误差对空间采样均匀性的影响,并对运动误差引起的回波时延、幅度和相位误差进行修复和补偿。其中,运动误差信息来源于运动测量设备的校正措施,运算量小、精度低,适合于高频运动误差所致回波误差的补偿校正;而运动误差信息来源于回波数据的误差估计措施,运算量大、精度高,需要较高回波信噪比,适合低频或慢变运动误差的校正和补偿。

回波误差补偿方法可以从不同角度来进行分类。比如可以根据运动误差信息来源,分为基于运动测量数据的运动补偿和基于回波数据的运动补偿。也可以根据运动误差类别,分为沿航向运动误差补偿和沿视线运动误差补偿等等。此外,在经过一定的补偿处理之后,还需要对残余运动误差进行补偿。

不同的双基构型,回波规律存在差异,补偿方法也不尽相同[5]。本节将以双基等速平飞正侧视 SAR 为例,着重从沿航向运动补偿、沿视线向运动补偿和自聚焦三个方面,阐述双基 SAR 运动误差补偿的方法。

5.4.1　沿航向运动补偿

对于双基等速平飞正侧视 SAR 而言,需要分别考虑两个平台的沿航向误差的补偿问题。通常情况下,在合成孔径时间内,加速度影响可以忽略,只需要考虑速度误差的补偿问题。

理想情况下,平台为匀速直线运动,雷达等间隔发射信号,因此,每个脉冲发射/接收均是空间等间隔的。但存在沿航向速度误差时,相邻脉冲之间平台飞过的空间间隔将变得非均匀,如图 5.12 所示。

对于沿航向运动误差,通常有两种方法来进行控制和补偿:第一种方法在数据录取过程中实施,通过实时调整脉冲重复频率,来匹配当前的平台速度变化,从而使得脉冲之间的空间间隔依然保持均匀,其实质是雷达对目标形成等转角采样,

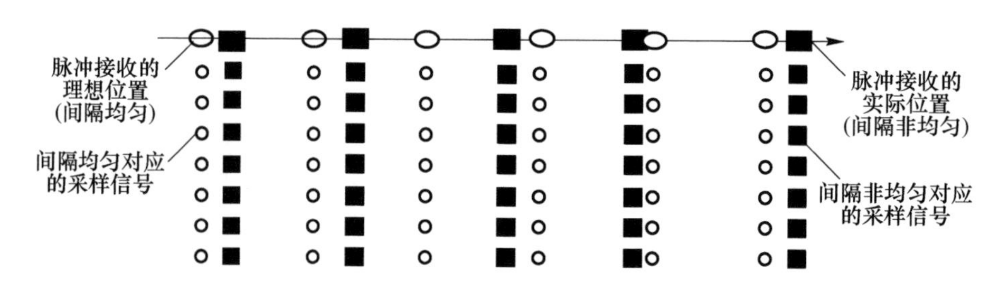

图 5.12　单基 SAR 沿航向运动误差非均匀采样示意图

属于误差控制类措施;第二种方法对已录取完成的数据,通过方位向内插实现重采样,使得方位向重采样数据对应于均匀空间间隔,属于误差补偿类措施。

对于双基 SAR 而言,由于收发平台分置,发射/接收不在同一位置,并且其航向运动误差并不一致,因此,各脉冲之间的发射间隔和接收间隔都是非均匀的,传统实时调整脉冲重复频率措施,也只能保证单基 SAR 的等间隔发射或者等间隔接收;而传统的重采样方法也只能按照收站或发站的位置进行重采样,并不能保证收发平台同时存在沿航向速度误差时的等间隔采样。

双基 SAR 沿航向运动补偿的方法根据收发等效相位中心原理,首先将收发平台速度等效单平台速度,或者将收发平台的采样时刻等效为等效单平台采样时刻,然后采用三次样条插值等重采样手段,来实现回波数据的重采样,消除慢时间方向非均匀采样的影响。或采用非均匀傅里叶变换(Non-uniform FFT,NUFFT)[6],实现非均匀采样数据的傅里叶变换,从而解决沿航向运动补偿问题。

这里针对双基侧视 SAR,给出仿真算例,结果如图 5.13 所示。可以看出,非均匀采样造成了旁瓣非对称和主瓣展宽;基于瞬时速度等效及 NUFFT 的补偿算法可以较好的补偿沿航向运动误差。图 5.13(d)给出了分别针对接收站和发射站沿航向误差进行回波数据重采样后的点目标响应以及采用基于瞬时速度等效及 NUFFT 的补偿方法的结果,可以看出后一种方法补偿效果更好。

此外,根据平台瞬时速度与多普勒调频率的对应关系,也可以实现沿航向运动误差的补偿[7]。但由于瞬时多普勒调频率不仅受沿航向速度误差的影响,同时受视线向误差的影响,两者分离难度较大,实际应用比较困难。

5.4.2　视线向运动补偿

视线向运动补偿的目的,是对斜距误差导致的回波误差进行补偿。对于双基 SAR 而言,必须考虑两个平台的视线向运动补偿问题。对于单个平台而言,视线向运动补偿主要包括两个方面:一是包络补偿,用于校正斜距误差引起的时延误差;二是相位补偿,用于补偿斜距误差引起的相位误差。通常分两步进行,首先是一阶运动补偿,即忽略斜距空变性的回波误差补偿;然后是二阶运动补

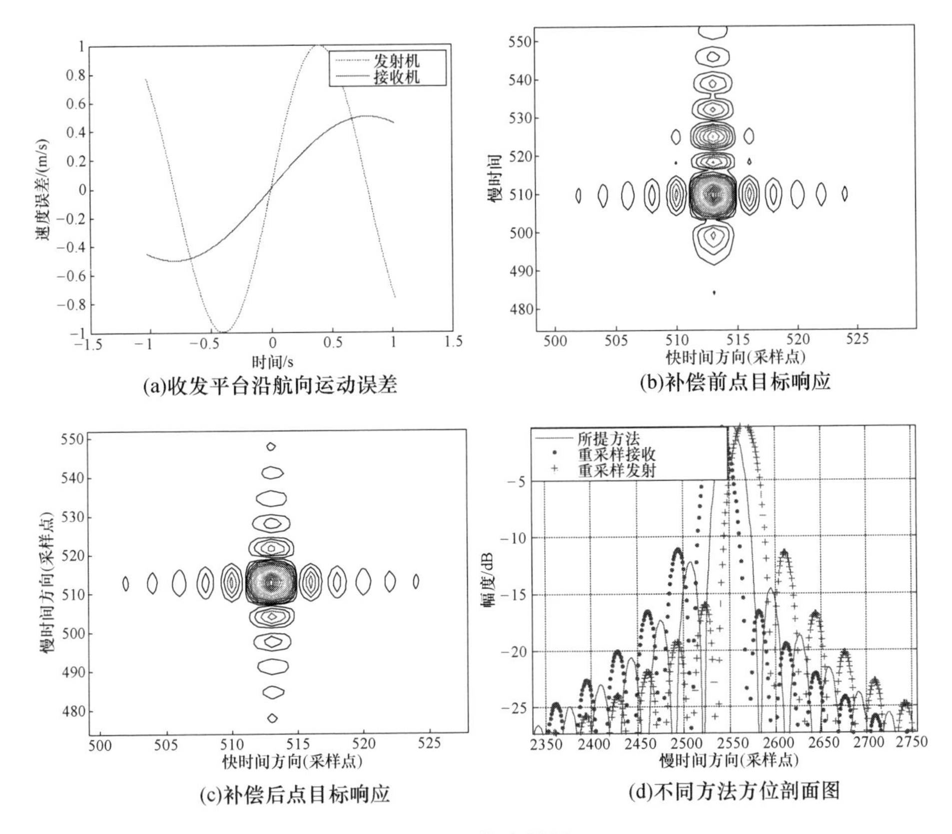

(a)收发平台沿航向运动误差

(b)补偿前点目标响应

(c)补偿后点目标响应

(d)不同方法方位剖面图

图 5.13　仿真结果

偿，即与斜距相关的残余回波误差补偿。

为简化分析，这里以俯仰窄波束和平地作为假设条件，介绍一种双基平飞正侧视 SAR 视线向运动补偿的方法。该方法首先利用快时间重采样，补偿视线向斜距均值误差 r_{LOS} 造成的回波时延误差，若 r_{LOS} 对应的时延小于时延分辨单元的一半，该步骤一般可忽略，或采用快时间频域乘线性相位因子的办法，完成亚分辨单元差异的重采样，然后是针对误差相位 $\varphi_{\mathrm{LOS}}=2\pi r_{\mathrm{LOS}}/\lambda$ 的校正。

相位校正通常采用两步补偿的方法。其中第一步针对参考均值斜距进行补偿，比如针对成像区中心斜距均值误差 r_{LOSI} 造成的相位误差进行补偿，称为一阶运动补偿，该补偿措施针对所有不同均值斜距的地面散射点回波，进行相同量的相位补偿。第二步针对视线向斜距均值误差 r_{LOS} 的空变部分 r_{LOSII} 进行补偿，即针对 r_{LOS} 与 r_{LOSI} 的差值进行补偿，又称为二阶运动补偿，是一种针对不同均值斜距的差异化补偿措施。图 5.14 给出了视线向相位补偿流程。

这里针对双基 SAR 视线向两步运动补偿，给出了仿真算例。场景设置如图 5.15(a)所示，仿真结果如图 5.15(b)～图 5.15(d)所示。

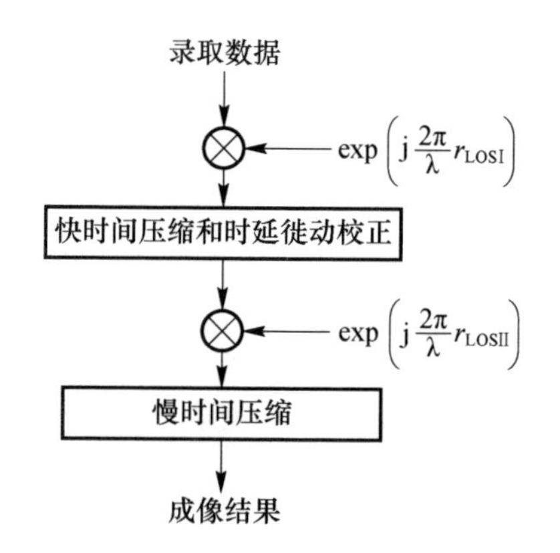

图 5.14　视线向误差补偿流程

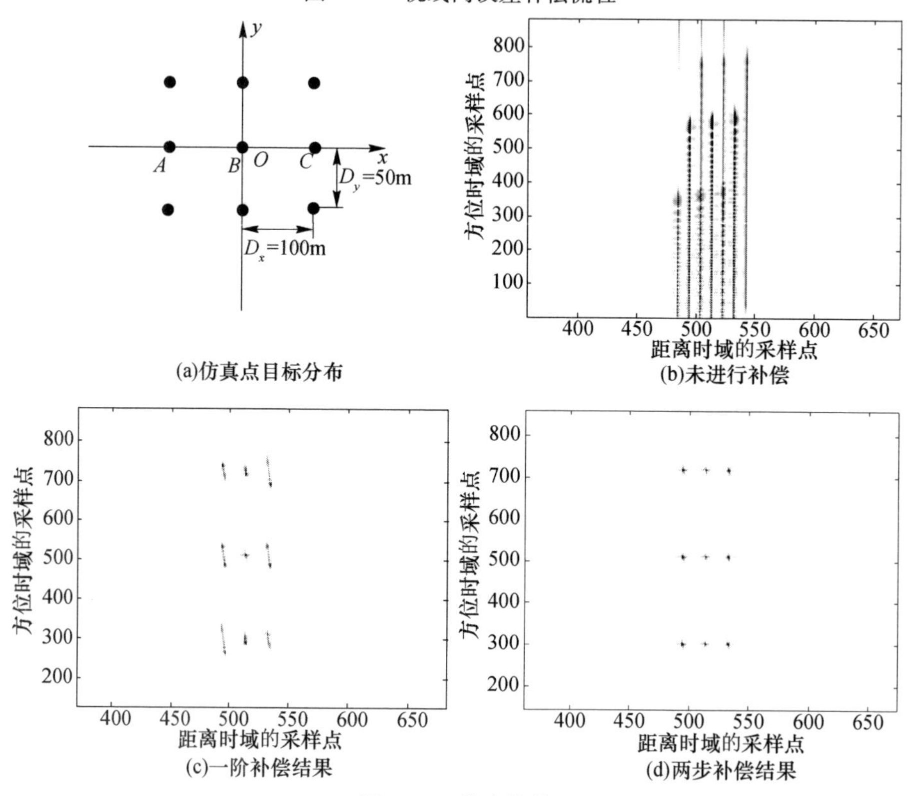

(a)仿真点目标分布　(b)未进行补偿　(c)一阶补偿结果　(d)两步补偿结果

图 5.15　仿真结果

图 5.15(b)是没有进行任何运动补偿情况下的成像情况,可以看到,图像完全散焦,特别是在方位方向;图 5.15(c)是只进行一阶运动补偿后的情况,只有场景中心的散射点回波得到良好聚焦,而其他的散射点仍然存在明显的散焦现象;图 5.15(d)为进行了一阶和二阶运动补偿后的情况,可以看出场景所有点都实现了良好聚焦。

图 5.16 所示为电子科技大学 2006 年机载双基侧视 SAR 试验成像结果[8]，可以看出，经过补偿图像质量得到了明显的改善。

(a)未做运动补偿的图像

(b)运动补偿后的图像

图 5.16　双基 SAR 实测数据成像结果

需要指出的是，由于常规波数域算法同时实现了距离徙动校正和方位压缩，难以有效的嵌入二阶运动补偿，因此需要采用扩展波数域算法[9]。另外，最近还出现了一步运动补偿方法[10]，由于均值斜距空变的误差补偿也是在徙动校正之前进行，因而在一定程度上能够减小随后的时延徙动校正误差。

5.4.3　自聚焦

经过前述的运动补偿后，可以认为大部分误差已得到补偿，但由于测量数据精度的限制等因素，通常还存在残余的运动误差。此外，某些情况下，如小型无人机等，没有运动传感装置，或者精度较低，只能依靠回波数据进行运动补偿。

自聚焦，是从回波数据中估计残余误差并进行补偿的方法。它通过迭代调整参数，实现图像质量的良好聚焦。从分类上讲，属于基于回波数据的运动补偿。但是与第 4 章中提到的自聚焦含义略有不同，前面侧重多普勒调频率估计，即二阶相位误差估计；而这里则是残余高阶相位误差的补偿；具体的自聚焦方法，以相位梯度自聚焦算法最为常见，不依赖于相位误差模型，可以估计并补偿任意阶相位误差，但对成像场景有特定要求[11]。

自聚焦本质上是对相位误差进行估计与补偿，因此现有的单基 SAR 自聚焦方法也可应用于双基 SAR。但由于双基构型的灵活性，将会引入更多的空变性，这将是双基 SAR 自聚焦运动补偿需要着重考虑的问题。

比如对于平飞移变双基 SAR，回波的二维空变性将造成时延徙动的一次、二次和三次空变现象，其中一次徙动量若得不到较好的校正，将会直接影响后续自聚焦的质量[12,13]。二次、三次等高阶徙动量一般不跨时延分辨单元，在一定程度上减轻了处理的复杂度。但对于二阶相位的空变性，通常需要进行均衡操作(非线性 CS 等),三阶相位空变性可不考虑。

这里以平飞移不变双基侧视 SAR 为例,介绍一种自聚焦方法。首先构造方位向去斜函数,并与距离压缩和徙动精校正后的回波数据相乘,实现方位去斜,并离散化表示为 $y_{m,n}$($m=1,2,3,\cdots,M$, $n=1,2,3,\cdots,N$),其中 M 为距离向采样点数,N 为方位向采样点数。设 $y_{m,n}$ 代表无相位误差的回波数据,将 $y_{m,n}$ 进行方位向离散傅里叶变换,即可得到成像结果。由于误差的存在,回波数据方位向存在相位误差 $\boldsymbol{\Phi}=(\phi_1,\phi_2,\cdots,\phi_N)$,其中 ϕ_n($n=1,2,\cdots,N$)表示第 n 个方位采样点的相位误差,则实际方位去斜结果 $\bar{y}_{m,n}$ 可以表示为

$$\bar{y}_{m,n}=y_{m,n}\cdot \mathrm{e}^{\mathrm{j}\phi_n} \tag{5.23}$$

在此基础上进行方位离散傅里叶变换,得到的成像结果必将受到误差的影响。为了得到良好聚焦的图像,需要对每个方位采样点的误差进行估计。实际中可以通过评估图像对比度或者熵等实现误差估计,比如相位误差向量 $\boldsymbol{\Phi}$ 的最佳估计可以表示为

$$\hat{\boldsymbol{\Phi}}=\underset{\boldsymbol{\Phi}}{\arg\max}\, C(\boldsymbol{\Phi}) \tag{5.24}$$

式中:$C(\hat{\boldsymbol{\Phi}})$ 为图像对比度函数。

对于式(5.24)可以采用基于坐标下降的迭代算法实现误差向量的估计,其基本思路是每次迭代中保持其他方位采样点的误差估计值固定,而对一特定方位采样点的误差进行一维搜索估计[14]。由于求解运算量极大,实际中可以采用牛顿法、共轭梯度、坐标投影等多种优化算法来加速求解过程[15]。

图 5.17 给出了自聚焦前后的成像结果,可以看出,经过自聚焦处理后,图像质量得到了明显的改善。

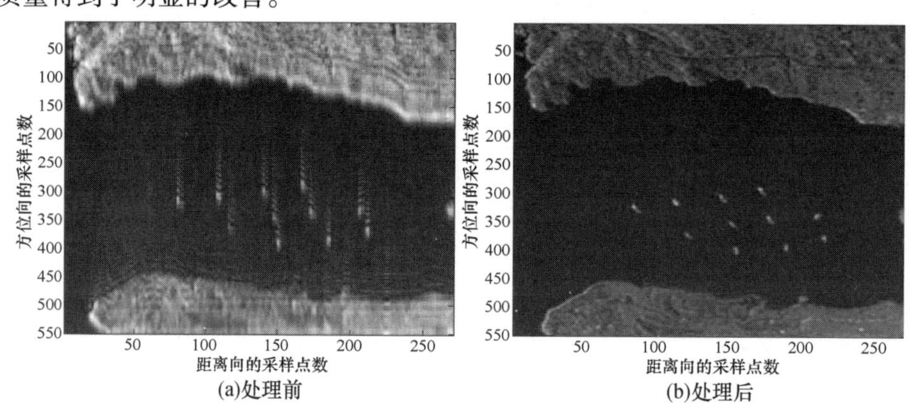

图 5.17 自聚焦结果

需要补充说明的是,由于结合频域成像算法的自聚焦方法,对徙动校正的质量依赖性较强,因此一般采用徙动校正与误差估计迭代进行的思路,或者采用二

维自聚焦方法。而结合BP算法的自聚焦方法，无需距离徙动校正，还可针对场景中不同位置的点进行差异化补偿，既能适应误差空变的情况，也不存在误差传递现象，也比较适用于双基SAR自聚焦运动补偿[16]。

参考文献

[1] Carrara W C, Goodman R S, Majewski R M. Spotlight synthetic aperture radar: signal processing algorithms[M]. Boston: Artech House, 1995.

[2] 张澄波. 综合孔径雷达原理、系统分析与应用[M]. 北京:科学出版社,1989.

[3] 袁孝康. 星载合成孔径雷达导论[M]. 北京:国防工业出版社,2002.

[4] 仇晓兰, 丁赤飚,胡东辉. 双基SAR成像处理技术[M]. 北京:科学出版社,2010.

[5] 李文超. 双基地前视合成孔径雷达运动补偿[D]. 成都:电子科技大学, 2012.

[6] Liu Q H, Xu X M, Tian B, et al. Applications of nonuniform fast transform algorithms in numerical solutions of differential and integral equations [J]. IEEE Transactions on Geosciences and Remote Sensing, 2000, 38(4): 1551 - 1560.

[7] 保铮,邢孟道,王彤. 雷达成像技术[M]. 北京:电子工业出版社,2005.

[8] 黄钰林. 机载双基地SAR关键技术研究[D]. 成都:电子科技大学, 2008.

[9] Pu W, Li W, Lü Y, et al. An extended omega-K algorithm with integrated motion compensation for bistatic forward-looking SAR[C]. IEEE Radar Conference (RadarCon). 2015: 1291 - 1295.

[10] Yang M, Zhu D, Song W. Comparison of two-step and one-step motion compensation algorithms for airborne synthetic aperture radar[J]. Electronics Letters, 2015, 51(14): 1108 - 1110.

[11] Li M, Pu W, Li W, et al. Range migration correction of translational variant bistatic forward-looking SAR based on iterative keystone transformation[J]. IEEE International Geoscience and Remote Sensing Symposium (IGARSS), Milano, 2015.

[12] Pu W, Yang J, Li W, et al. A minimum-entropy based residual range cell migration correction for bistatic forward-looking SAR[C]. IEEE Radar Conference (RadarConf). 2016.

[13] Pu W, Yang J, Li W, et al. A residual range cell migration correction algorithm for SAR based on low-frequency fitting [C]. IEEE Radar Conference (RadarCon), 2015: 1300 - 1304.

[14] Huang Y, Pu W, Wu J, et al. An azimuth-variant autofocus scheme of bistatic forward-looking synthetic aperture radar[C]. IEEE Radar Conference (RadarConf), 2016: 1 - 4.

[15] Kragh, T J. Monotonic iterative algorithm for minimum-entropy autofocus [C]. Adaptive Sensor Array Processing (ASAP) Workshop, 2006.

[16] Ash J N. An autofocus method for backprojection imagery in synthetic aperture radar[J]. Geoscience and Remote Sensing Letters, IEEE, 2012, 9(1): 104 - 108.

第6章 双基 SAR 同步技术

合成孔径雷达实现对地二维成像的基础，是对地面不同位置散射点回波的时延分辨、多普勒分辨和幅度分辨。因此，雷达系统必须具备对回波时延、多普勒和幅度的精准测量能力。这就要求发射子系统和接收子系统具有统一的时间基准和频率基准，而且除了需要足够的发射功率和接收灵敏度，还必须使发射与接收的天线波束印迹在待成像地域实现重叠。

在单基 SAR 中，发射和接收位于同一平台，只需通过同源的方式，即可实现时间和频率基准的统一；而且，由于收发可共用天线，收发波束地面印迹具有天然的重叠性，即使发射接收采用不同的天线，在同一平台上也容易通过天线电轴校准，实现波束印迹的重合。

双基 SAR 具有收发分置的特点，发射子系统与接收子系统分别位于不同的运动平台，各自使用不同的时钟、频率源和天线，若不采取相应技术措施，发射与接收的时间和频率就出现大的偏差，波束印迹也不能实现重叠，从而导致回波时延、多普勒和幅度误差，从而影响和破坏时延、多普勒和幅度的测量与分辨，造成图像定位偏差、目标散焦、信噪比恶化和对比度下降，严重影响成像品质，甚至不能成像。因此，在双基 SAR 中，必须采取沟通发射站和接收站联系的技术措施，解决好时基统一、收发相参和波束共视问题，即时间、频率、空间三大同步问题。从而使发射站与接收站虽分犹合，构成有机的整体，协调一致地工作，实现稳定相参的高质量回波信号获取、高精度的回波时延和多普勒测量，才能够为通过成像处理获得高品质图像，创造基础的条件。

本章主要分析同步误差的来源和影响，提出实现成像的同步误差限制条件，介绍实现三大同步的典型方法，给出收发同步的实例和效果。

6.1 空间同步

在单基 SAR 中，由于收发共用天线，收发波束地面印迹是天然重叠的。而在双基 SAR 中，发射波束和接收波束分别产生于不同平台的两个天线，它们的地面印迹并不具备天然的重叠性，反而会因为天线指向设定、平台位置姿态和伺服控制响应等因素的影响，出现明显的固定偏差和随机误差，导致回波功率下降、成像幅度变窄、成像分辨力变化，从而严重影响成像质量。所以，必须根据平台位置姿态以及回波幅度变化情况，采取实时和动态的收发天线指向控制和稳定措施，保障两个天线波束印迹尽可能重叠，并在合成孔径回波信号录取过程中保持稳定，这类技术称为空间同步技术。

6.1.1 空间同步误差

空间同步是指发射和接收的波束地面印迹中心完全重合的状态。空间同步误差是对偏离这种状态程度的描述，在工程应用中一般从两个方面来定量描述这种误差：一是波束印迹中心偏离误差；二是波束中心指向误差。下面分别深入讨论这两种形式误差的约束条件和来源。

1. 波束印迹中心偏离误差约束

波束印迹中心偏离误差 ε_b 是指发射波束印迹中心与接收波束印迹中心的距离，它可以反映发射站和接收站天线波束未对准的程度（定义波束印迹中心偏离误差为 ε_b，它是指发射波束印迹中心与接收波束印迹中心的距离，可以反映发射站和接收站天线波束未对准的程度）。

天线波束在地面形成的 3dB 印迹与其波束形状有关，为简化讨论，这里假定波束印迹为圆形。

设两个波束的 3dB 印迹等效半径为 r_{max} 和 r_{min}，且 $r_{max} > r_{min}$。那么，随着发射站波束印迹中心到接收站波束印迹中心的偏离误差 ε_b 增大，将依次出现完全同步、临界同步、局部同步和失效同步等多种同步状态，如图 6.1 所示。波束印迹的重叠程度是空间同步状态的直接表征，它将对观测幅度、合成孔径长度及回波功率产生重要影响。

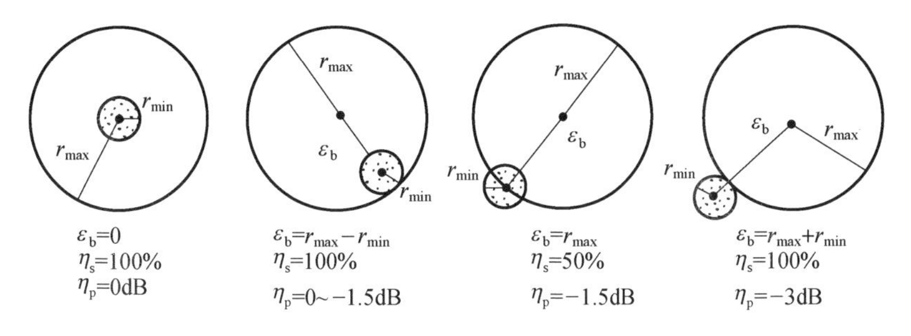

图 6.1 几种典型的收发波束重叠状态

从图中可以看出，随着 ε_b 的增大，收发波束 3dB 印迹重叠面积将出现阶梯形下降的变化趋势，如图 6.2 所示。其中 η_s 为波束 3dB 印迹重叠比，定义为实

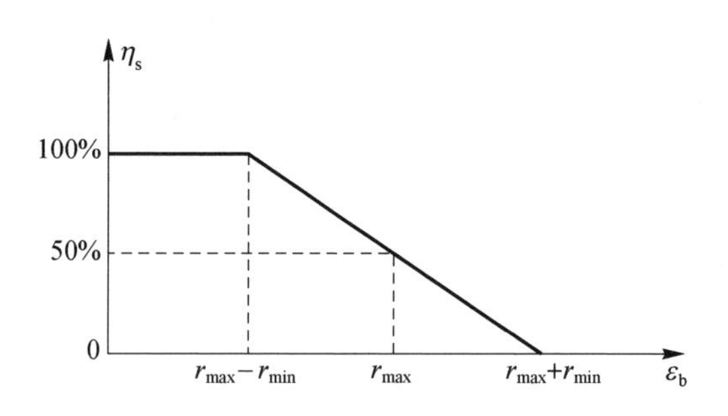

图 6.2　3dB 波束印迹重叠比

际重叠面积与最大重叠面积之比,其变化拐点出现在 $\varepsilon_b = r_{max} - r_{min}$ 和 $\varepsilon_b = r_{max} + r_{min}$ 两处。通常,空间同步的目的,是希望将 η_s 保持在近 100% 的状态,因此需要保证 $\varepsilon_b \leqslant r_{max} - r_{min}$,从而使收发波束印迹能够处于完全同步,或至少临界同步状态。因为 η_s 下降,对应重叠面积下降,将降低观测幅宽和合成孔径长度,从而引起成像幅宽下降和多普勒点目标响应主瓣展宽。

另一方面,ε_b 的增大也会导致回波功率的下降和图像信噪比和图像质量损失。设 η_p 代表小圆中心点回波功率比,定义为实际回波功率与最大回波功率之比,而这两个功率值分别对应于实际同步状态与完全同步状态。η_p 随 ε_b 的变化规律,可根据双基几何构型关系、天线波束形状和系统参数导出,一般如图 6.3 所示。一般来说,当 $\varepsilon_b = r_{max}$ 时,η_p 下降 1.5dB,当 $\varepsilon_b = r_{max} + r_{min}$ 时,η_p 已下降 3dB。所以当 ε_b 为非零固定值时,η_p 将低于完全同步时的值,造成的回波功率下降和图像信噪比损失。当 ε_b 在 $0 \sim r_{max}$ 之间随机变化时,回波功率将产生 ±0.75dB 的起伏,已超过一般要求的 ±0.5dB,造成成像结果中点目标响应副瓣明显升高。当 ε_b 的变化范围超过 r_{max} 时,这种情况将更加严重。所以,为获得稳定幅度的回波,也应要求保证 $\varepsilon_b \leqslant r_{max} - r_{min}$。

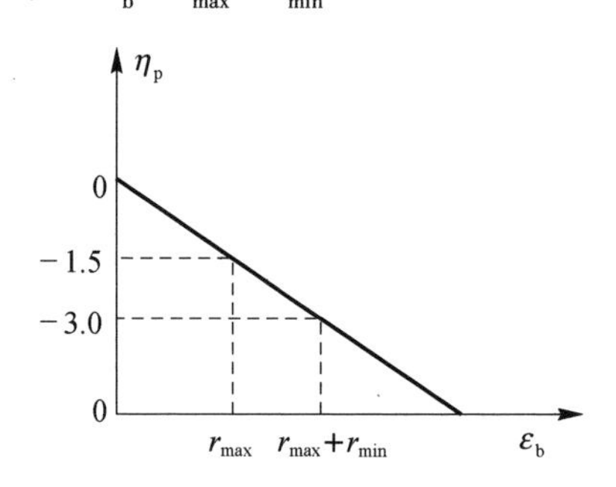

图 6.3　回波功率与空间同步状态的关系

2. 波束中心指向误差约束

波束中心指向误差是指从接收站角度观察到的两个波束印迹中心的偏差角

度,记为 $\Delta\eta$。它由指向角解算误差和指向角控制误差共同决定。指向角解算误差主要与测姿定位精度、波束指向解算方法和运算精度有关;而指向角控制误差主要由机扫天线伺服系统控制误差和电机机械误差引起,或由相控阵天线波束阵元拓扑和移相器精度等因素影响。

设 M 为波束印迹中心的预定点,P_T、P_R 分别表示发射波束和接收波束印迹中心。由于前述各种误差的影响,P_T 和 P_R 以 50% 以上的概率,分别分布在半径为 C_T 和 C_R 的圆内。其中,C_T 和 C_R 分别称为发射和接收波束的圆概率误差。由图 6.4 得到 $\varepsilon_b \leqslant C_T + C_R$。由于临界同步要求 $\varepsilon_b \leqslant r_{max} - r_{min}$,所以对波束指向圆概率误差的要求是 $C_T + C_R \leqslant r_{max} - r_{min}$。

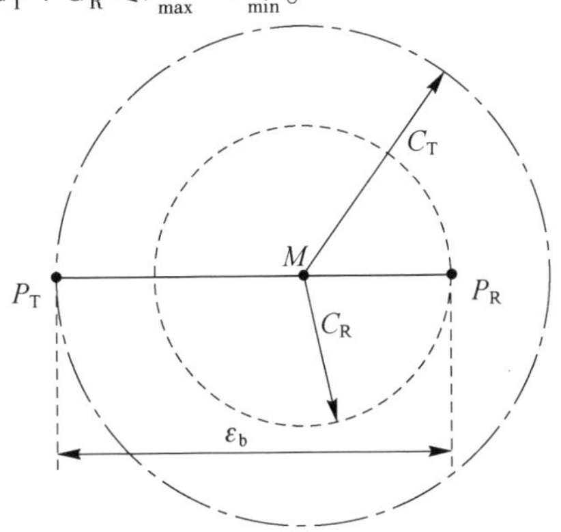

图 6.4　圆概率误差与同步误差的关系

在实际工程应用中,常用两个波束印迹中心对接收天线形成的张角 $\Delta\eta$ 来度量同步情况。根据图 6.5 中的空间关系,可以得到

$$\Delta\eta = \arccos\frac{R_{rt}^2 + R_{rr}^2 - \varepsilon_b^2}{2R_{rt}R_{rr}} \tag{6.1}$$

式中:R_{rt} 为接收机到发射站波束印迹中心的距离;R_{rr} 为接收机到接收站波束印迹中心的距离。根据前述分析,波束印迹应至少处于临界同步状态,即 $\varepsilon_b \leqslant$

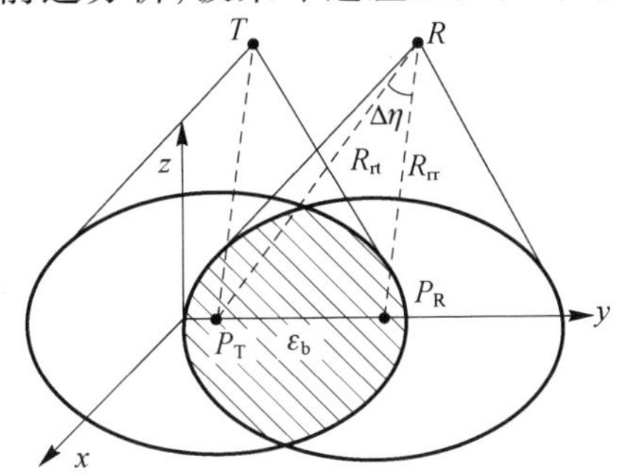

图 6.5　圆概率误差与波束重合度关系

$r_{max}-r_{min}$，根据(6.1)，对 $\Delta\eta$ 的约束是

$$\Delta\eta \leqslant \arccos \frac{R_{rt}^2+R_{rr}^2-(r_{max}-r_{min})^2}{2R_{rt}R_{rr}} \tag{6.2}$$

而波束指向圆概率误差对应的 $\Delta\eta$ 满足下式

$$\Delta\eta \leqslant \arccos \frac{R_{rt}^2+R_{rr}^2-(C_T+C_R)^2}{2R_{rt}R_{rr}} \tag{6.3}$$

3. 空间同步误差的来源

在实际应用中，空间同步误差由平台姿态误差、平台位置误差、测姿定位误差、波束指向控制误差等因素产生。平台姿态误差和平台位置误差是由风速、风向、气流等影响飞行器恒定姿态匀速直线运动状态的非理想因素造成的，这类误差会产生收发天线波束指向的非预期偏离和随机的偏差；测姿定位误差和波速指向控制误差属于硬件系统误差，即惯性导航等设备的测姿定位精度不足以及天线伺服的控制精度和响应特性引起，导致天线波束指向产生固定和随机偏差。除了上述因素之外，天线安装基准面与测姿定位参考基准的偏差，也会导致收发平台天线指向误差。这些误差都将造成收发波束指向偏离应有方向，造成印迹中心的不重叠，即出现空间不同步的情况。因此，这些误差的有效控制和补偿，是实现良好空间同步的前提。

6.1.2 空间同步技术

为了将空间同步误差控制在许可的范围内，需要采取相应的技术措施，一般采用空间位置解算控制波束指向，实现收发波束印迹的初对准，然后采用杂波锁定技术实现收发波束印迹的精跟踪。

1. 指向解算粗对准方法

目前，工程可用的指向解算同步方法主要有两类。

第一类为相对定位，直接控制法。根据测姿定位设备测得的平台位置和姿态，结合测绘带中心位置等参数，调整收发站的天线波束指向角，完成空间同步。此方法具有易控制、易实现的特点，其空间同步精度主要受到测姿定位误差和指向角控制误差影响。

第二类为绝对定位，实时解算方法。这种方法利用 GPS 和组合导航装置，对平台进行测姿定位，通过多级坐标系转化，综合空间位置关系，解算收发站的天线指向角，并通过天线指向系统进行控制，实现收发波束的空间同步。此方法适用性较强，可适用于双基 SAR 的多种工作模式的空间同步，且同步精度较高。

图 6.6 给出了第二类方法的实现方案，其中的测姿定位装置完成平台的姿态和位置测量；天线指向控制器完成天线指向的调整；无线收发单元实现收发站之间的信息传递；存储单元记录和指示空间同步状态，并存储雷达系统工作中平台的位置、姿态等信息，为后续信号处理提供数据。

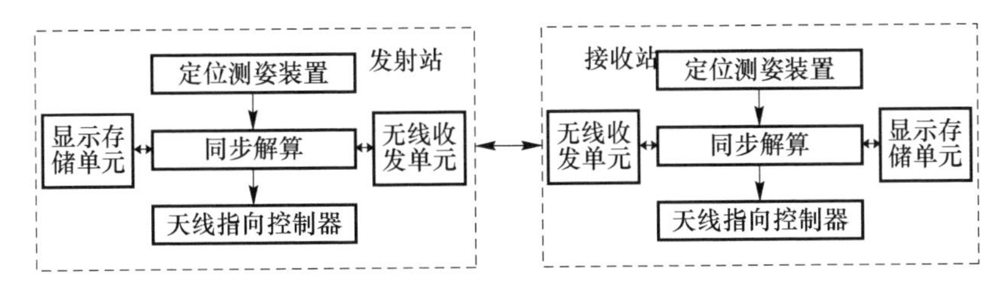

图 6.6　绝对同步方法的同步方案

天线指向解算的常用方法，是一种基于几何空间关系解算的空间同步方法。通过多级坐标变换，获得预定波束印迹中心在载机坐标系中的位置，进而得到天线波束指向，包括方位角和俯仰角。以大地坐标系为例，方位角是指从载机平台的指北方向线起，依顺时针方向到天线波束中心线之间的水平夹角；俯仰角是指载机平台所在水平面与天线波束中心线之间的夹角。要得到发射站和接收站的天线指向，需要获得发射站载机平台、接收站载机平台和目标的空间位置。通过 GPS 系统的定位功能，可以获得所需位置信息，然而由 GPS 接收机测得的平台位置处于 WGS-84 坐标系中，不能直接得到天线指向，需要进行坐标系转换。坐标变换顺序一般是：WGS-84 坐标系→地理坐标系→载机地理坐标系→伺服转台坐标系。

这里以双基前视 SAR 为例，给出指向解算粗对准方法[1]。如图 6.7 所示，以发射站平台 T 的重心 O 为坐标原点，O 点指向正北方向为 x 轴正方向，O 点到地平面的垂线向下为 z 轴正方向，y 轴满足右手定则，建立载机地理坐标系 $O-xyz$。接收天线在地面的波束印迹中心为目标点 M，T' 和 R' 分别表示发射平台和接收平台在地面的投影。已知接收平台 R 在地理坐标系中的坐标为 (x_r, y_r, z_r)，接收天线的指向方位角为 β_R，俯仰角为 θ_R，发射平台 T 在地理坐标系中的坐标为 (x_t, y_t, z_t)。

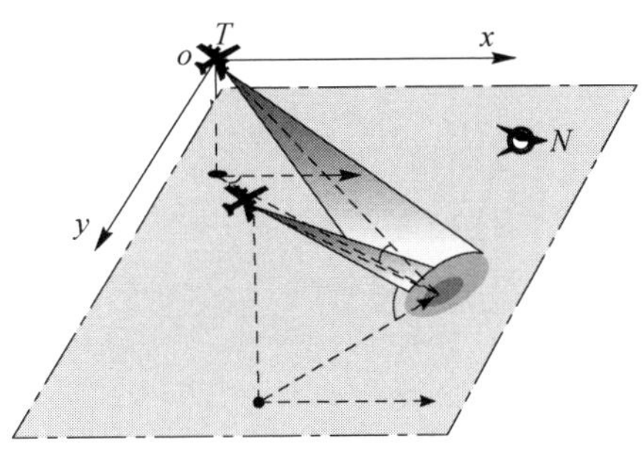

图 6.7　载机地理坐标系

假定平台 P 和目标 M 在地理坐标系中的坐标分别为 (x_p, y_p, z_p) 和 (x_m, y_m, z_m)，为了获得发射天线的天线指向，首先需要获得目标点 M 在地理坐标系中的

坐标(x_m,y_m,z_m),坐标位置可通过求解以下方程组得到,即

$$\begin{cases} y_r - y_m = (x_m - x_r)\tan\beta_R \\ (x_m - x_r)^2 + (y_r - y_m)^2 = \dfrac{(z_m - z_r)^2}{\tan^2\theta_R} \end{cases} \tag{6.4}$$

在平台载机地理坐标系中,目标点的坐标变为(x_{mp},y_{mp},z_{mp}),上述等式仍然满足,并且有

$$\begin{pmatrix} x_{mp} \\ y_{mp} \\ z_{mp} \end{pmatrix} = \begin{pmatrix} -\sin\varphi_0\cos\lambda_0 & -\sin\varphi_0\sin\lambda_0 & -\sin\varphi_0\sin\lambda_0 \\ -\sin\lambda_0 & \cos\lambda_0 & 0 \\ -\cos\varphi_0\cos\lambda_0 & -\cos\varphi_0\sin\lambda_0 & -\sin\varphi_0 \end{pmatrix} \begin{pmatrix} x_m - x_p \\ y_m - y_p \\ z_m - z_p \end{pmatrix} \tag{6.5}$$

式中:λ_0 和φ_0 分别为载机平台所处位置的经度和纬度。

结合式(6.4)和式(6.5),可以得到平台到目标点的天线方位角 β 和俯仰角 θ,即

$$\beta = \arctan\left(\frac{y_{mp}}{x_{mp}}\right) \tag{6.6}$$

$$\theta = \arctan\left(\frac{z_{mp}}{\sqrt{x_{mp}^2 + y_{mp}^2}}\right) \tag{6.7}$$

至此,天线指向的解算已经完成,然而此时的天线指向位于载机地理坐标系,其0°方向为正北方向,不能直接用于天线指向控制器的指向控制,需要进一步将坐标转换到伺服转台坐标系中。

天线指向从载机地理坐标系变换到伺服转台坐标系需要通过载机坐标系过渡,伺服转台在实际安装中要求与载机坐标系重合。这样天线指向控制器可以通过自身的姿态补偿功能,将天线指向从载机地理坐标系转换到伺服转台坐标系中,完成天线指向的控制。

收发站解算到各自天线指向角度后,需要调整指向,对准测绘区域中心。如果雷达天线指向采用机械方式调整,还将引入机械误差;如果采用相控方式调整天线波束指向,那么移相器相位精度不足,也会带来误差。无论采用哪种方式,天线波束实际指向角度都会与解算得到的理论指向角度存在误差。这些误差需要在系统总体设计时进行统调,使得总误差造成的影响不超过成像质量所要求的约束条件。

2. 杂波锁定精跟踪

对于雷达天线波束较宽的情况,上述方法通常已经能够满足双(多)基地合成孔径雷达成像所需的要求。由于 GPS 和惯性导航系统测姿定位都存在误差,因此会导致解算出的天线指向控制参数存在一定偏差,对于发射和接收天线均

为窄波束的情况下,这将导致收发天线波束印迹重合面积不足,影响成像效果。

为了解决收发天线波束对准不够精确的问题,这里介绍一种杂波锁定精跟踪方法。这种方法以收发天线波束都已经指向了目标区域为前提,即收发站天线波束完成了初步对准,但是,可能由于对准精度不够,需要精细调整发射站的天线波束指向,使收发天线波束实现精确对准。

其基本思路是,在接收天线指向不变的条件下,通过控制雷达天线在一定角度范围内扫描,利用回波信号的功率强弱判断接收站波束印迹所在方向,回波功率最强时对应的发射站天线波束中心方向即为需指向的方向。

如图 6.8 所示,发射站控制天线扫描,天线波束覆盖区域依次经过 A、B 和 C 三点,同时利用杂波锁定精跟踪方法对雷达回波进行信号处理,得到回波功率最强时对应的天线指向(即功率中心),并锁定指向。

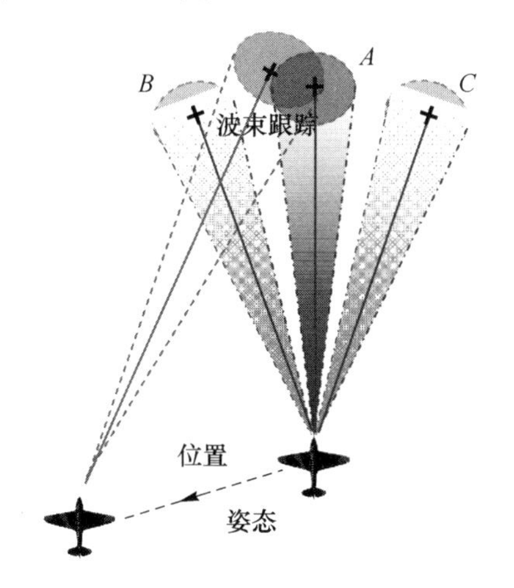

图 6.8 杂波锁定精跟踪示意图

由于雷达回波伴随着噪声,直接计算回波矩阵的功率最大值,则误差将会比较大,因此需要对回波进行距离向脉冲压缩,提高信噪比,再计算功率中心,功率中心对应的发射站天线波束指向角就是发射站天线对准接收站天线波束中心的指向角。控制天线指向控制器将天线指向调整至该指向角,即可实现机载双基地 SAR 的高精度空间同步。其工作流程图如下图 6.9 所示。

按照图 6.9 所示流程图进行仿真,波束宽度为 10°,扫描范围为方位 55° ~ 80°,俯仰 15° ~ 40°,回波信噪比取 -5dBm,可以得到如下图 6.10 所示结果,同步精度为方位 0.16°,俯仰 0.14°。

杂波锁定精跟踪方法可以提高空间同步精度,主要用于条带 SAR 空间同步中的初始阶段,合成孔径雷达信号收发过程中不能使用。同时,仿真中假定目标场景是理想场景,功率分布均匀。

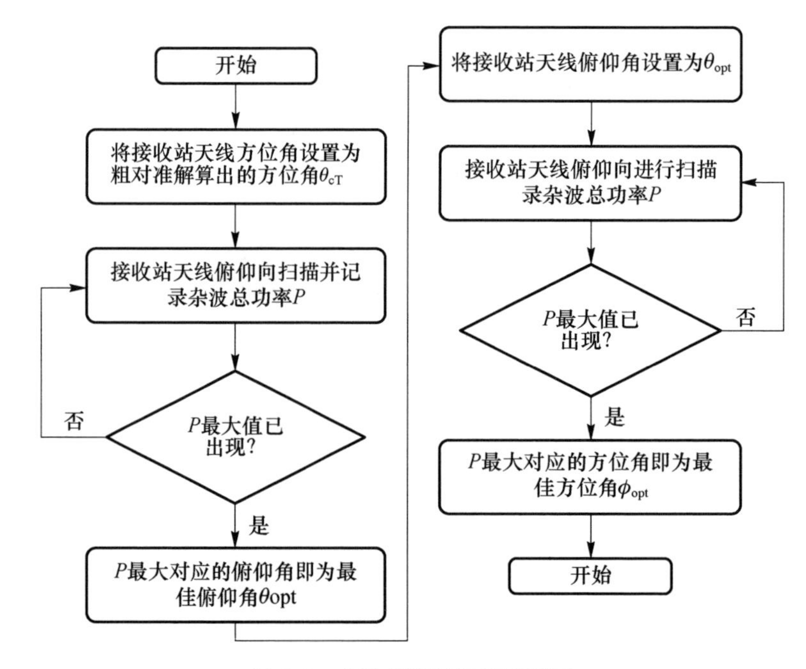

图 6.9　杂波锁定精跟踪流程图

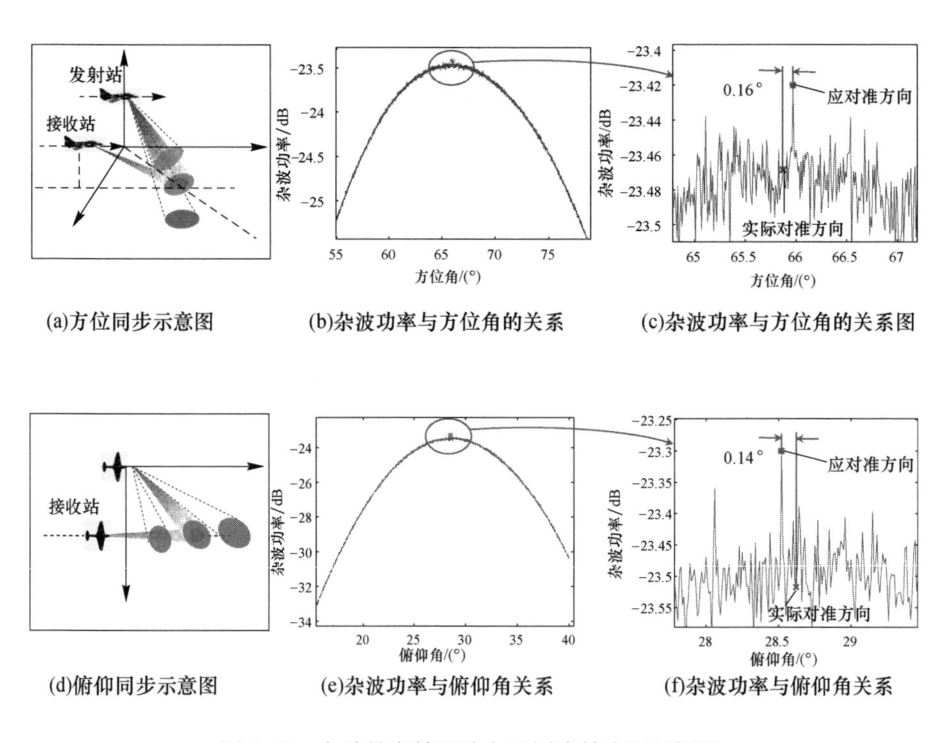

(a)方位同步示意图　(b)杂波功率与方位角的关系　(c)杂波功率与方位角的关系图

(d)俯仰同步示意图　(e)杂波功率与俯仰角关系　(f)杂波功率与俯仰角关系

图 6.10　杂波锁定精跟踪方法同步精度(见彩图)

6.2　时间频率同步

时间、频率和相位同步的主要目的，是解决双基 SAR 系统的定位精度和相参性问题，为成像处理和目标定位提供前提条件。本节主要讨论双基 SAR 的时间频率同步。

在单基 SAR 中，发射和接收共用同一时钟，容易实现时延测量和测距定位。在双基 SAR 中，发射站和接收站空间分置，只能使用各自的时钟，它们之间的差异，会将使发射和接收难于协调工作，也造成时延测量困难，引起定位误差。因此，必须采取时间同步措施，使发射和接收有统一的时间基准。

时间同步主要解决发射站与接收站时钟的校准问题，尽可能使分置于两个站的时钟能够起点一致、快慢相同。时间同步不仅包括时、分、秒级的对准，还包括纳秒级的时钟相位对准，前者保证发射和接收能够步调一致地协同工作，后者保证系统的回波时延测量和测距定位的精度。

而孔径合成所依赖的多普勒信号，源自于收发站等效相位中心相对于目标的观测视角变化产生的脉间回波相位变化。因此，要求发射和接收均不能在多普勒信号中引入未知和无关的相位变化，即要求系统具有良好的相参性。双基 SAR 收发系统分置于独立的平台上，各自采用本地主振作为频率源，两个频率源之间的固定频率偏差，或频率随机变化和相位抖动，都将在多普勒信号中引入未知和无关的相位变化，即回波信号相位误差[3]。

频率相位同步的目的，就是减小这种无关的相位变化，避免其污染多普勒信号相位，其基本要求是在合成孔径时间内，相位误差不超过 $\pi/4$。以使相位误差不致明显地破坏多普勒信号匹配滤波时的同相叠加性。这个要求包含两个方面的条件：一是若干相邻回波脉冲信号间的相位误差不超过 $\pi/4$，这属于脉间（通常为毫秒量级）的频率稳定性问题；二是在整个合成孔径时间内回波脉冲信号总的相位误差也不能超过 $\pi/4$，这属于合成孔径级（通常为秒量级）的频率稳定性问题。

对于单基 SAR 系统来说，发射机载频和接收机本振产生于同一个频率源，回波信号脉冲间相位误差及其积累效应并不严重。但是，对于双基地 SAR 系统来说，回波信号脉间相位误差及其积累效应更为严重，需要采取特殊措施，才能够同时满足第一和第二个相位误差限制条件。

本节在讨论时间和频率同步误差影响的基础上，给出其误差界，以及时间频率同步方法。

6.2.1　时间同步误差

秒级时间同步误差，会导致收发站工作模式、工作流程、工作参数不能在规定时刻统一设定到预定工作状态,从而影响系统的正常工作,也会造成收发波束指向调整时间步调的不一致,造成波束地面印迹在空间上的不重叠。微秒级时间同步误差,在判定允许指令、请求响应等事件发生的先后顺序方面,可能造成判断错误和逻辑混乱,影响系统正常工作,也会影响测姿定位数据与回波数据记录时间基准的一致性。纳秒级时间同步误差,会造成信号发射和回波接收等事件发生的精确时刻的测量时间尺度不一致,引起回波时延测量和距离测定的显著误差,严重时会使雷达丧失定位能力。

秒级和微秒级的时间同步,在实际中,容易做到,但纳秒级的时间同步则较为困难。在工程实际中,纳秒级同步的关键是 PRF 脉冲信号的同步,这也是以下分析和讨论的重点。

1. PRF 脉冲同步误差对时延测量的影响

雷达是通过回波相对于发射信号的时延来测定距离和实现定位的。在单基 SAR 中,可以用同一个时钟源,统一时间基准和尺度,测定信号发射时刻和回波接收时刻,并利用其差值得到回波时延。而在双基 SAR 中,发射和接收分别在两个空间分置的平台上完成,所以只能使用两个时钟源分别对信号发射和回波接收时刻进行测定。若两个时钟源不同步,因而存在未知的固定时差和随机时差,就会使雷达回波时延测量精度下降,从而影响测距定位能力。因此,在实际系统中,必须采用相应技术措施,尽可能减小随机时差,并消除固定时差,统一时间基准。在不能消除固定时差时,必须能够准确测量两个时间源之间的固定偏差(即钟差)。

如图 6.11 所示,时钟源输出方波脉冲串信号(即 PRF 信号)代表本站的时间尺度。当发射站直接数字合成器(Direct Digital Synthesizer, DDS)在其时钟 0 时刻检测到来自时序控制器的波形使能信号后,开始产生基带线性调频脉冲信号,该脉冲信号时宽 T,带宽为 B_r。由于收/发站时间基准存在偏差 $\Delta\tau$,造成了接收站 A/D 数据采集器与发射站发射波形产生的时间不同步,回波真实时延等于接收站测得的时延 τ 叠加收发两站钟差 $\Delta\tau$。如果 $\Delta\tau$ 为非零常数,将导致固定时延误差,如果 $\Delta\tau$ 是时变的,则将导致变化的时延和测距误差。当 $\Delta\tau$ 达到 10ns 以上且未知时,会使接收站给出的斜距值产生米级的测距定位误差。

当固定钟差 $\Delta\tau$ 在 10μs 以上时,由于发射站和接收站的参考时间基准点不同,会使雷达观测范围产生千米级的偏差。以发射站时钟为基准,接收站对预定地域回波信号的采样起始于 t_1 时刻,结束于 t_2 时刻,这两个时刻是由系统空间几何构型及观测幅宽决定。但是由于收/发站 PRF 同步误差 $\Delta\tau$,导致接收站 PRF 滞后了 $\Delta\tau$,使得 A/D 实际采样窗为 $t_1' \sim t_2'$($t_1' = t_1 + \Delta\tau, t_2' = t_2 + \Delta\tau$),整体也滞后了 $\Delta\tau$,虽然录取了时间宽度为 $t_2 - t_1$ 的回波数据,但部分预定地域回波没能正常被录取。如果两个频率源快慢不同,还将存在时间尺度的差异,从而导致

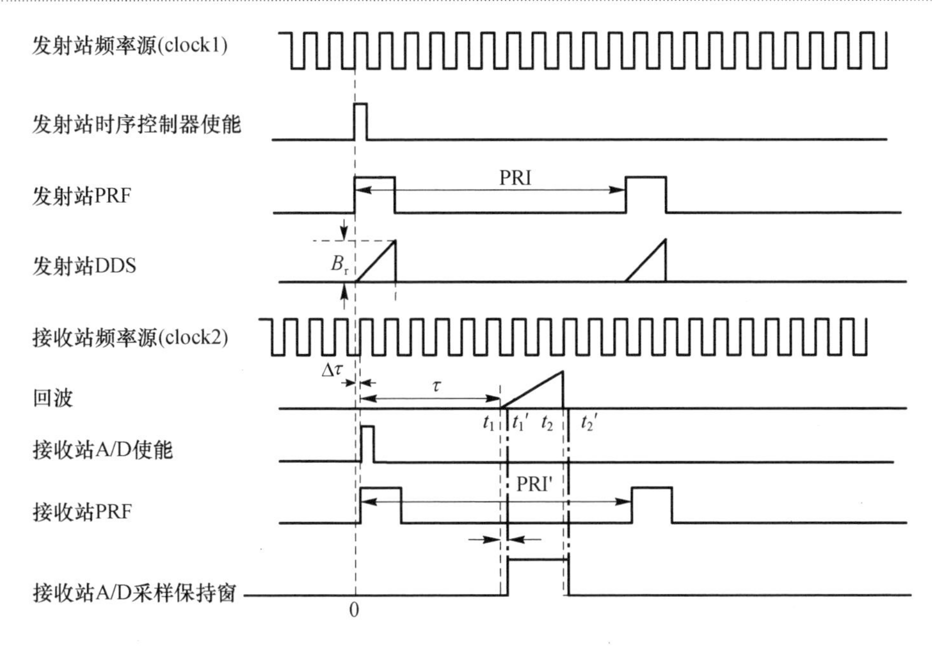

图 6.11　双基地 SAR 工作时序

录取时间的起止点和宽度产生误差。

2. PRF 同步误差对成像的影响

若不考虑时间误差的情况，经接收机本振信号 $\exp\{-\mathrm{j}2\pi f_c\tau\}$ 下变频后，设发射信号为载波频率 f_c、波长 λ、调频斜率为 K 的线性调频信号，点目标的瞬时距离和为 $R(t)$，则点目标零中频基带信号为

$$s_R(\tau,t)=\exp\left\{-\mathrm{j}\frac{2\pi}{\lambda}R(t)\right\}\cdot\exp\left\{-\mathrm{j}\pi K\left[\tau-\frac{1}{c}R(t)\right]^2\right\} \tag{6.8}$$

由于受到时间同步误差的影响，设发射机时钟超前接收机时钟 $\Delta\tau(t)$，回波信号与接收站触发时刻时间差为 τ，则以接收机的时钟为参考的真实回波延时为 $\tau'=\tau+\Delta\tau(t)$，接收机本振信号变为 $\exp\{-\mathrm{j}2\pi f_c[\tau+\Delta\tau(t)]\}$，则回波信号的实际数学表达式为

$$\begin{aligned}s_R'(\tau',t)=&\exp\left\{-\mathrm{j}\frac{2\pi}{\lambda}R(t)\right\}\\&\cdot\exp\left\{-\mathrm{j}\pi K\left[\tau'-\Delta\tau(t)-\frac{1}{c}R(t)\right]^2\right\}\\&\cdot\exp\{-\mathrm{j}2\pi f_c\Delta\tau(t)\}\end{aligned} \tag{6.9}$$

由式(6.9)可知，$\Delta\tau(t)$ 不仅在距离向上引入了时延误差，也在方位向引入了相位误差，对回波的多普勒处理也会产生了影响。下面根据时间误差的不同

表现形式,具体分析和讨论误差对成像的影响。

(1) 固定时差对成像的影响。

当 $\Delta\tau(t)$ 为固定值时,称为 PRF 固定时差,或 PRF 触发误差。图 6.12 给出了固定时差为 0.1μs 情况的点目标成像结果以及固定时间误差与成像性能指标图。固定时差会影响距离向成像质量,其原因是采样到的信号时宽和带宽变窄,从而使得时延方向上的分辨力变差。但这种固定时差并未改变相继的脉冲间的相位变化关系,不影响多普勒方向上的成像效果。

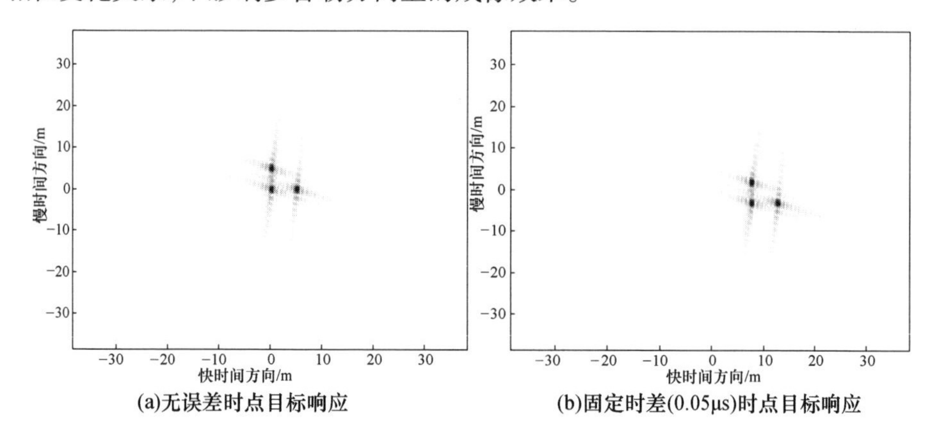

图 6.12 PRF 触发不同步对点目标成像的影响

(2) 线性时差对成像的影响。

线性时差来源于收发两站间时钟信号或 PRF 信号周期差异,表现为随方位向时间 t 增长的线性变化量。图 6.13 给出了 PRF 线性误差对成像的影响结果。

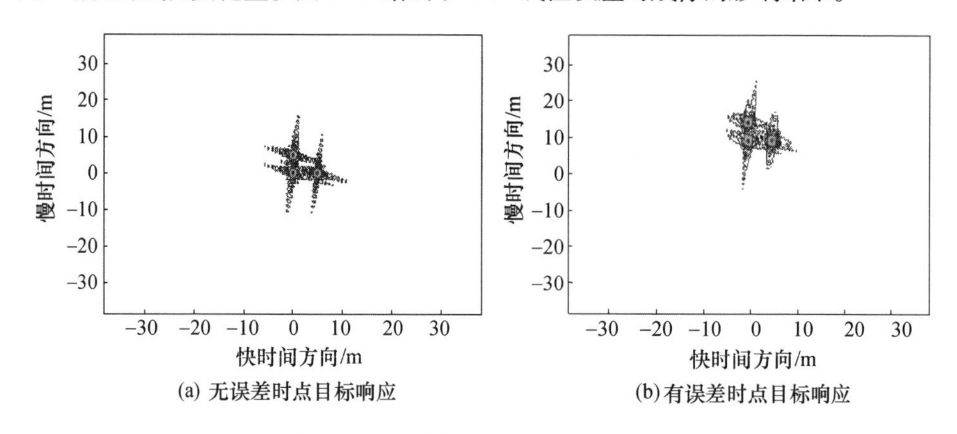

图 6.13 PRF 线性时间误差对成像的影响

从图 6.13 可以看出,PRF 线性时间误差导致数据平面记录位置产生线性距离误差,使方位处理时多普勒信号时宽、中心频率及带宽变化,造成方位处理失配。这使得点目标在图像域中的响应在方位向上产生偏移，方位分辨力下降，PSLR 和 ISLR 指标也随之恶化。

(3) 抖动时差对成像的影响。

通常情况下，不同时钟源的频率并不一致，还会因为工作环境温度、振动等因素的影响，而发生漂移。主振时钟的这种频率不稳定性，会引起相邻脉冲间隔微小的变化，这种变化体现在收发站时间同步里，表现为收发站的时钟源产生的定时脉冲间存在抖动，这会造成 PRF 周期不稳，称之为 PRF 抖动[2]，假设收发站的时钟源产生的定时脉冲间存在时间抖动 $\Delta\tau(t)$，一般情况下，它可认为它是一个 0 均值，方差为 $\sigma=1\times10^{-11}$ 的高斯随机过程。

如图 6.14 中仿真结果所示，与线性时差影响不同，抖动时差主要引起旁瓣电平升高，而方位的位置偏移和主瓣展宽现象并不明显。随着 PRF 抖动误差的增大，不仅会使 PSLR 和 ISLR 恶化，还会使分辨力逐渐降低，因为较大的抖动时差也会明显影响相邻脉冲间的相位关系。当均方差为 $\sigma=1.0\times10^{-11}$ 时，在方位向上的点目标的成像质量明显变差。

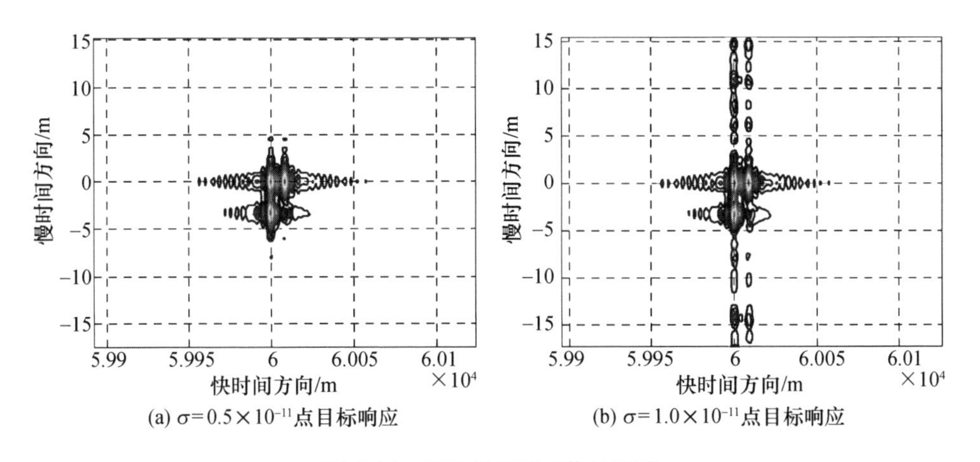

(a) $\sigma=0.5\times10^{-11}$ 点目标响应　(b) $\sigma=1.0\times10^{-11}$ 点目标响应

图 6.14　PRF 抖动对成像的影响

综上所述，双基地 SAR 系统的时间同步误差，不仅在距离向上引入了时延误差，同时还会影响信号的方位向处理。PRF 固定误差不影响方位向上的信号处理；PRF 线性时间误差使目标在方位向上发生位置偏移及分辨力下降，这种类型的误差可以通过相邻相关法进行补偿；PRF 抖动误差主要导致方位向压缩信号的旁瓣升高，补偿起来比较困难。

6.2.2　频率同步误差

双基地 SAR 的频率同步误差由收发站各自使用不同的频率源引起，主要表现为固定频差、线性频差和随机频差三类，它们将导致图像位移、散焦和旁瓣恶化[3]。

在收发站时间完全同步的情况下，对于 t_0 时刻的发射信号，地面反射的回波信号经过接收站中的接收机同步解调后，剩余相位可以表示为

$$\phi_{t_0} = \int_0^{t_0} 2\pi(f_R - f_T)\,dt + \int_{t_0}^{t_0+t_d} 2\pi f_R\,dt + \varphi_{R0} - \varphi_{T0} = \varphi_{t_0} + \varphi_{d_0} + \varphi_0 \tag{6.10}$$

式中：$\varphi_{t_0} = \int_0^{t_0} 2\pi(f_R - f_T)\,dt$；$\varphi_{d_0} = \int_{t_0}^{t_0+t_d} 2\pi f_R\,dt$；$\varphi_0 = \varphi_{R0} - \varphi_{T0}$，$t_d$ 为回波信号相对雷达发射信号的时间延迟；f_T 为发射实际载波频率；f_R 为接收机本振频率；φ_{T0} 为发射信号 t_0 时刻初始相位；φ_{R0} 为接收本振初 t_0 时刻始相位，并存在以下关系

$$f_T = f_0[1 + \varepsilon_T(t)] \tag{6.11}$$

$$f_R = f_0[1 + \varepsilon_R(t)] \tag{6.12}$$

式(6.11)和式(6.12)中：f_0 为理想载波频率；$\varepsilon_T(t)$ 和 $\varepsilon_R(t)$ 分别为是发射机载频和接收机本振的相对频率误差函数。同理，对于 t_1 时刻发射的信号，回波信号经同步解调后的剩余初始相位与式(6.10)具有相同形式。

则 t_1 时刻相对 t_0 时刻的回波信号相位误差为

$$\phi_e = \phi_{t_1} - \phi_{t_0} = \int_{t_0}^{t_1} 2\pi(f_R - f_T)\,dt + (\varphi_{d_1} - \varphi_{d_0}) \tag{6.13}$$

式中

$$|\varphi_{d_1} - \varphi_{d_0}| = \left|\int_{t_1}^{t_1+t_d} 2\pi f_R\,dt - \int_{t_0}^{t_0+t_d} 2\pi f_R\,dt\right| \leqslant 4\pi\Delta f_{\mathrm{Rmax}} t_d \tag{6.14}$$

式中：时间延迟 t_d 的最大值通常与雷达脉冲重复周期的量级相当，按脉冲重复频率1000Hz 计算，约为毫秒级；Δf_{Rmax} 为接收机本振在时间 t_d 内的最大可能变化量，根据目前实际晶体振荡器的频率稳定度水平，对于 $f_0 = 10\mathrm{GHz}$ 的雷达系统，$4\pi\Delta f_{\mathrm{Rmax}} t_d$ 所产生的最大相位误差远远小于 $\pi/4$ 的相位误差限制，所以 ϕ_e 主要由式(6.13)第一项决定，这样相位误差可近似为

$$\phi_e \approx \int_{t_0}^{t_1} 2\pi(f_R - f_T)\,dt = \int_{t_0}^{t_1} 2\pi f_0(\delta_R(t) - \delta_T(t))\,dt \tag{6.15}$$

对频率源不同步所引入的相位误差的考察时间至少要等于一个合成孔径时间 T_a，即 $t_1 - t_0 \geqslant T_a$。

由以上分析可知，回波信号的相位误差的大小直接由 $\varepsilon_T(t)$ 和 $\varepsilon_R(t)$ 决定，从而影响了方位向压缩性能。因此，有必要研究不同形式的 $\varepsilon_T(t)$ 和 $\varepsilon_R(t)$ 所带来的影响。

(1) 固定频率误差对成像的影响。

设发射载波频率与接收机本振频率之间只存在固定的频率偏差 Δf_0，

$\varepsilon_{\mathrm{T}}(t)=\varepsilon_{\mathrm{T}}$ 和 $\varepsilon_{\mathrm{R}}(t)=\varepsilon_{\mathrm{R}}$ 均为常数，则回波信号瞬时相位误差为 $\phi_{\mathrm{e}}(t)=2\pi f_0(\varepsilon_{\mathrm{R}}-\varepsilon_{\mathrm{T}})t=2\pi\Delta f_0 t$，则

$$\max\{|\phi_{\mathrm{e}}(t)|\}=|\phi_{\mathrm{e}}(T_{\mathrm{a}})|=|2\pi\Delta f_0 T_{\mathrm{a}}| \tag{6.16}$$

由于 $\phi_{\mathrm{e}}(t)$ 为一次相位项，在双基平飞正侧视 SAR 中它主要会引起方位向压缩信号主瓣位置偏移，等效偏移量近似为

$$\Delta x=\frac{\lambda R_{\mathrm{R}}R_{\mathrm{T}}}{V(R_{\mathrm{R}}+R_{\mathrm{T}})}\Delta f_0 \tag{6.17}$$

式中：R_{R} 和 R_{T} 分别为点目标到接收机和发射机的最短斜距。当 $R_{\mathrm{T}}\gg R_{\mathrm{R}}$ 时，式(6.17)可近似为 $\Delta x\approx\frac{\lambda R_{\mathrm{R}}}{V}\Delta f_0$。固定频率误差主要会导致点目标图像在方位向上产生偏移。随固定频率误差的增大，目标方位向位移逐渐增大，设在方位向上最大允许的偏移量限制为 $\Delta x_{\max}$，可得 Δf_0 的限制条件为 $\Delta f_{0\max}=\frac{V(R_{\mathrm{R}}+R_{\mathrm{T}})}{\lambda R_{\mathrm{R}}R_{\mathrm{T}}}\Delta x_{\max}$，说明 $\Delta x_{\max}$ 一定时，工作波长越长，允许的固定频率偏差量就越小，如图6.15所示。例如，$\Delta x_{\max}=3\mathrm{m}$，$R_{\mathrm{T}}=100\mathrm{km}$，$R_{\mathrm{R}}=70\mathrm{km}$，$V=1\mathrm{m/s}$，相应的 $\Delta f_{0\max}=2.43\mathrm{Hz}$。

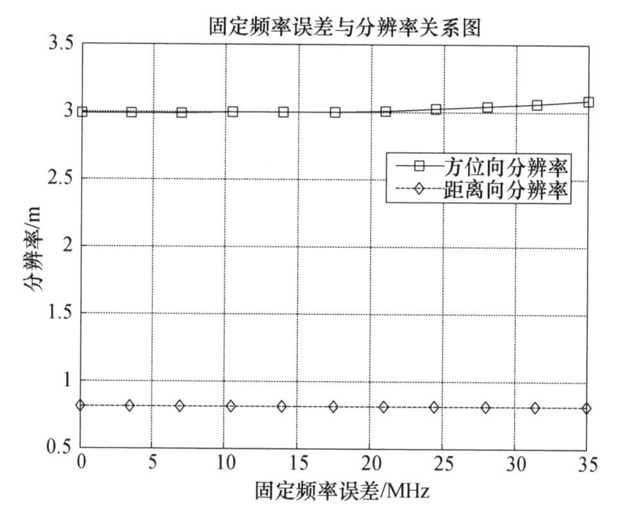

图6.15 固定频率误差与成像性能的指标图

(2) 线性频率误差对成像的影响。

由于收/发站频率源分置，所处的具体环境不尽相同，所以两者的变化情况也不相同。在系统连续运行中，频率源受元器件参数变化等的影响，输出频率值常随运行时间单调增加或减小，并在合成孔径时间尺度上呈现线性的规律。设由于不同的环境的影响，发射载频与接收机本振频率存在线性时变误差，即 $\varepsilon_{\mathrm{T}}(t)=a_{\mathrm{T}}t$，$\varepsilon_{\mathrm{R}}(t)=a_{\mathrm{R}}t$，$a_{\mathrm{T}}$ 和 a_{R} 是常数，则由式(6.15)可得

$$\phi_e(t)=\pi f_0(a_R-a_T)(t_1-t_0)^2 \tag{6.18}$$

可见 $\phi_e(t)$ 为二次相位项，其影响是使图像散焦和旁瓣电平升高。扣除固定频差影响在，$\phi_e(t)$ 在 $t_1-t_0=T_a/2$ 时刻，取得最大值

$$\max\{|\phi_e(\tau)|\}=|\phi_e(T_a/2)|=\left|\frac{1}{4}\pi f_0(a_R-a_T)T_a^2\right| \tag{6.19}$$

令 $|a_R|=|a_T|=a$，考虑最不利情况，即 $\varepsilon_T(t)$ 和 $\varepsilon_R(t)$ 误差符号相反的情况，选取相位误差限制条件为 $\max\{|\phi_e(t)|\}\leqslant\pi/4$，得到的限制条件为

$$a\leqslant\frac{1}{2f_0T_a^2} \tag{6.20}$$

或者表示为

$$|aT_a|\leqslant\frac{1}{2f_0T_a} \tag{6.21}$$

式中 $|aT_a|$ 为频率源在合成孔径时间内产生的线性相对频率偏差。

线性频率误差对方位压缩信号的影响趋势可以用图 6.16 反映。图中实线和虚线分别代表无频率误差和有线性频率误差时的压缩信号。可见当引入线性频率误差时，压缩后信号主瓣展宽，旁瓣升高。其原因是，线性频差在回波多普勒信号中附加了线性调频，从而使其调频率与方位参考信号的调频率出现偏差，导致方位脉压后残留有残余线性调频。图 6.17 给出了线性频差与成像性能指标之间的关系图。

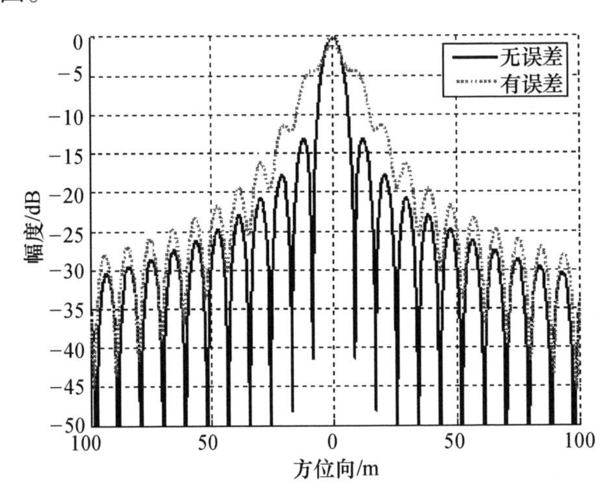

图 6.16　线性频差对压缩信号的影响

(3) 随机频率误差对成像的影响。

随机频率误差是描述频率源的稳定性问题。为简化讨论，假设在每个脉冲重复周期内都有随机频率误差，在每个脉冲重复周期 T_{PRI} 内不变。令 ε_{Ri} 和 ε_{Ti} 分

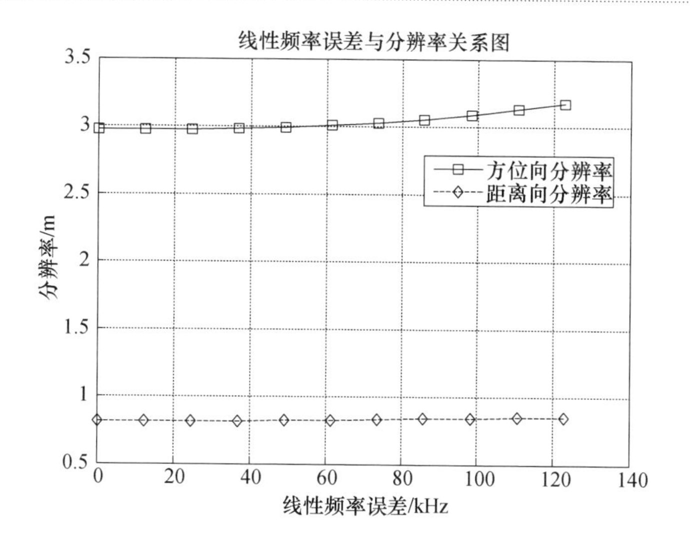

图6.17 线性频差与成像性能指标图

别表示接收机本振和发射载频在第 i 个 PRI 内的随机频率偏差，设 $\varepsilon_{\mathrm{R}i}$ 和 $\varepsilon_{\mathrm{T}i}$ 独立同分布，为均值是0，方差是 σ_{f}^{2} 的正态分布随机变量。则一个 PRI 时间内的相对误差 ϕ_{e} 也符合高斯分布，即

$$\phi_{\mathrm{e}} \sim N(0,\sigma_{\phi}^{2}) \tag{6.22}$$

式中

$$\sigma_{\phi} = 2\pi f_{0} T_{\mathrm{PRI}} \sqrt{2}\sigma_{\mathrm{f}} \tag{6.23}$$

将相位误差 ϕ_{e} 引入回波信号并进行方位压缩仿真，可以观察其对方位向压缩信号的影响。图中实线和虚线分别代表无频率误差和有正态随机频率误差时的压缩信号，可见当引入正态随机频率误差后，压缩后信号主瓣位置略有偏离，但旁瓣方位出现明确的随机升高。其原因与线性误差类似，即随机频差是回波方位信号瞬时频率产生偏离参考函数的随机变化，并以频率高阶相移函数的形式，残留在方位脉压后信号的频谱中，从而造成副瓣恶化。图6.18中主瓣位置的距离，源自于随机频差的值。但是，如果误差方差增大，将导致方位向严重散焦。如图6.19所示，方位脉压后信号的 PSLR 随着正态随机频差的增大首先缓慢增加，当在随机频率误差的均方差超过 2×10^{-8} 时迅速增大。

综上所述，收/发系统频率源之间存在固定频差时，会造成目标在方位向上产生偏移；频率源之间存在线性时变频率误差时，方位向压缩信号的主瓣展宽明显，会造成方位分辨力下降，旁瓣整体抬升；频率源之间存在正态随机频差时，造成方位的旁瓣非对称随机升高。这些影响都会导致双基 SAR 成像畸变和散焦模糊，甚至不能成像。

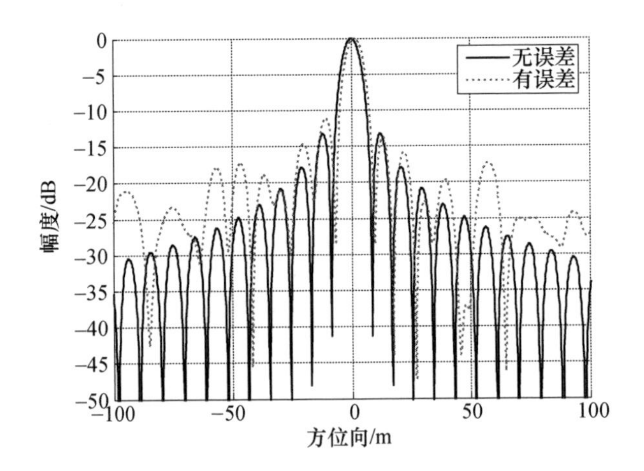

图 6.18　正态随机频差对点目标方位响应的影响

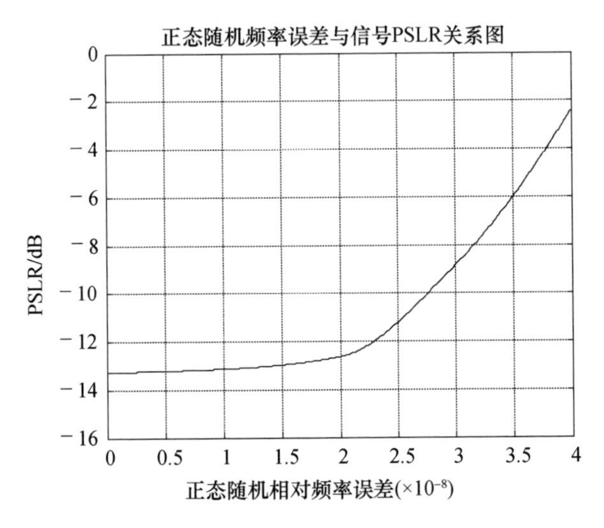

图 6.19　正态随机频差与信号 PSLR 关系图

6.2.3　时间频率同步方法

时间频率同步分系统需要采用适当的方法，为收/发站提供用于时间和频率同步的时间基准信号和频率基准信号，并保证时间基准信号的时间同步精度、频率基准信号的稳定度。

典型的同步方法有直接同步法、自由振荡独立频率源方法和 GPS 同步法[3,4]，这三种方法各有特点，有不同的应用场合。

1. 直接同步方法

直接同步法的工作原理是：发射站通过数字调制，将晶振分频信号和 PRF 触发信号经由数传天线，直接发送给接收站。接收站接收进行数字解调后，将晶振分频信号和 PRF 触发信号分别送往接收站时序控制器和同步锁相环,锁相后的稳定频率再送往频率综合器,最终实现收/发站时频同步。

如图 6.20 所示,通过外部控制向发射站时序控制器发送 PRF 触发指令,该时序控制器收到 PRF 触发指令后,一方面通过数传电路向接收站发送 PRF 触发电文,使接收站在收到 PRF 触发电文后,即开始触发回波信号的 A/D 采样;另一方面,在延时 $T_s = L_0/c$(L_0 为收/发站空间直线距离)后,触发波形发生器开始产生基带发射信号。

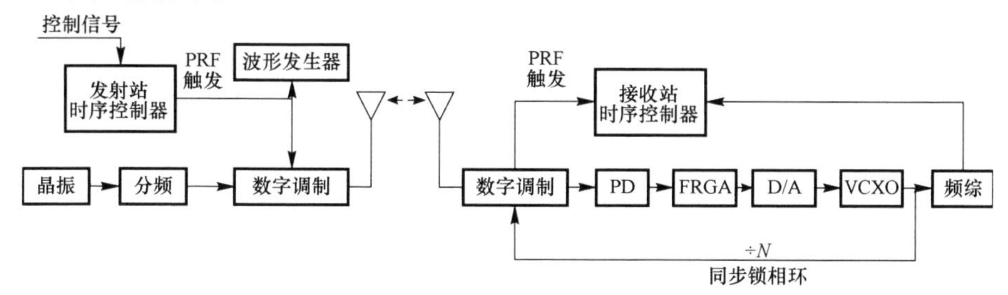

图 6.20　直接同步法框图

接收站对接收到的调制信号进行数字解调,将解调后的信号送往由鉴相器(Phase Detector, PD)、FPGA、D/A、压控晶体振荡器(Voltage-controlled X′tal (Crystal) Oscillator, VCXO)组成的同步锁相环中,输出与发射站频率源相位相参的信号,该信号作为接收站频率基准信号。

该方案在实现中会遇到如下问题:第一,空间传播衰减以及载机相对运动产生的多普勒效应,将严重降低同步信号的准确度和频谱纯度,难以满足双基 SAR 应用的同步要求。第二,模拟信号的载波传输还易受到空间电磁波的干扰,引入额外的同步误差。因此,该方案要用于双基 SAR,还有很多理论和工程问题需要解决。

2. 自由振荡独立频率源方法

自由振荡独立频率源同步方法的工作原理是:将收/发两站的晶振直接输入到频率综合器,而频率综合器的时钟信号送往时序控制器;由时序控制器分频,得到收/发站各自独立的 PRF 触发信号,并分别触发波形发生器产生发射信号和 A/D 采样录取信号,频率综合器还通过对晶振的锁相、倍频、放大产生收/发站各自的本振信号;自由振荡独立频率源同步系统框图如图 6.21 所示。

该方法的前提是,事先需要将收/发两站的本地振荡器在同一时间和地点由同一部原子钟校准,用于收/发站,随后利用两个本地振荡器的自身稳定性,实现收/发信号的频率相位同步。这种情况下,由于收/发两站在工作过程中无法进行实时的同步信号传输,为了实现 PRF 的起始时刻时间同步,必须事先确定收/发站 PRF 信号的触发时刻,并保证其时间误差在一定的范围内,满足一定的同

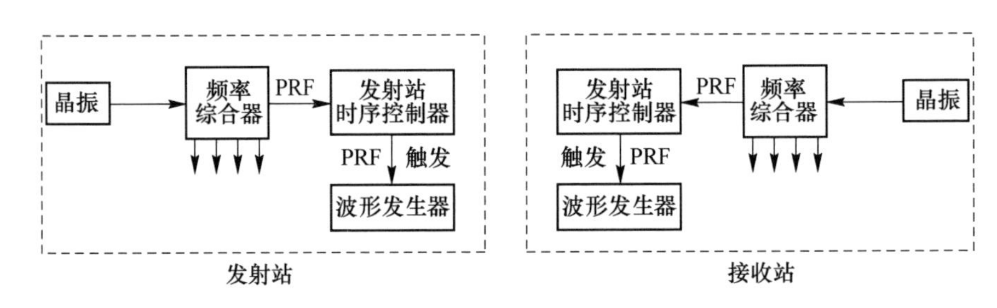

图 6.21 自由振荡独立频率源同步法框图

步精度。一旦确定触发时刻,系统就必须一直运行,不能停止,否则就失去了同步信息,之后通过系统的本地振荡器保证 PRF 的同步精度。再经过一段时间的使用后,需要把收/发站的独立频率源重新校准,以保证下次工作时能够达到相同量级的同步精度。

3. GPS 同步法

GPS 的同步法利用收/发两站的 GPS 接收机,各自接收 GPS 系统时间和 1PPS 秒脉冲(Pulse Per Second,PPS)信号,作为统一的时分秒级时间基准和频率基准来实现收发站的时频同步,可使时间基准信号长期稳定度达到 2×10^{-12}/day,精度达到 50ns;而 1PPS 秒脉冲信号的上升沿则被用作 PRF 触发信号,实现收/发两站的 PRF 同步,PRF 的起始同步时间精度可达纳秒量级,而且误差在周期间并不累计,可靠性相当高,可以在失去卫星信号后 24h 内保持精度不变,因此由 1PPS 信号触发产生的 PRF 精度也在纳秒量级。

这种时频同步法的实质,是收/发站都用卫星导航卫星系统统一授时,并且均对卫星 1PPS 信号进行同源锁定,可很好地获得 1PPS 秒脉冲的长期稳定性和压控晶体振荡器的短期稳定性。

如图 6.22 所示,位于收/发两站的压控振荡器 VCO 分别锁定各自的 GPS 接收机输出的 1PPS 秒脉冲信号,输出稳定的频率基准信号,分别送到各自的频率综合器,作为系统频率源,实现收/发站的频率同步。

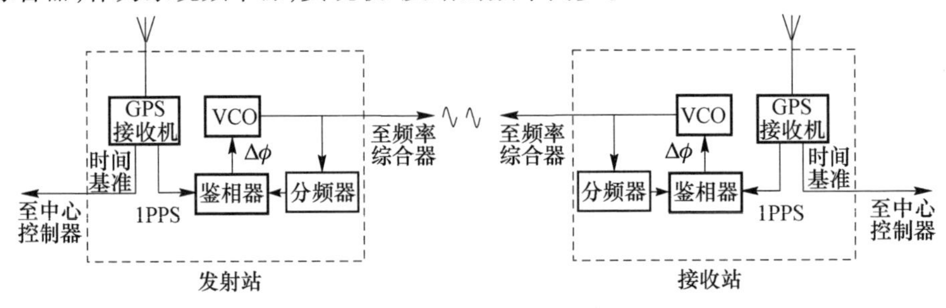

图 6.22 基于 GPS 的时频同步方案

具体实现方式是:压控晶体振荡器输出一路正弦信号,经分频后与来自 GPS

接收机的 1PPS 脉冲信号鉴相，鉴相器输出相差 $\Delta\varphi$，该相位差转化为电压信号去控制压控振荡器，调整其频率与相位，当压控振荡器（Voltage-cotrolled Oscillator，VCO）的振荡频率与 1PPS 信号无频差而相位差保持为一个很小的固定值 $\Delta\varepsilon$（固定相差取决于误差电压差，由系统设计决定，为一已知常数）时，VCO 完成对 1PPS 秒脉冲信号的同步。若能对 1PPS 秒脉冲信号的抖动处理和锁相策略进行优化设计，就可以使 VCO 的输出为一个稳定的正弦信号，并具有良好的短期频率稳定性和长期频率稳定性。

本方案不仅适用 GPS 卫星定位系统，也可以兼容其他卫星定位授时系统的，如俄罗斯的 GLANASS 和我国的"北斗"卫星定位系统。采用 GPS 卫星时频同步方法，时间同步误差可达 3ns 以内，频率同步精度达 10^{-10}Hz 量级，频率稳定度可达 10^{-11}Hz 量级。

参考文献

[1] Wu J, Xiong J,Huang Y, et al. Analysis of PRF jitter in Bistatic SAR[J]. Proceedings of 2006 IEEE CIE International Conference on Radar,2006:563 – 566.

[2] Liu R, Xiong J, Huang Y. Analysis of Bistatic SAR Frequency Synchronization. International Conference on Communications, Circuit and Systems,2006, Proceedings, 2006: 380 – 383.

[3] Huang Y, Yang J, Xiong J. Precise Time Frequency and Phase Synchronization Technology for Bistatic Radar.

[4] Huang Y, Yang J, Xiong J. Synchronization Technology of Bistatic Radar System[J]. International Conference on Communications, Circuits and Systems,2006, Proceedings,2006: 2219 – 2221.

第7章 双基 SAR 试验验证

双基 SAR 是一种还处于研究探索阶段的新体制雷达,需要通过试验,获取多种不同构型条件下的地物回波,发现新的问题、现象和规律,验证有关理论、模型、方法和技术。因此,良好的实验系统构成和性能,以及科学合理的试验验证方法,对于高效高质量地获取各种构型条件下的真实回波数据,支撑回波模型、成像算法、运动补偿、图像理解和系统技术等研究,具有关键作用。

由于双基 SAR 收发站空间分置,双平台分离运动,其回波规律、成像处理、误差特性、成像性能和图像特征,均与发射站-目标地域-接收站的几何构型及两平台速度矢量有密切的关联性,需要针对不同的平台组合和几何构型关系,开展试验验证工作。此外,双基 SAR 在地面等效试验、飞行器载试验等方面,也存在诸多特殊的新问题,因此双基 SAR 的试验验证方法,本身也是需要研究和关注的课题。

本章主要针对侧视和前视成像模式中原理验证阶段的地面等效试验和机载飞行试验,介绍在实际中可以借鉴和采用的试验系统构建原则、试验方案编制方法以及试验实施过程中的关键问题,并给出典型的试验验证实例。

7.1 试验层次与原则

从概念研究到产品定型,在不同的阶段,双基 SAR 均需开展试验验证工作,每个阶段归属不同的层次,具有不同的目的,但遵循一些共同的原则,有一些相近的工作。

7.1.1 试验层次

根据不同的研究阶段、硬件水平和技术成熟度,双基 SAR 试验一般分为如下四个阶段和层次。

1. 原理验证

原理验证试验的目的是验证系统体制的可行性,实现对地成像,并为理论、方法和技术的初期探索研究,积累必要的基础数据,特别是地面回波数据,以利发现问题、修正理论、改进方法。这个阶段的试验对平台的要求较低,可采用方便的承载平台,进行它机试验;对实验系统、三大同步和运动补偿等技术的状态要求也较低,但需要有较好的平台测姿定位设备和良好的数据记录能力,而成像处理通常是离线完成的。

2. 技术验证

技术验证试验的目的是验证关键技术途径的可行性,提高成像质量,并为理论、方法和技术的研究,获取进一步的实验数据,以利理论、方法和关键技术的改进和完善。这个阶段的试验对承载平台有一定的要求,需要更为接近最终的装机应用平台;对实验系统的收发存储、测姿定位、时空频同步、在线运动补偿等技术状态的要求相对较高;而成像处理通常需要在线实时完成。

3. 演示验证

演示验证试验的目的是较完整地验证系统软硬件功能和性能,测定应用和技术指标,并在各种典型应用构形和模式条件下,实现典型场景和目标的高质量实时成像,从而为产品研制提供必要的试验依据。这个阶段对试验平台有较高要求,一般应至少采用与最终的装机应用平台性能十分接近的平台;实验系统应达到工程样机标准,具备连续的高质量实时成像处理能力。

4. 定型试验

定型试验的目的是产品定型前,根据相关规范和标准,在典型应用条件下,验证产品的适装性、稳定性、可靠性、可维护性、环境适应性,以及应用功能和技术指标。在这个阶段,试验平台需要采用最终的装机应用平台,试验中采用的是产品级的软硬系统,而成像处理和目标信息提取都需要在平台上在线实时完成。

7.1.2　试验原则

虽然不同层次的试验工作有诸多不同之处,但要开展一次成功的双基 SAR 试验,一般需要遵循一些共同的试验原则。

1. 分阶段实施原则

双基 SAR 属于收发分置的柔性系统,有多种复杂因素,会影响到试验的结果。为便于在试验中排查不良试验结果产生的原因,应事先将这些因素进行逐一分析和归类,并在不同试验阶段尽可能分离不同因素的影响,以利在每个试验阶段,能够集中精力解决好一类问题,使试验验证工作能够循序开展,稳步推进。例如,在原理验证阶段,可利用宽波束、低功率发射机和独立时钟频率源等,放宽收发同步、探测距离和定位能力的要求,以利尽早首先获取地面回波数据,实现初步成像、验证原理和检验体制。

2. 分级实现原则

分级实现原则是指，在拟定试验目的，制定试验方案时，应该根据实际情况，分级设定试验能够达到的终极目标、重点目标和一般目标。在试验过程中，当事先拟定的终极目标不能一次性完全达到时，应本着科学、严谨和经济原则，退回到重点目标或者一般目标，这是应对试验不确定性的必然选择。例如，在原理验证阶段，由于多种因素影响，难以准确预估回波信噪比，所以在特定地域进行成像试验时，若因地面反射率较低等原因，出现信噪比不足的情况，则应该降低成像距离和成像幅宽要求，首先保证足够的回波信噪比和能够实现较高质量的成像。

3. 可行性原则

可行性原则，指试验所需要素必须齐备和符合要求。首先是实验雷达系统设备可行，即实验雷达系统必须能够满足特定阶段的试验需求，并经事先测试，达到相应的技术状态。其次，是试验的平台，需要能够承载实验系统，提供必要供电和信息支持，保障必要的实验人员搭乘，也能胜任特定构形和速度的运动，还需要有符合试验要求的可运动空域或地域。第三，待成像的场景和目标能够符合实验的目的和要求，能够在最终成像结果中，验证特定的图像内容。

4. 科目单列原则

对每次试验需要验证的不同类型的内容，需要单独列举试验科目，以利于平台编队调度、评估试验结果、掌握试验进程、调整试验方案和步骤。这样才能做到有条不紊、层层推进。在设计试验方案时，应尽可能照顾科目之间的相关性，便于统筹试验安排，以便在一个科目中完成多组相近内容的试验，在一次飞行试验完成多个试验科目，从而提高试验效率，节约试验各项成本。

7.2 试验条件

双基 SAR 试验所需的实验条件，包括试验系统、承载平台、运动空间、场景目标、处理设备、工作场地等多个方面。在不同的研究阶段，为适应不同的试验目的，需要具备相应的实验条件，才能开展好试验验证工作。

7.2.1 硬件条件

试验中主要的硬件条件，是双基 SAR 试验雷达系统。

从功能上看，在原理验证和技术验证阶段，试验雷达系统需要具备发射接收、时基统一、收发相参、波束同步、平台测量、回波记录、场景记录等能力，且能够适应平台装载条件和供电条件，同时还需要有较好的可观测性或测试可达性。

从组成上看，应具备类似图 7.1 所示的分机系统组成架构。其中发射站子系统和接收站子系统都可以是不完整的雷达系统。例如,发射站子系统可以没有接收机和回波记录、处理单元,因为在试验中,这部分并不需要工作,除非要进行单、双基 SAR 成像的对比验证;而接收站子系统可以没有波形产生参数、上变频链路和发射机,因为双基 SAR 的发射信号由装载于另一平台上的发射子系统提供。但这两个子系统都需要具有测量平台位置和姿态的设备,以便为波束共视和空间同步提供依据,并给成像处理和运动补偿提供参考数据;也需要有沟通收发联络的数传设备,以便相互传送和接收有关工作模式、工作参数、航姿数据的相关指令和数据,使发射子系统和接收子系统能够协调一致,构成有机整体,共同完成整个双基 SAR 系统的功能和性能。特别地,还需要有同步单元,能够实现时频空三大同步,以保证发射子系统和接收子系统能够时基统一、波束共视和收发相参。

从性能上看,实验雷达系统应具备相参雷达系统的基本功能和性能。例如,发射子系统和接收子系统应具有稳定的时钟和频率源,具有较高的发射信号质量和较低的接收噪声,具有足够的测姿定位数据和地面回波数据记录能力等。在工作频段、信号带宽、波束宽度、副瓣电平、信号时宽、重复频率、发射功率、接收噪声、采样频率、采样精度和存储深度等方面,技术指标应能适应特定的实验科目的要求。

在技术验证阶段,同步分机是高质量成像和目标定位必需的硬件条件,因此测姿定位、数传设备和同步单元是必备的系统组成部件。而在原理验证阶段,以获取回波数据和实现初步成像为主要目的,对成像质量要求相对不高,这时,试验系统中可以没有测姿定位、数传设备和同步单元,同时采用非同步采集和处理[3]、基于回波数据的参数估计与运动补偿技术,弥补这类硬件缺失的不足,也可以实现对地成像,但将丧失测距定位能力,成像质量也会有所下降。

7.2.2　平台条件

双基 SAR 试验对承载平台的要求,与单机 SAR 相似,但也有差别。在原理验证和技术验证阶段,对机载或车载平台的基本要求是,可运动、能编队、装得上、有电源、透得过、可载人。

具体地说,承载平台要能够提供实验雷达系统所需的装机空间和载重条件,能够提供实验雷达和配试仪器设备所需的供电,允许和能够安装天线及伺服系统和透波整流罩;能够达到试验所需的飞行高度和运动速度,能够适应试验的编队运动要求;最好还能够搭载实验人员,方便实验人员在试验过程中对实验雷达系统进行必要的监测和干预;还需要具备必要的通信器材,便于实验人员与驾驶员或飞行员的实时沟通,以及与另一平台试验人员进行实时沟通协调。

对于地面试验,平台只涉及车辆,易于协调和掌控,但往往需要自备电源,一

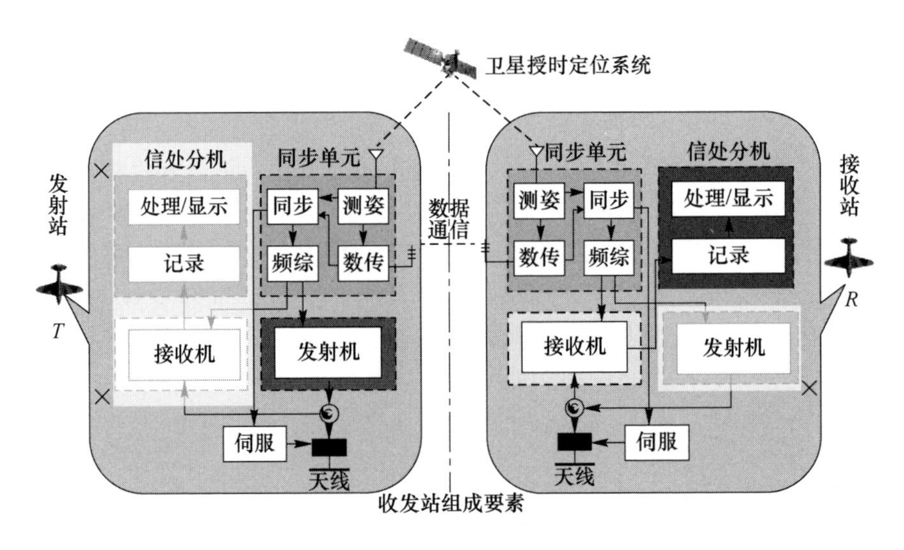

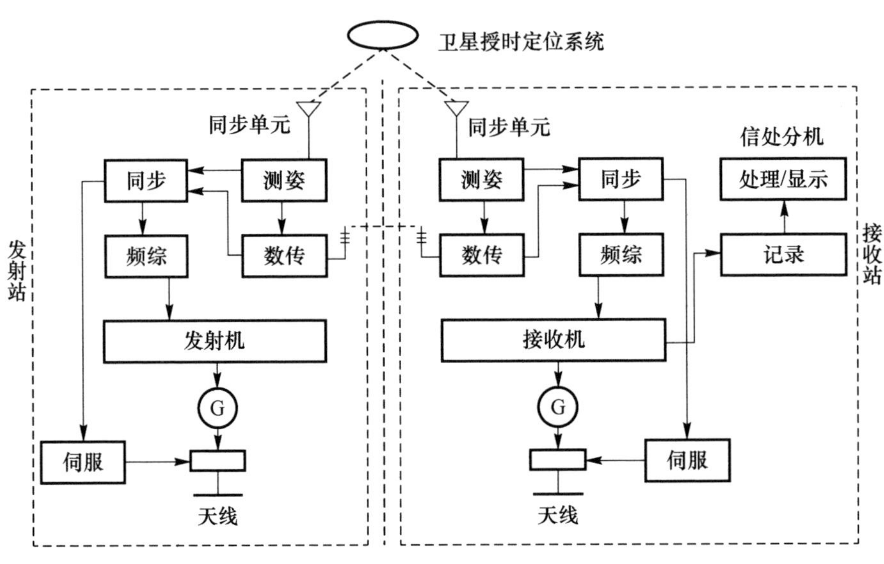

图 7.1　系统构成图

般可采用发电机作为初级电源,或直接采用大容量锂电池。对于飞行试验,利用“运-5”“运-7”或“运-12”等飞机,就能够适应大多数试验验证的要求;但在供电方面,需配备适应机上电源规格和容量的转换电源设备;若属于近距离低功率验证试验,也可直接采用自备的锂电池为系统供电;在平台适用性方面,一般需要与平台方进行协调沟通,落实平台对试验的适应性;在试验系统安装方面,则必须在现场与平台方协调好试验系统搭载或安装的机械接口问题,特别是天线、伺服系统和透波天线罩安装接口;此外,还可能涉及加改装和适航评估问题,需要提前做出相应安排。

7.2.3　场景目标

场景和目标,是成像试验的对象,对于积累数据、验证性能和展示效果都十分重要。

成像地域所属的纬度、地域、季节和气象等因素,会影响地表含水量及植被状态,从而影响地表的散射率和回波信噪比,并影响图像对比度、动态范围和辐射分辨力等成像质量指标。场景地物的丰富程度,对于图像分辨力、峰值旁瓣比、积分旁瓣比和成像模糊性的直观评估具有重要作用。所以,成像地域应尽可能包含河流、湖泊、海岸、岛屿、公路、桥梁、建筑、树林、山丘、田野、城市、村庄、跑道、车辆、飞机等典型地物。具体的实验场景有一个权衡选择的问题,一般要根据实验目的及可能的成像效果、平台运动可达范围及其周边的地形地貌特点,综合考虑来决定,常常需要通过地图初选和实地考察的迭代才能最终确定。

靶标是定量评估成像空间分辨力、辐射分辨力、峰值旁瓣比、积分旁瓣比和成像模糊性的重要配试器材。对于双基 SAR,应选择具有足够雷达截面积和不同尺寸规格的金属球体作为靶标,而不能选择单基 SAR 试验中使用的角反射器,因为角反射器的大部分回波能量反射到发射站方向,而散射到接收站方向的回波能量极低。靶标的布设,一般采用两维渐密阵列方式,以便测试图像的实际分辨能力。

7.3　试验方案

试验方案是针对实验目的,对实验系统、承载平台、实验场景、配试器材、实验经费、实验人员等实验资源的综合调度和利用计划,主要包括实验内容分解与科目设置、平台编队方式与运动线路、实验阶段划分与实施程序、实验系统工作模式与参数设置等方面。为尽可能排除试验方案的缺陷,减少实验过程的反复,往往需要事前对实验方案进行仿真和评审。

7.3.1　内容科目

每次试验中,一般均包含多项试验内容。根据试验的几何构型、速度关系、工作模式、运动线路、目标场景,试验内容又分为不同的试验科目。通常需要将各项试验内容,合理地分解到各试验科目,便于将同类试验归类集中,进行分批分次试验,利于试验资源调度和试验组织实施,也利于实验人员休整、实验数据分析归集,以及实验资源的调整和重新准备。

每个科目中,应具体规定相应的试验大纲,清晰地规定几何构型、速度关系、工作参数、运动线路、目标场景和试验步骤等,以利在实验时,试验人员和平台方人员能够对试验过程有一个统一的全面的认识,从而步调一致地做好试验的各项工作。

7.3.2 构型线路

在双基 SAR 中,收发平台及其与成像地域的空间几何构型关系和相对运动关系,对成像性能具有重大影响。因此,收发平台的构型关系及其动态变化方式,是试验中首先需要确定的事项。这种构型关系,在试验方案中将以图表和数据等方式来体现,通常包括收发平台坐标、收发速度矢量、成像地域中心坐标、收发波束地面印迹中心等参数,以及它们的时变性,这需要根据实验目的和第 2 章中的构型设计方法来确定。

收发平台编队运动的线路,对飞行试验成像结果能够得到的地物场景及目标类别有重要影响,需要以许可的运动范围(例如地面跑车试验中可利用道路或场地的走向和形态,或飞行试验中许可的编队飞行空域)和编队构型为约束条件,以波束地面印迹滑过尽可能丰富和期望的地形地貌、典型地物和靶标布设区为原则,进行综合分析后提出。

在试验的起止时刻,承载平台通常需要位于同一地点,特别是在飞行试验中,更是如此。在运动线路设计时,除了对应于成像数据录取的航段外,还必须同时考虑平台启动、回归、编队、转弯等航段。在试验方案设计中,需要将这几种不同性质的航段,进行合理安排和高效衔接,并事先在地图上标定好航段衔接点的坐标或时间,以指导试验过程中两个平台的运动协同,以利节约试验的时间和经费成本。

构型线路的设计,不仅需要综合考虑实验目的、平台条件、地域条件、许可空域等诸多因素,还需要与平台方和驾驶员或飞行员进行沟通和磋商,通常需经过多轮协调,才能得到可用于实验的构型和线路方案。而且,这类构型和线路方案,在实施的过程中,还经常需要进行更改调整,以适应实验时的情况变化。所以,一般还应准备好相应的预案。

7.3.3 模式参数

为在特定的试验科目中,按照规定的构型线路和场景目标,完成数据记录和成像处理,达到实验目的,就必须在试验前和试验过程中,使实验雷达系统处于相应的工作状态。这种工作状态,通常需要合适的工作模式和工作参数来保证。

因此,必须预先设计扫描方式,确定发射、接收、记录、同步等子系统的工作模式,还需要计算出试验系统的重复频率、脉冲宽度、信号带宽、采样频率、存储容量、波束指向等参数,以便在试验中遵照实施。

7.3.4　仿真预演

双基 SAR 试验涉及多个自由度，在实验方案中存在一些不可预知的或矛盾的因素，也容易出现考虑不周而导致的缺陷或错误。因此，在试验方案最终确定前，应进行充分的系统仿真，以便提前掌握回波数据特征及其有效性判别方法，掌握预期的成像效果与特征，以利发现非预期现象和可能出现的各种问题，改进试验方案；也可以为试验中将使用的数据分析和快视处理软件，提供先期测评和改进方案，从而提高试验的成功率，缩短试验周期，降低试验成本。

系统仿真应根据试验方案中的内容和科目，按照相应的成像几何构型、速度矢量关系、工作模式参数、场景目标类别及特性，进行回波生成与记录、成像处理与运动补偿、成像质量评估等环节的全过程仿真。在仿真中尽可能考虑回波信噪比、波束形状及副瓣杂波、时空频同步误差、平台运动和姿态误差、测姿定位误差等因素的影响，这样才能更为有效地评估试验方案的有效性，更准确地预见试验中的相关情况，以利做出相应的安排和调整。

除系统仿真外，对于较为复杂的试验，还可能涉及预演环节或准备性科目，主要目的是测试系统工作状态和训练试验人员配合能力。例如，机载试验等一般先由地面试验进行一定程度的预演。

7.3.5　试验组织

双基 SAR 试验涉及两个运动平台，比通常的 SAR 试验更加困难。在实验现场，实验人员需要顾及设备、平台、场景、目标、塔台等不同对象，需要完成准备、安装、测试、启闭、监控、记录、分析、处理、评估、调整等不同性质的工作，担负决策、协调、指挥、操作、保障等多种不同角色。涉及的人和事较多，流程严格，关系复杂，需要相应数量和水准的试验人员、辅助人员和配试人员参加，还需要事先精细策划、动员、沟通、协调和演练，才能在实验中做到任务明确、程序清晰、步骤明了、事事有人、人人有事、分工协同、相互补台、步调一致、临变不乱，保障试验顺利进行和达到预期实验目标。因此，一次成功的试验通常需要有试验前充分准备，试验中切实贯彻的组织方案。

7.4　试 验 实 施

明确了试验所属层次，具备了试验的相关条件，设计好试验方案，完成了与平台方的沟通对接后，经过试验系统运输、人员集结、现场安装后，就进入了试验的核心阶段，除了需按照试验目的、试验原则和试验方案按部就班地开展试验外，最关键的就是数据录取、数据分析和成像处理工作。

7.4.1 数据记录

在原理验证和技术验证阶段,试验数据是试验工作的关键成果,对于验证成像理论、方法和技术,具有关键作用,也可为后续研究提供宝贵的数据基础。因此,必须做好试验数据的记录和归档工作,便于日后分析、处理和研究之用。

试验数据记录的内容通常包含过程记录、场景记录、航姿记录、同步记录、回波记录等五个大的组成部分。

航姿记录由试验系统自带的或平台既有的测姿定位设备自动完成,用于在成像处理过程中辅助运动误差补偿处理操作,也是目标定位的重要依据。而回波数据则由接收站的数据采集与存储子系统自动完成。需注意的是,在实验系统设计和试验操作中,应保证两种数据记录的时基统一和同步启止,以便在后期数据分析和成像处理过程中,这两种数据能够配合使用。

同步记录主要是指空间同步数据的记录,一般由同步分机在实验过程中自动完成。同步数据记录了发射站的发射脉冲串的起止时间和相关参数、接收站数据采集存储分机的起止时间和相关参数,以及发射天线波束指向和接收天线波束指向的动态变化信息,是事后评估空间同步情况的关键和直接证据。

场景记录的目的是实时记录成像过程中,目标地域中静止地物和运动物体情况,便于事后复原地面场景和目标情况,与成像结果进行比对辨识,利于评估成像效果。对于近距成像试验和前视成像试验,场景记录通常用固定安装在飞机上的摄像机完成,并以机上场景现场实验人员摄影和测量作为补充。有条件时,可采用同步凌空俯视目标地域航拍摄影摄像方式进行场景记录。

过程记录主要涉及时间、地点、人员和事件,其目的是为了能够事后还原试验过程,利于事后对实验数据和成像效果进行分析。这些事件主要包括实验的科目、平台运动的起止、实验系统的启停、试验中的相关操作、偶然发生的现象和事项等等。记录的方式包括人工记录和设备记录。过程记录需在不同的地点,由不同的人员来完成,例如在飞行试验中,会涉及到指挥中心或塔台、机场地面、场景地域、靶标区域、飞机机舱、目测观察哨位等。

为了使各种记录数据能够相互关联和相互印证,需要事先有明确的分工、安排和布置,也需要准备好相应的记录表格和记录设备。而且,在试验前和试验中,还要做好时基统一工作,除系统的时间同步能正常工作外,还需做好实验人员计时设备的对秒同步工作。对于各种试验数据,应在有条件时,及时进行安全备份和关联归档工作,以备日后调取和使用。

7.4.2 数据分析

数据分析的对象,主要包括航姿数据、同步数据、回波数据和监测数据。数据分析的内容，主要是数据的规律与预期的符合性。数据分析的工具，是各类数据相应的读取、回放、显示、处理、测算、评估软件。数据分析的结果，是对数据有效性的判定结论，以及由此产生的影响试验方案及试验进程的决策，例如，排除某些差错或故障，调整编队构型或系统状态，重复某科目试验，或进入下一试验科目等。

航姿数据记录了平台运动轨迹及姿态的变化历程，可以用于在试验现场快速地判定实际运动情况与预定构型和线路的符合性，以及用于评估运动及航姿误差是否处于许可的容限范围内。它与波束指向数据相配合，还可以利用事先准备好的空间同步评估软件，快捷地判定收发天线波束交叠情况及其对成像地域中心的覆盖性，由此推演空间同步的精度。

监测数据主要指实验过程中用仪器监测到的系统状态、波形和频谱等，这些数据可用于实时判断系统是否处于正常工作状态，并及时做出干预和调整。

回波数据记录了地面场景反射到接收站的信号幅相变化历程，不仅是形成场景图像最主要的数据来源，也是快速准确地评估试验成败和质量的重要依据。同步精度、信噪比和相参性等指标的高低，都会在回波数据的不同侧面反映出来。例如，回波数据的实部或虚部在快慢时间域的二维调频干涉图样，可以准确地映证场景中存在强反射点目标，以及系统具有良好的回波相参性。距离脉压后的回波数据幅度，也可以得出许多有价值的判断：距离维上的散焦，意味着发射信号质量、数据采样的正确性等存在问题；慢时间方向延伸的亮线，对应于回波信噪比情况以及地面是否存在强反射目标，而该亮线的非预期徙动可反映时间同步误差或运动误差情况，亮线的非预期幅度起伏，则表明空间同步状态存在明显的波动，等等。

双基 SAR 的试验验证，往往涉及不同构型和模式的多个科目，其间还可能存在层级递进关系。因此，需要在试验现场快速、有效、准确地判定试验科目实施的成效与质量，以利做出试验方案和过程调整的相关决策。因此，有效的数据分析软件和判定准则，在实验过程中具有十分重要的作用。为此，需要事先准备好相关数据分析软件，并事先在各种误差条件下进行充分的仿真测试，以便掌握各种不同因素和误差在回波数据中的具体表现形式，做到事前摸底、心中有数，这样才能使数据分析软件能够为试验数据分析、试验方案和进程调整，起到有力的支撑作用。

7.4.3 数据处理

数据处理是综合利用航姿数据、同步数据和回波数据，通过同步补偿、运动补偿和成像处理，得到地面场景微波图像的复杂过程。

对于原理验证和技术验证阶段的试验而言，试验后的精细数据处理，需要考虑高阶误差和空变性影响,采用更精确的参数估计、运动补偿和成像处理算法,充分利用前述的各种试验数据,来获取高质量的成像结果,并在此过程中进一步发现问题、解决问题,同时为下一次可能的试验提出改进方案。

而试验现场的数据处理的直接目的,并不是追求成像的高质量,而是通过相对简单的处理过程和算法,在数据分析的基础上,进一步验证回波数据和航姿数据的质量。它以成像区局部二维聚焦,能观测到明显的地物特征为目标,通过图像对比度、孤立峰宽度、阴影区亮度等直观特征,去综合判断回波数据的信噪比高低、二维可压缩性,以及航姿和同步数据的匹配性和可用性。

现场数据处理一般采用简化后的成像处理算法,不太多考虑空变性和各种高阶误差的影响,例如采用去斜处理实现距离脉压,然后进行徙动校正和方位压缩,后两步处理需要利用航姿数据作为相关参数的计算依据。然后,根据图像的直观印象和客观指标,评判回波数据的有效性和质量优劣。随后,可进一步利用航姿数据,做一些低阶的运动补偿,再观测成像质量是否有所改善,从而进一步评判航姿数据的有效性。

为此,也需要事先准备好相关软件和人机界面,并通过已知误差条件下的回波生成和处理仿真,进行充分测试,事先掌握各种误差在成像结果中的表现形式和特征,也才能在实验过程中,使相关软件起到快捷准确的辅助评估作用。

7.5 试验实例

双基 SAR 试验可根据试验采用的平台不同,划分为地面试验、机载试验、混合试验三大类别。这些试验的目的、方法和过程等方面存在诸多不同,以下结合前几节的共性问题和原则,给出几个试验实例。

7.5.1 地面试验

地面车载试验的目的,是在飞行试验前,用较低的的试验成本,在易于掌控的条件下,初步验证雷达系统及各分机工作状态。检验特定构型和模式下,双基 SAR 回波特性及二维可聚焦性,初步验证成像原理和成像算法,以便为是否随后开展飞行试验提供依据。

地面试验也存在一些不利因素,例如近地杂波会对回波信号产生不利影响,甚至导致试验失败。更主要的是,由于双基 SAR 试验涉及两个平台的运动,地面车载试验的试验场地或道路选择比单基 SAR 试验要困难的多。

此外,在双基 SAR 的前视成像等模式中,成像分辨能力与下视角之间,存在明显的依赖关系,在地面试验的几何构型上,必须采取一些特殊的变通办法。

下面以实际进行的一次双基 SAR 地面车载试验为例,介绍进行车载试验的典型过程。

1. 试验方案

这次试验属于原理阶段的试验,除检验系统状态外,主要目的是实现双基侧视 SAR 地面成像,初步验证体制、原理、算法。

具体的成像几何构型包括两大类。第一类构型,是接收站固定,发射站车载运动构型,第二类构型,是双车载前后错位,平行运动。两类构型的成像模式均采用条带模式。载车采用普通客车,便于承载实验人员,利于操控和监测试验设备。这里介绍第二类构型的车载试验情况。

由于试验属于近距离原理验证,试验系统发射峰值功率仅为 1W,信号带宽设置为 80MHz,脉冲重频根据车速和空间采样率要求,设置为 500Hz。由于收发之间当时尚未配置同步分机,因此采用了非同步采集技术来记录回波,同时将波束宽度放宽至 20°。由于车上无合适供电设备,实验中采用发电机和锂电池组为试验系统和配试仪器供电。

试验运动路径选择在中国西南某地长江大桥上,桥面高 40m,直线道路长度约 3km,双向八车道,较为适宜作为跑车试验的场所,该桥栏杆以上无明显遮挡结构,接近地杂波影响较小。试验中,接收站和发射站分别固定在客车上,波束垂直于运动方向固定安装,并向下俯视 15°,客车以 30km/h 速度过桥,场景如图 7.2 所示。为避免交通拥挤,影响运动平稳性,试验在午夜后进行,往返运动被分为两个试验科目,分别对大桥两侧场景进行观测。成像场景为江面江心洲、江岸、道路、建筑、停泊的船只等。

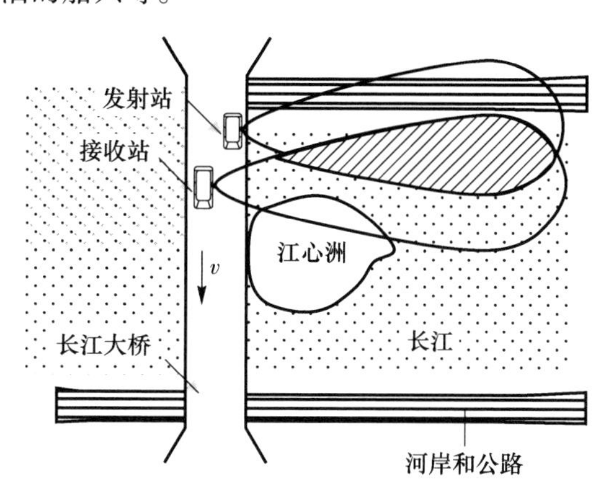

图 7.2 收发站车载双基侧视 SAR 成像试验几何构型与地物场景

2. 试验结果

其中一个试验科目中,快慢时间平面上回波数据的实部强度分布,如图 7.3(a)所示,放大显示时,从中可以观察到明显的类二维线性调频状干涉条纹,说明系统工作良好,收发相参性较好;在图7.3(b)中的距离脉冲压缩后数据中,可以观测到沿慢时间方向延伸的亮线,说明发射波形质量和数据采集记录正常,而亮线的倾斜现象是非同步采集引起的;采用相邻相关的方法,可以自动修正非同步采集误差,如图7.3(c)所示。

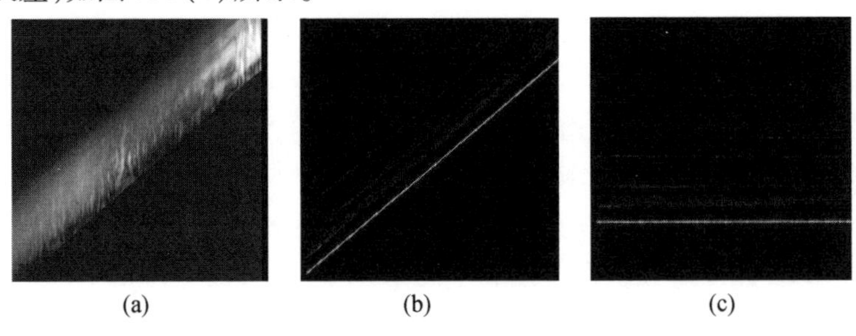

图7.3　实验中得到的回波数据

试验现场成像处理采用简单距离方位压缩处理算法,无运动补偿,其目的是观测距离和方位方向的聚焦性,以掌控试验进程。试验结束后,采用RD、BP等处理算法,结合运动补偿,可得到较精细的成像结果[1],如图7.4所示。

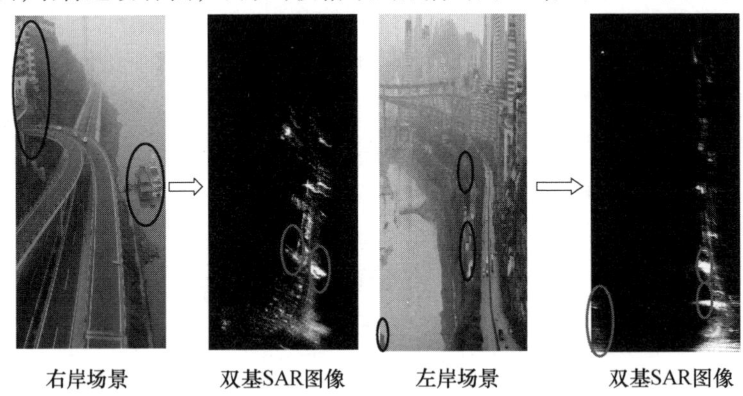

图7.4　收发站双车载双基SAR成像场景及结果

由于这次试验双车运动平稳性较差,且并未配置航姿测量设备和同步分机,所以成像质量并不高,但从成像结果中,可以明显观测到江岸景物聚焦情况及其与江面的明暗对比,达到了检验系统状态和初步验证原理的试验目的。一般经过车载试验的准备后,可着手进行机载试验方案的制定。

7.5.2　机载试验

对于机载应用,机载试验是正式的试验验证环节。其目的是在装机飞行条件下,获取地面真实回波数据、同步数据和测姿定位数据,验证成像原理、运动补偿方法和成像处理算法,检验成像回波模型、成像性能,发现尚未注意到的新问题，为改进雷达系统改进、回波模型、处理方法和补偿方法奠定实验数据基础。

根据试验平台与应用平台的一致性，机载试验又分为本机机载试验和它机机载试验两种类别。在原理验证和技术验证阶段，一般采用它机进行试验验证，以避开一些与验证目的无关的问题。机载试验涉及的因素比车载试验多，与平台方的沟通协调和试验的组织实施也比车载试验复杂和困难。其中平台的选择和改装，试验空域和飞行线路选择、目标场景确定与靶标布设等，是试验方案制定阶段的主要工作，而试验信噪比估算与测评、成像距离适应性调整，以及数据分析处理等，是实验过程的主要工作。

这里给出实际进行的几次原理验证和技术验证阶段的飞行试验的实例，以供参考。

1. 双基侧视成像试验

这一组试验的目的，是获取机载双基侧视 SAR 回波数据，检验成像方法，验证成像原理和关键技术。

1）试验方案

该试验分为二个阶段，第一阶段是近距离试验，第二阶段是较远距离试验。

第一阶段属于原理验证试验。试验采用了在车载试验中已检验过的系统。承载平台选用了“运-5”飞机，以搭乘试验人员，方便设备运行状态监控和即时判定和调整试验进程。试验模式涉及到移变和非移变模式，如图 7.5 所示。试验地域选择在中国西南某地，虽然是在隆冬季节开展的飞行试验，但地面植被良好，地表含水量较高，地物反射较强。

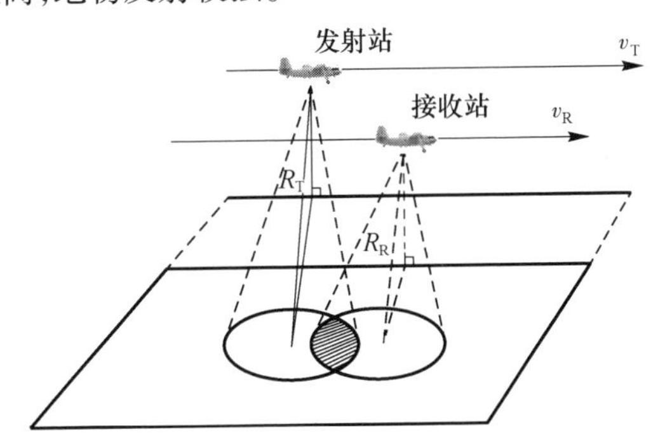

图 7.5　机载双基地 SAR 非移变成像模式试验方案

两飞机按预定的航线，按图 7.5 中的构型关系，匀速平行飞行。两架载机的水平间隔为 200m，前后间隔 200m，双驾试验目标地域。飞机由某机场相继起飞，飞行线路按球场跑道形状设计，编队形成航段和转航段不录取回波数据。受安装条件等因素限制，实验系统并未配置测姿定位和同步分机，回波数据采用非同步采集技术进行录取。

第二阶段试验，属于技术验证试验。升级更新了试验系统，显著增大了发射功率，加大了系统带宽，并配置了测姿定位和同步分机，选用了更接近装机应用的速度更快的两种飞机，作为试验的载机平台，并采用外置吊舱实现系统装机，飞行试验中无实验人员乘机监控系统，由系统自动开机工作。在中国西北某地的秋季，进行了多次移变飞行模式的双基侧视成像试验。试验中两架载机间距10km，飞行高度分别为8km和6km，距离成像地域25km，采用四边圆角飞行线路，围绕中部地域进行观测成像试验。

2）试验结果

第一阶段飞行试验结果如图7.6所示，图7.6(a)是快慢时间域中回波信号实部，由于场景中并无反射特别强的点状目标，图中不易观察到明显的干涉条纹；图7.6(b)是距离压缩后回波，可观测到慢时间方向延伸的明显亮线，表明发射信号质量较高，回波采集正常，距离压缩良好，回波信噪比较高；图7.6(c)是方位压缩处理结果[2]，从中可观察到，二维聚焦良好、明暗层次丰富、对比度较高、几何特征明显的场景和各类地物。其中的水塘、民居、院落等，均与实验中同步航拍记录的实际场景吻合，只是因成像距离较近，“近距（图上方）压缩”效应所致几何失真较为明显。

经测试，这次成像的分辨力为3m（距离）×2m（方位），成像峰值和积分旁瓣也较高，验证了机载双基侧视SAR的成像原理和成像方法。这次试验是国内首次实现双基侧视SAR成像，使我国成为继英国、美国、德国、法国后，第五个实现双基侧视SAR验证的国家。

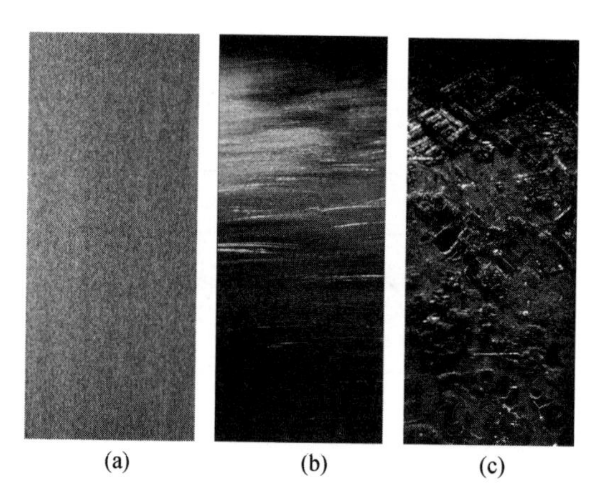

图7.6　机载双基SAR试验成像结果

第二阶段试验成像结果如图7.7所示，成像场景范围比第一阶段试验显著增大，从成像结果中，可观察到山地、田野、道路和村落等地物。由于试验区地处西北，又时逢深秋，地表及植被较为干燥，试验中入射角又偏大等因素综合影响，图像信噪比和对比度比第一阶段试验略低,但因系统带宽增加,合成孔径时间相应加长,成像分辨力达到 1m(距离)×1m(方位),比第一阶段试验有所提升。同时,由于成像距离较远,没有出现第一阶段近距离成像试验中较为明显的“近距压缩”几何失真。这次试验,还同时验证了实验雷达系统中测姿定位装置和同步分机的技术性能,以及试验雷达的装机适应性和环境适应性。

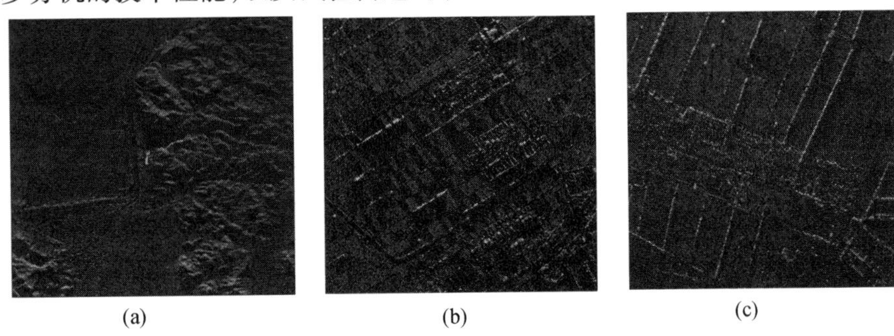

图 7.7 机载双基侧视 SAR 第二阶段试验成像结果

2. 双机前视成像试验

这次试验的目的,是获取机载双基前视 SAR 回波数据,检验成像方法,验证前视成像机理,实现接收载机的正前视对地成像。

1) 实验方案

在机载飞行试验之前,事先开展了地面双车载前视成像试验,检验了实验系统运行配合状态和图像域二维聚焦性能。

飞行试验也分为两阶段进行,第一阶段属于原理验证测验,试验系统没有配置测姿定位装置的同步分机,于初冬在中国西部某地进行试验,主要目的是获取机载双机前视 SAR 回波数据,实现前视成像的原理验证,并为前视成像的回波模型,成像方法提供先期数据基础;试验中仍采用固定指向的较宽波束来回避空间同步问题,同时采用非同步采集及相邻相关校正方法记录和校正回波数据。第二阶段试验属于技术验证测验,在试验系统中配置了测姿定位装置和同步分机,改善了系统带宽;试验于初冬在中国中原某地进行,进行了平飞移变和斜飞移变等多种模式的飞行试验。主要目的是检验时频空同步技术性能,获取更好的回波数据及相应的测姿定位数据和同步数据,改善成像质量。两阶段试验均采用运五飞机搭载,并用外置吊舱安装天线及伺服系统,两架载机相距 500m,离地高度 500m,距离成像地域 2km,如图 7.8 所示。

2) 试验结果

图 7.9 是第一阶段机载双基前视 SAR 成像结果[3],成像分辨力为 3m(距离)×3m(方位),实现了机载双基前视 SAR 的原理验证。从图像中能观察到地

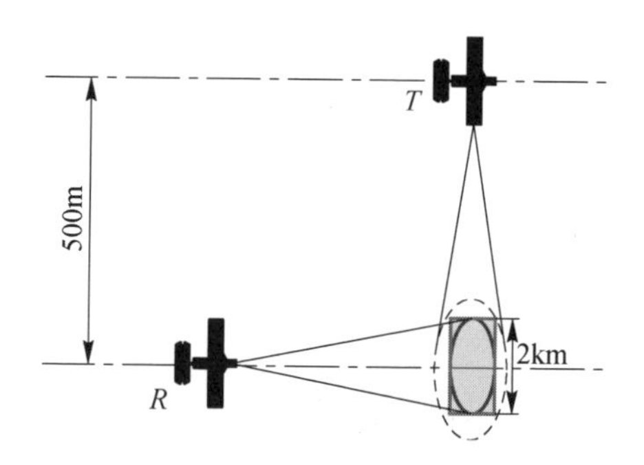

图 7.8　实验方案图

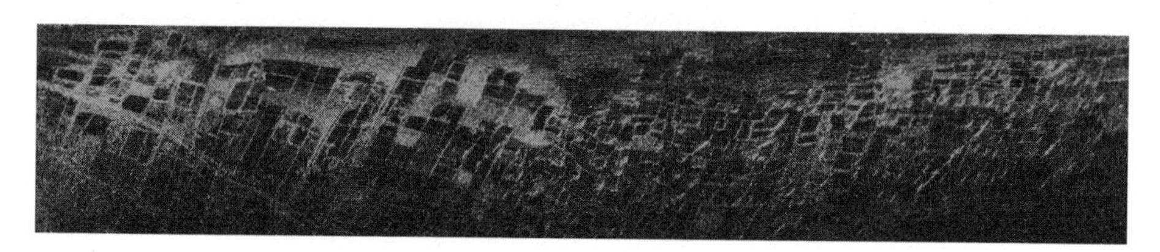

图 7.9　第一阶段双基前视 SAR 成像结果

面不同地块的形状和反射率差异,以及田埂走向,也可观察到近程前视成像中特有的“照射侧(图上方)压缩”几何失真现象以及天线波束调制形成的辐射失真情况。另外,受试验时发射功率、地面含水量等因素的影响,回波信噪比较低,图像灰度层次和对比度显得不足。这是国际上首次得到的双机前视 SAR 图像,得到了国际同行和 IEEE 期刊的充分肯定。

图 7.10 是第二阶段机载双基前视 SAR 成像结果(局部),成像分辨力为 1m(距离)×1m(方位),从中可以观察到机场停机坪地区的道路、机棚、飞机等地物,成像质量有所改善。

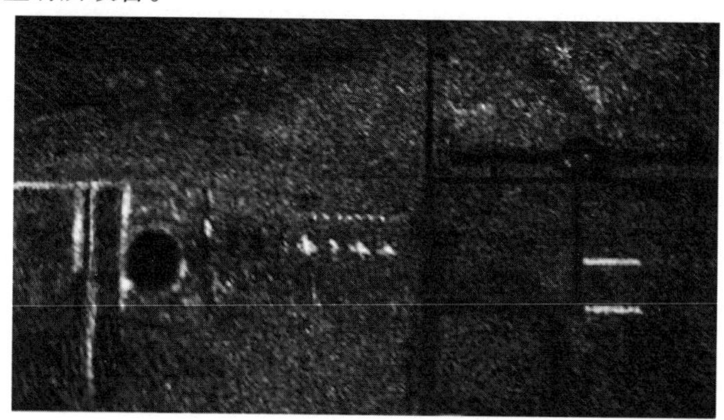

图 7.10　第二阶段双机前视 SAR 成像结果

在此之后,还用产品级机载雷达及相应载机对机载双基前视 SAR 进行了验证等,成像性能显著提升,已达到应用要求,但这离不开前两阶段试验取得的有益成果。

参考文献

[1] Huang Y, Yang J, Xian L, et al. Vehicleborne bistatic synthetic aperture radar imaging[J]. IGARSS 2007, Barcelona, span,2007:989 -991.

[2] Xian L, Xiong J, Huang Y, et al. Research on airborne bistatic SAR squint imaging mode algorithm and experiment data processing[J]. APSAR2007, Huangshan, China, 2007: 618 -621.

[3] Yang J, Huang Y, Wu J, et. al. A first experiment of airborne bistatic forward-looking SAR-Preliminary results[J]. IEEE IGARSS 2013, Melbourne,2013.

主要符号表

符号	含义
$\boldsymbol{A}$	散射点位置矢量
$\boldsymbol{a}$	加速度矢量
a_{R}	接收机本振频率误差变化率
a_{r1}	代表由发射站到 rR 方向上的投影因子
a_{T}	发射信号载频误差变化率
a_{y1}	代表 y 和 r_1 之间的映射关系
$\boldsymbol{B}$	散射点位置矢量
B_{a}	多普勒带宽
B_{f}	匹配滤波器带宽
B_{n}	接收机噪声带宽
B_{r}	发射信号带宽
C	图像对比度
$C(\hat{f}_{\mathrm{dr}})$	图像对比度函数
C_P	斜距均值曲线
$C_P(t_0)$	合成孔径时间内时延徙动的弯曲量
C_{R}	接收站斜距曲线;接收站空间同步的圆概率误差
C_{T}	发射站斜距曲线;发射站空间同步的圆概率误差
c	光速
d_{R}	接收站的子孔径长度
d_{T}	发射站的子孔径长度
$E[\cdot]$	数学期望
$E_{\mathrm{i}}(\cdot)$	目标处的入射功率密度
E_{m}	主瓣能量
E_{s}	旁瓣能量
$\exp(\cdot)$	指数函数
F_0	接收机噪声系数

F_R	接收站天线方向图因子;频率函数过渡符号
F_r	脉冲重复频率
F_T	发射站天线方向图因子;频率函数过渡符号
f_0	中心频率;理想载波频率
f_c	载波频率
f_d	多普勒频差;多普勒频率
f_d^R	接收站对应的多普勒频率
f_d^T	发射站对应的多普勒频率
f_{dc}	多普勒中心频率
f_{dm}	最大多普勒频率
$f_{dr\varepsilon}$	多普勒调频率误差
f_{dr}	多普勒调频率
f_{dt}	多普勒调频率的变化率
f_R	接收机实际本振频率
f_s	快时间采样频率
f_T	发射实际载波频率
f_t	慢时间频率
f_{tR}	接收站贡献的多普勒频率
f_{tT}	发射站贡献的多普勒频率
f_τ	快时间频率
G_R	接收天线功率增益
G_T	发射天线功率增益
$H(\cdot)$	熵函数
$H_0(t)$	距离走动校正函数
$h_0(t,\tau)$	二维线性调频信号
$h(t,\tau;x,y)$	位置为(x,y)的孤立散射点归一化回波
I_{pp}^n	表征极化散射项
$I(x,y;\tilde{x},\tilde{y})$	散射点图像域响应
J	合并级数
K_2	时频平面直线斜率
k_{sx}、k_{sy}、k_{sz}	散射方向波数分量
k_t	时延徙动轨迹的走动斜率

k_x、k_y、k_z	入射方向波数分量
$k(x,y)$	成像过程归一化因子
L_{r}	合成孔径长度
L_{s}	系统损耗因子
M_{amb}	多普勒模糊数
$m_{\mathrm{A}}(f_{\mathrm{d}})$	归一化收发信号功率比的傅里叶反变换模值
N_{a}	慢时间采样点数
N_{r}	快时间采样点数
N_t	表示合成孔径时间内慢时间采样点总数;慢时间信噪比改善倍数
N_τ	快时间向回波矩阵大小;快时间信噪比改善倍数
$n(t,\tau)$	随机噪声
O_{R}	接收站对应航路捷径点
O_{T}	发射站对应航路捷径点
P_{av}	平均功率
P_{m}	主瓣峰值功率
P_{r}	接收天线获得的散射功率
P_{s}	最高旁瓣峰值功率
P_{t}	发射站的峰值发射功率
$p(\cdot)$	概率密度函数;时延向信号函数
$p(\tau_{\mathrm{d}})$	时延向信号的归一化模值
R_{R}	目标至接收站距离;接收站航路捷径
R_{rr}	接收机到接收站波束印迹中心的距离
R_{rt}	接收机到发射站波束印迹中心的距离
R_{T}	目标至发射站距离;发射站航路捷径
r'	收发站等效相位中心斜距
$r_{0\mathrm{R}}$	接收站的零时刻斜距
$r_{0\mathrm{T}}$	发射站的零时刻斜距
r_{A}	目标 A 对应的斜距
r_{bi}	双基地距离和
$\mathrm{rect}(\cdot)$	方波函数
r_{LOS}	视线斜距均值向误差
r_{LOSI}	成像区中心视线向斜距均值误差

r_{LOSII}	视线向斜距误差的空变部分
r_{R}	接收站到目标的斜距;接收站对应航路捷径;
r_{R0}	波束中心照射目标时的接收站斜距
$r_{\mathrm{R}}(t)$	接收站距离历史
$r_{\mathrm{R}}(t;x,y)$	接收站斜距
r_{T}	发射站到目标的斜距;发射站对应航路捷径
r_{T0}	波束中心照射目标时的发射站斜距
$r_{\mathrm{T}}(\mathrm{t})$	发射站距离历史
$r_{\mathrm{T}}(t;x,y)$	发射站斜距
r_{Σ}	收发站到目标的距离和
$S_0(f_\tau)$	信号频谱
$S(f)$	频域函数
SNR	信噪比
$\mathrm{SNR_d}$	信噪比损失
$S(t,\tau)$	快时间压缩二维时域回波
$S(\phi_{\mathrm{T}},\phi_{\mathrm{R}})$	双基遮蔽函数
$s_{\mathrm{A}}(t;x,y)$	天线方向图调制函数
$s(t,\tau)$	二维时域数据
$s_{\mathrm{R}}[\tau]$	发射脉冲基带波形幅度
T	脉冲时宽
T_{a}	合成孔径时间;方位回波时宽
T_{f}	匹配滤波器时宽
T_{r}	脉冲重复间隔
t	时间变量;慢时间
t_0	收发波束共同照射目标的起止时刻均值
t_{d}	时延
$t(f)$	时间随频率变化函数
t_n	慢时间的第 n 个采样点
t_{R}	接收站到达航路捷径点的时刻
t_{T}	发射站到达航路捷径点的时刻
v_{F}	机载平台速度
v_{R}	接收站速度

v_s	星载平台速度
v_T	发射站速度
W	成像地域宽度
$W^{(n)}$	表面相关函数 n 次方的傅里叶变换
$w_P(t_0)$	合成孔径时间内时延徙动的走动量
x_{mn}	x 的第(m,n)个采样单元的灰度值
$y_{m,n}$	二维数据离散化表示
$\tilde{y}_{m,n}$	含误差的二维数据离散化表示
$Z(x,y)$	高度起伏函数
α	收发平台飞行方向夹角;天线波束下视角/俯仰角
α'	收发等效相位中心下视角
α_D	时延与多普勒地距分辨方向夹角
α_R	接收站俯仰角
α_T	发射站俯仰角
β	平台偏航角;收发站基线倾角;走动倾角最大变化量
$\dot{\beta}$	平台偏航角速度
β_R	接收天线的指向方位角;接收站偏航角
β_T	发射天线的指向方位角;发射站偏航角
γ	双基角
γ_n	辐射分辨力
γ^G	双基角的地面投影
Δf	频率间隔
Δf_0	接收机本振与发射载频之间的固定频率偏差
Δf_{0max}	固定频率偏差最大值
Δf_d	多普勒增量
Δf_{dc}	多普勒质心误差
Δf_{dr}	多普勒调频率误差
Δf_{Rmax}	接收机本振的最大可能变化量
ΔK	无量纲斜率变化量;走动斜率变化量
ΔL	等多普勒线地面间隔
Δr	散射点与参考点的航路捷径差;斜距采样间隔
$\Delta r(t)$	斜距史误差

$\Delta r_{\mathrm{LOS\_R}}(t)$	接收站视线向误差
$\Delta r_{\mathrm{LOS\_T}}(t)$	发射站视线向误差
Δt_{a}	慢时间采样间隔;WVD 时频平面时间间隔
Δt_{r}	快时间采样间隔
$\Delta x_{\max}$	最大偏移量
$\Delta\alpha_1$	粗步长
$\Delta\alpha_2$	精细步长
$\Delta\beta$	发射站视线间隔
$\Delta\beta_j$	第 j 级发射站视线间隔
$\Delta\eta$	两个波束印迹中心的偏差角度
$\Delta\tau$	时延增量;时间偏差
$\Delta\varphi$	鉴相器输出相差
$\Delta\varphi_{\mathrm{quadic}}$	二次相位误差
$\delta(x,y)$	二维冲激函数
$\delta(x-x_0,y-y_0)$	冲激函数的延迟
δ_{z}	均方根高度
ε_{b}	波束印迹中心偏离误差
ε_{R}	接收机本振频率误差
ε_{r}	复介电常数
ε_{T}	发射机载频的频率误差
θ_P	收发站相对于 P 点的合成转角
θ_{R}	接收天线的指向俯仰角
θ_{sR}	接收站波束中心的斜视角
θ_{sT}	发射站波束中心斜视角
θ_{T}	发射天线的指向俯仰角
θ_{t}	目标位置矢量差方向与多普勒分辨力方向的夹角
θ_τ	目标位置矢量差方向与时延分辨方向的夹角
λ	波长
μ	调频率
μ_A	多普勒调频率
μ_{I}	图像幅度均值
μ_{R}	发射调频脉冲调频率

μ_t	时延徙动轨迹的弯曲程度
$\boldsymbol{\Xi}$	多普勒地距分辨方向
$\rho(\cdot)$	相关系数函数
ρ_a	方位分辨力
ρ_g	地距分辨力
ρ_r	斜距分辨力
ρ_r'	成像投影面分辨力
$\rho_{r\Sigma}$	距离和分辨力
ρ_t^G	多普勒地距分辨率
ρ_τ	时延分辨力
ρ_τ^G	时延地距分辨率
σ_0	等效噪声;常数
$\hat{\sigma}_0(x,y)$	$\sigma_0(x,y)$的估计值
$\sigma_0(x,y,h)$	三维散射率分布函数
σ^0	目标散射系数
$\sigma^0(x,y)$	散射系数分布函数
σ_s	散射截面积
σ_S	双基雷达散射截面积
τ	时间延迟;快时间
τ_0	时延徙动轨迹的时延均值
τ_d	信号时延差
τ_{min}	最小时延
$\tau_p(t;x,y)$	脉冲回波时延
φ_{LOS}	视线向误差相位
φ_R	接收机方位角;接收平台天线入射角
φ_{R0}	接收本振初始相位
$\varphi_R(\tau)$	发射脉冲基带波形相位
φ_T	发射机方位角;发射平台天线入射角
φ_{T0}	发射信号初始相位
$\chi(\boldsymbol{A},\boldsymbol{B})$	模糊函数
ω_A	合成角速度
$\phi'(\cdot)$	相位函数

$\phi_{\mathrm{b}}(t)$	被积分函数相位
ϕ_{e}	相位误差
ϕ_{n}	第 n 个慢时间采样点的相位误差
ϕ_{R}	接收站下视角;散射角
$\phi_{\mathrm{RES}}(f_{\mathrm{t}},f_{\tau};r_{\mathrm{R}},y,r_{\mathrm{R0}},y_{0})$	残余相位函数
ϕ_{S}	收发站相对方位角
ϕ_{T}	发射站斜视角;入射角

缩略语

BP	Back Projection	后向投影
CS	Chirp Scaling	调频变标
DDS	Direct Digital Synthesizer	直接数字合成器
DMO	Dipe MoveOut	倾角时差校正
DSP	Digital Signal Processor	数字信号处理器
EPC	Equivalent Phase Center	等效相位中心
FFBP	Fast Factorized Back Projection	快速因式分解后向投影
FFT	Fast Fourier Transform	快速傅里叶变换
FPGA	Field Programmable Gate Array	现场可编程门阵列
GAF	Generalized Ambiguity Function	广义模糊函数
GEO	Geostationary Earth Orbit	地球同步轨道
GPS	Global Positioning System	全球定位系统
GPU	Graphics Processing Unit	图形处理器
IFFT	Inverse Fast Fourier Transform	快速傅里叶反变换
IMU	Inertial Measurement Unit	惯性测量单元
INS	Inertial Navigation System	惯性导航系统
ISLR	Intergation Side Lobe Ratio	积分旁瓣比
LBF	Loffeld's Bistatic Formula	Loffeld 双基公式
LEO	Low Earth Orbit	近地轨道
LFM	Linear Frequency Modulated	线性调频
MSR	Method of Series Reversion	序列反转方法
NLCS	Nonlinear Chirp Scaling	非线性调频变标
NUFFT	Non-uniform FFT	非均匀快速傅里叶变换
PD	Phase Detector	鉴相器
POS	Positioning and Orientation System	定位定姿系统
PPS	Pulse Per Second	秒脉冲

PRF	Pulse Repetition Frequency	脉冲重复频率
PSLR	Peak Side Lobe Ratio	峰值旁瓣比
RD	Range Doppler	距离多普勒
SAR	Synthetic Aperture Radar	合成孔径雷达
SNR	Signal-to-Noise Ratio	信噪比
STFT	Short Time Fourier Transform	短时傅里叶变换
TOPS	Terrain Observation by Progressive Scans	循序扫描地形观测
VCO	Voltage-controlled Oscillator	压控振荡器
VCXO	Voltage-controlled X′tal(Crystal)Oscillator	压控晶体振荡器
WVD	Wiener-Ville Distribution	Wiener-Ville 分布

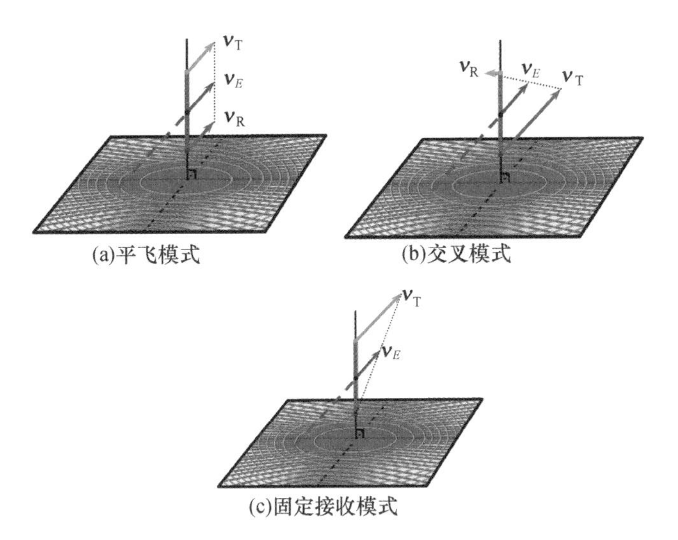

(a)平飞模式　(b)交叉模式

(c)固定接收模式

图 1.22　收发飞行模式的不同实现方式

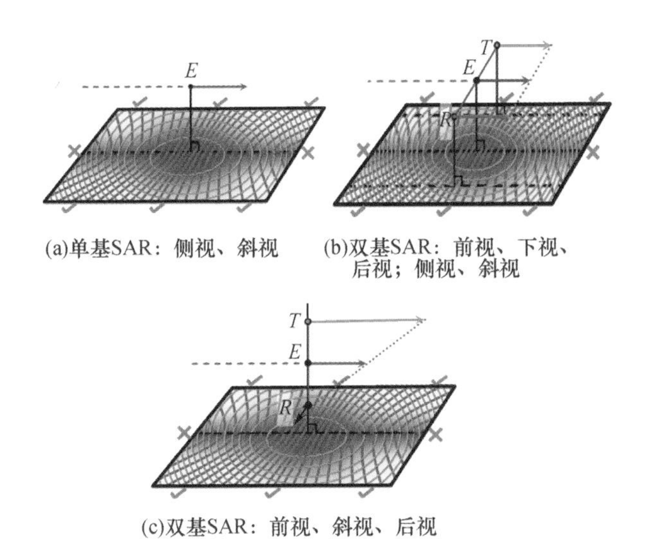

(a)单基SAR：侧视、斜视　(b)双基SAR：前视、下视、后视；侧视、斜视

(c)双基SAR：前视、斜视、后视

图 1.23　单、双基 SAR 的成像区域差异

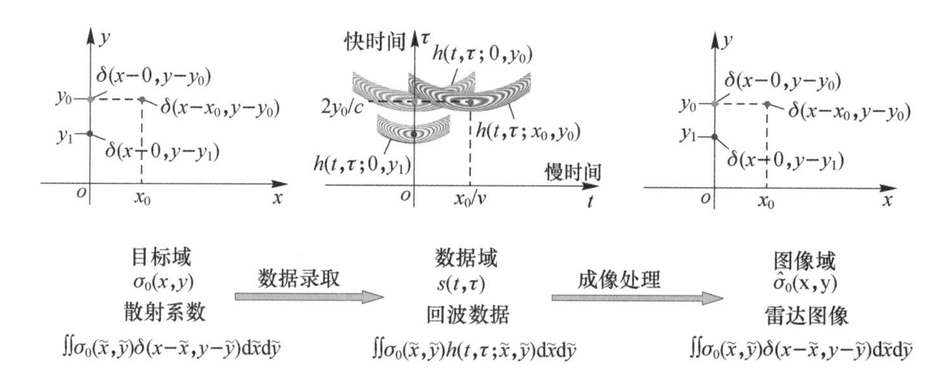

图 2.1　合成孔径雷达成像的目的

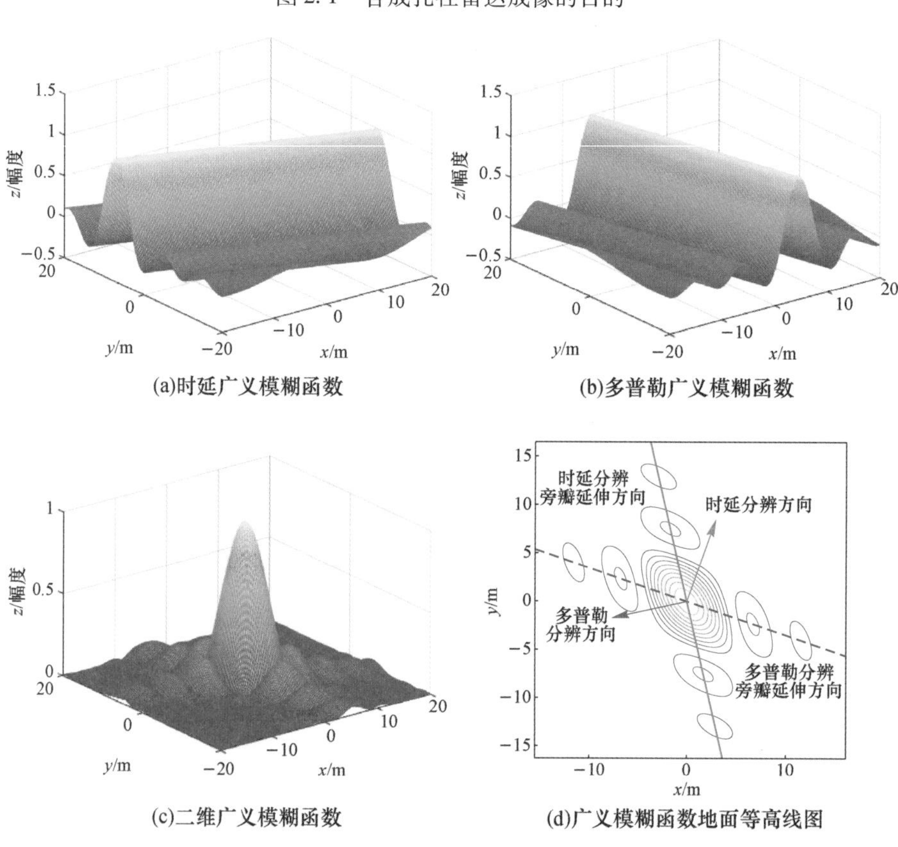

(a)时延广义模糊函数　(b)多普勒广义模糊函数

(c)二维广义模糊函数　(d)广义模糊函数地面等高线图

图 2.3　广义模糊函数

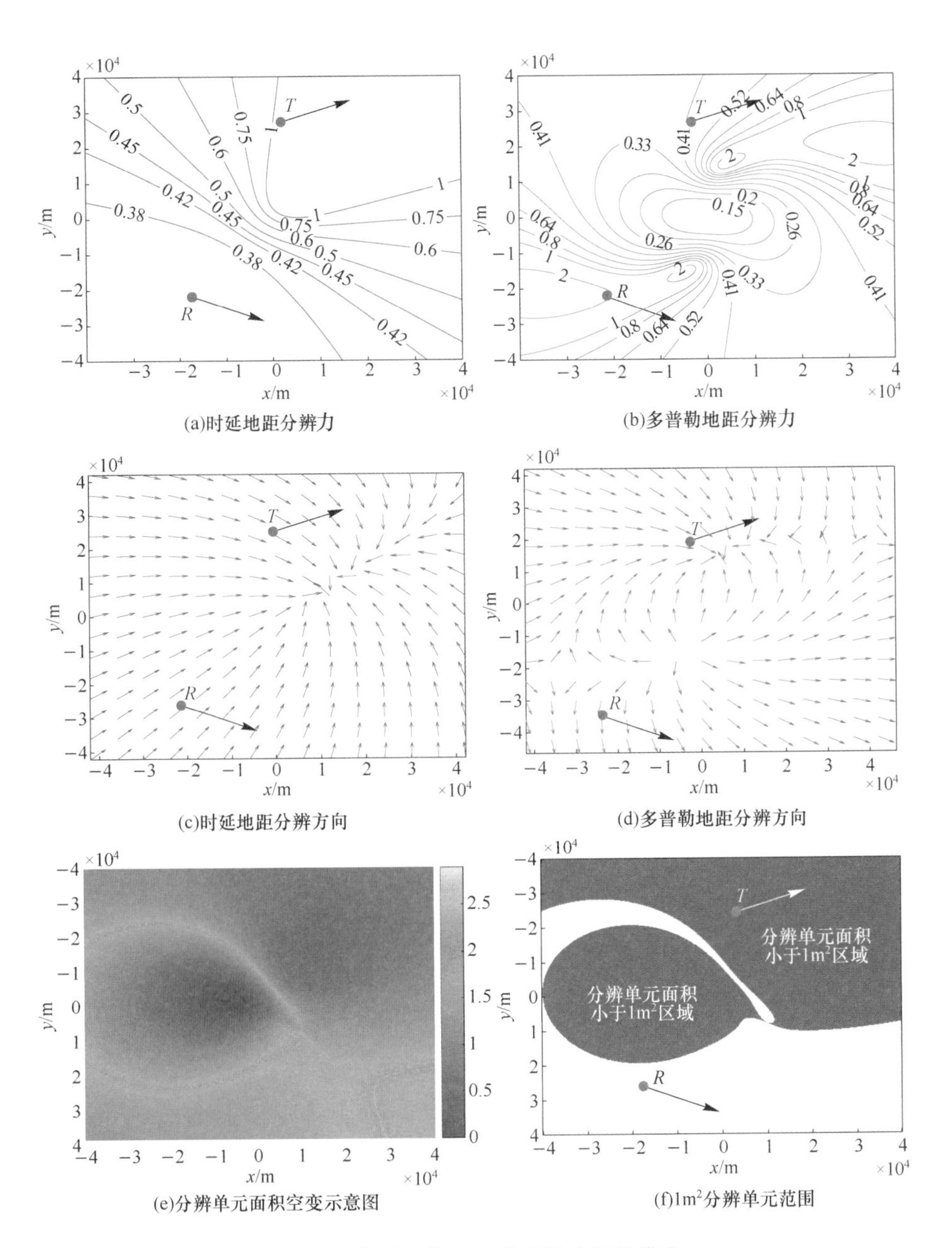

图 2.5 典型双基 SAR 构型的空间分辨力

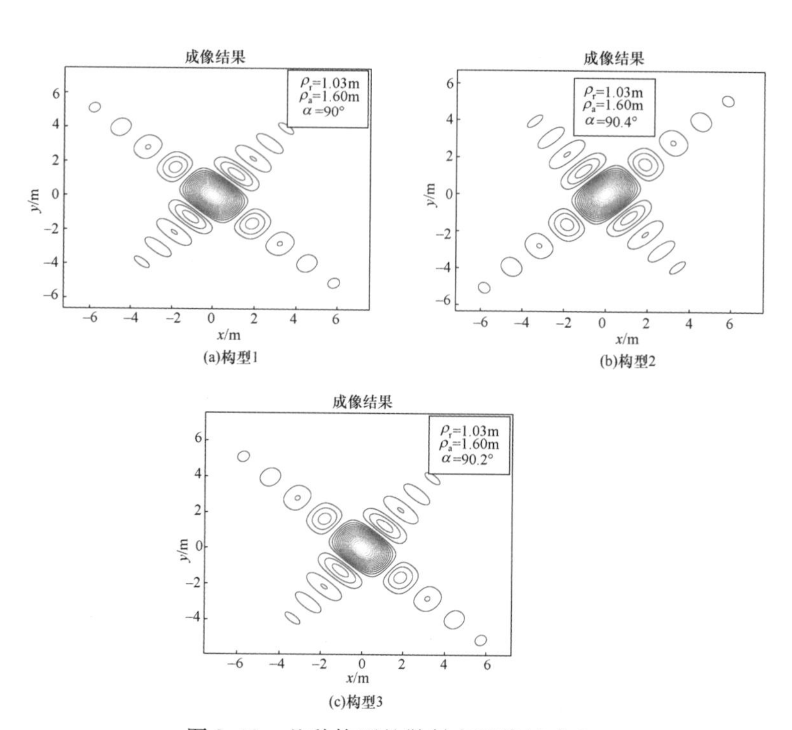

(a)构型1

(b)构型2

(c)构型3

图 2.10　几种构型的散射点图像域响应

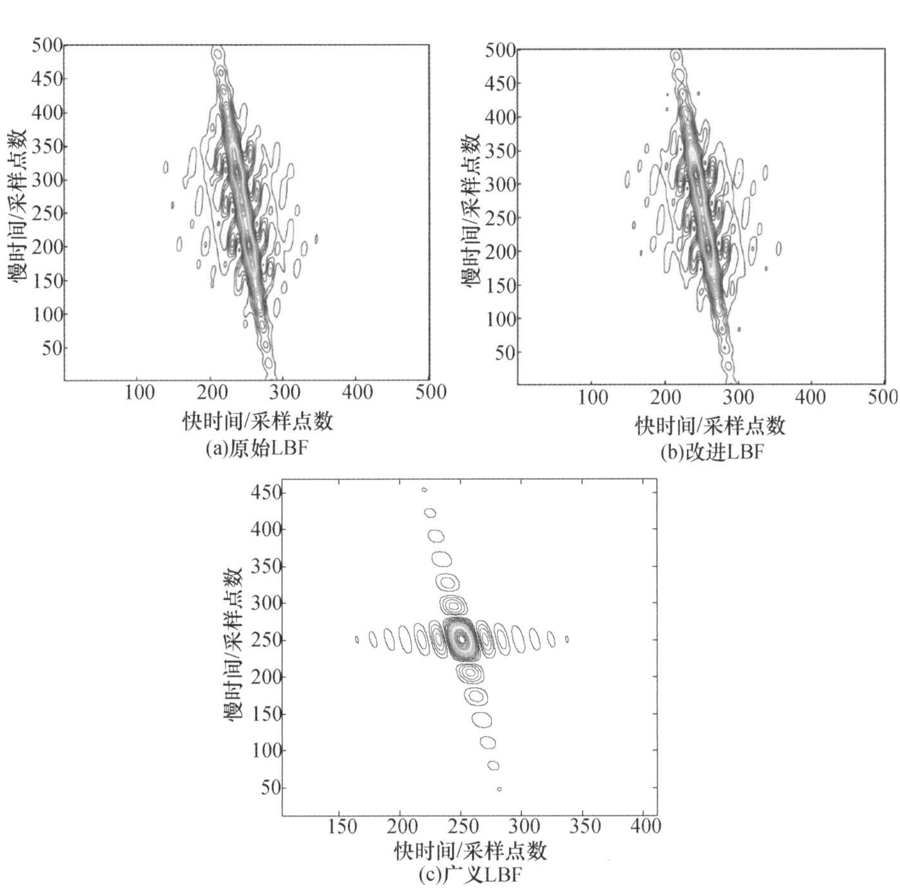

图 2. 18　采用不同的频谱模型对散射点回波聚焦的效果(模式 B)

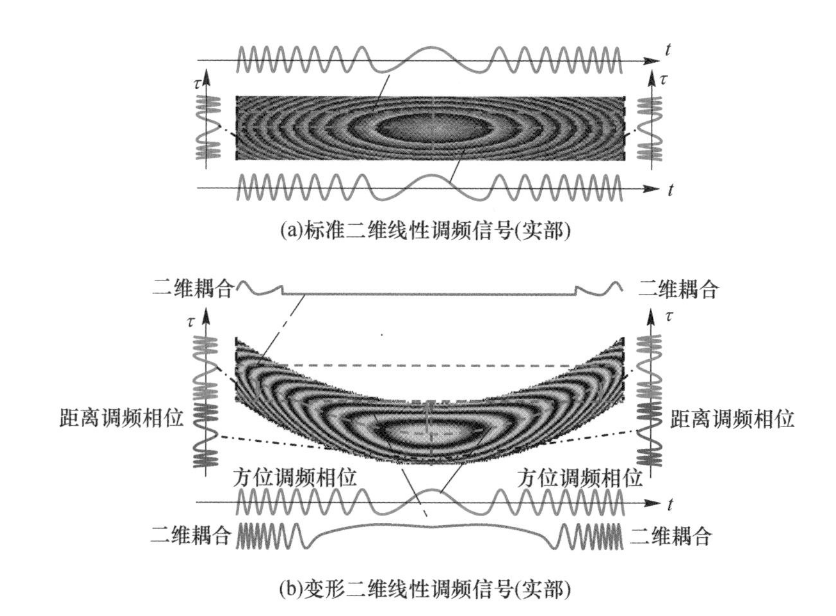

(a)标准二维线性调频信号(实部)

(b)变形二维线性调频信号(实部)

图 3.2　变形二维线性调频信号的两维耦合

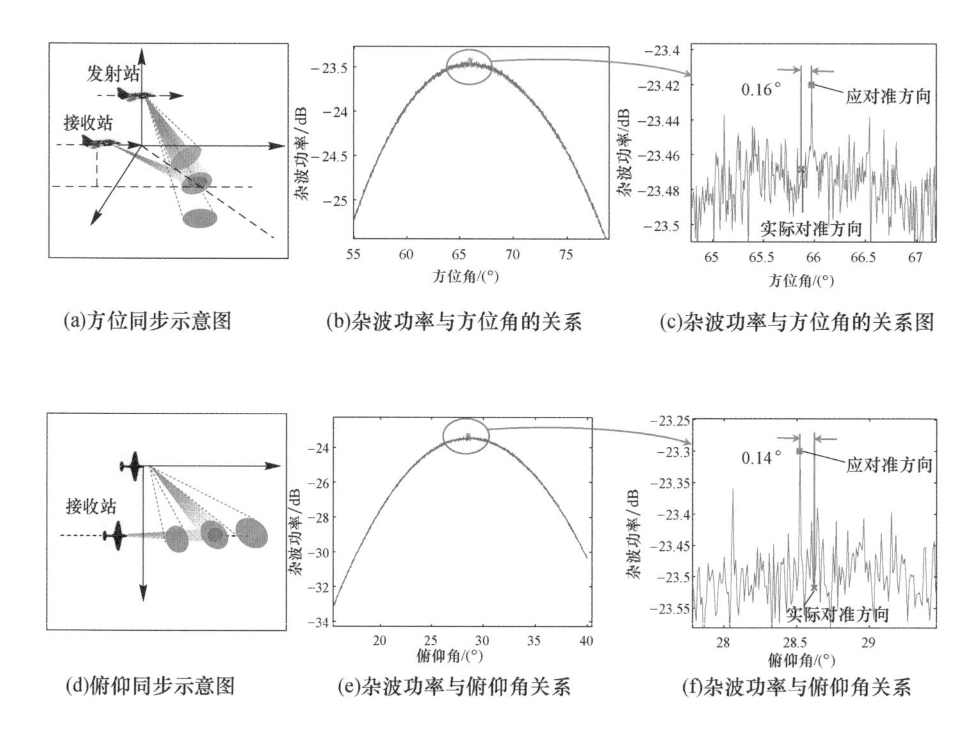

(a)方位同步示意图

(b)杂波功率与方位角的关系

(c)杂波功率与方位角的关系图

(d)俯仰同步示意图

(e)杂波功率与俯仰角关系

(f)杂波功率与俯仰角关系

图 6.10　杂波锁定精跟踪方法同步精度